计算机前沿技术丛书

Rust
实战项目开发

朱伟 著

机械工业出版社
CHINA MACHINE PRESS

本书是一本以实战为主的 Rust 编程指南，每个章节都经过了作者精心挑选和打磨。全书由 3 部分组成：第 1 部分（第 1~2 章），介绍了 Rust 实战前需要掌握的基础知识。第 2 部分（第 3~10 章），将 Rust 基础知识融入实际项目中，向读者详细阐述了不同业务场景的实战项目该怎么做，以及技术实现原理和运行机制。第 3 部分（第 11 章），通过一个综合应用向读者演示了如何在 Rust 语言中使用标准库和常见的第三方库构建一个高性能、高并发的实际项目。这 3 部分的内容，可帮助读者更快、更轻松地上手 Rust 实战项目开发，走向更为广阔的职业生涯。

本书为读者提供配套资源，包括全部实例源代码（下载方式见封底）和高清学习视频，读者可以直接扫描书中二维码观看。本书主要面向系统编程的开发者、高等院校在校师生和 Rust 语言爱好者。

图书在版编目（CIP）数据

Rust 实战项目开发 / 朱伟著. -- 北京：机械工业出版社，2025.6. -- （计算机前沿技术丛书）. -- ISBN 978-7-111-78713-6

Ⅰ.TP312

中国国家版本馆 CIP 数据核字第 2025R0J229 号

机械工业出版社（北京市百万庄大街 22 号　邮政编码 100037）
策划编辑：李培培　　　　　　　　　　责任编辑：李培培　章承林
责任校对：孙明慧　李可意　景　飞　　责任印制：单爱军
保定市中画美凯印刷有限公司印刷
2025 年 8 月第 1 版第 1 次印刷
184mm×240mm · 19.75 印张 · 473 千字
标准书号：ISBN 978-7-111-78713-6
定价：129.00 元

电话服务　　　　　　　　　　网络服务
客服电话：010-88361066　　　机 工 官 网：www.cmpbook.com
　　　　　010-88379833　　　机 工 官 博：weibo.com/cmp1952
　　　　　010-68326294　　　金　书　网：www.golden-book.com
封底无防伪标均为盗版　　　　机工教育服务网：www.cmpedu.com

序 一

在技术的海洋中，总有一些新星，以其独特光芒，照亮了开发者们探索的道路。Rust 语言正是这样一颗冉冉升起的新星。它以其超凡的内存安全特性、类型安全及并发性能，为系统编程领域带来了划时代的变化。然而，正如所有重大技术革新一样，Rust 的学习之路仍充满挑战，它需要引导，需要实践，更需要智慧的火花。

本书正是在这样的背景下应运而生。它不仅是一部技术著作，更是作者多年编程心得的总结和传承。作者作为一名软件开发领域的资深工匠，将自己对 Rust 语言的深刻理解和实战经验，凝聚成篇，以飨读者。

本书以其清晰的结构和实战导向的内容，为读者呈现了 Rust 语言的全貌。从基础语法到高级特性，从模块化编程到系统设计，书中的每个章节都是作者花费大量时间精心设计的，旨在帮助读者打下坚实的 Rust 编程基础，并在此基础上进行深层次的探索和实践。

在阅读本书的过程中，读者将会被作者深入浅出的讲解所吸引。无论是 Rust 的所有权模型和借用检查机制，还是不安全代码的谨慎使用，作者都以其丰富的经验，为读者提供了宝贵的指导和建议。这些内容，不仅可以极大地增强读者对 Rust 语言特性的理解，还能帮助读者在实际开发中避免常见的陷阱和误区。

本书的实战项目是另一大亮点。作者从简单的命令行工具到复杂的 Web 服务，再到高并发的问答系统，每个项目都是作者深思熟虑后精挑细选的结果。这些项目不仅涵盖了 Rust 语言的多个领域，更是将理论与实践紧密结合，让读者在动手实践中深刻体会到 Rust 的强大和优雅。特别值得一提的是，作者在书中分享了自己在项目开发过程中遇到的问题和解决方案。这些实战经验分享，如同明灯，照亮读者的学习之路，能够更好地帮助读者在遇到困难时找到解决问题的线索和方法。

此外，本书还紧跟技术前沿发展的步伐，不仅介绍了 Rust 语言本身，还涉及与之相关的现代软件开发技术，如异步编程、并发编程、微服务、架构设计等。这些内容的加入，使本书不仅是一本 Rust 语言的学习指南，更是一本现代软件开发实践的参考手册。

在阅读本书时，读者会感受到一个资深开发者对于技术的热爱和追求。也就是说，作者不仅用自己的经验和智慧为读者搭建起了通往 Rust 世界的桥梁，更为读者在软件开发的道路上指明了方向。这种精神值得学习和尊敬。

本书作为一本 Rust 实战指南，以其丰富的实战项目，为 Rust 开发者和爱好者提供了宝贵的资源。读者不仅能够在短时间内快速掌握 Rust 语言，而且还能亲身感受 Rust 编程之美，理解作为一名软件开发者该如何在技术的海洋中乘风破浪，勇往直前。

愿本书能够成为你技术旅途中的一盏明灯，照亮你前行的道路。愿你在 Rust 的世界里，找到属于自己的一片天空，展翅翱翔。

腾讯云开发者体验优化顾问、全栈开发工程师　若　海

序 二
PREFACE

在技术日新月异的今天，Rust 语言以其卓越的安全性和性能，正成为开发者们的新宠。理论学习固然重要，然而，真正的挑战在于如何将这些理论应用到实际项目中。这正是本书的价值所在。

作为本书的推荐者，我有幸提前阅读了它的内容。书中不仅详细介绍了 Rust 基础知识，更重要的是，它通过一系列真实的项目案例，展示了如何将 Rust 应用于实际开发中。从简单的命令行工具到复杂的 Web 服务，再到高并发的问答系统，每章都是作者实战经验的结晶。

我特别欣赏书中"构建一个高并发 QA（问答）系统实战"的内容。作者不仅提供了完整的代码实现，还深入分析了系统设计的每个环节，包括并发控制、异步编程、服务部署等。这些内容对于希望在实际项目中应用 Rust 的开发者来说，无疑是非常宝贵的资源。

作者是一位经验丰富的开发者，他对 Rust 的热爱和对技术的执着在本书中得到了充分的体现。他的文字简洁明了，案例真实可靠，娓娓道来的写作手法，让人读起来既轻松又受益匪浅。如果你是一名 Rust 爱好者，或者正在寻找一本能够帮助你将 Rust 知识转化为实际项目能力的书籍，那本书绝对是你的不二之选。它不仅能够帮助你理解 Rust 的强大之处，还能够指导你如何在实际工作中运用这些知识，解决真实世界的问题。

我认为，掌握一门新的编程语言只是开始，能够将其应用于实战才是关键。本书不仅教你如何使用 Rust，更教你如何用 Rust 创造价值。我强烈推荐每位对 Rust 感兴趣的开发者阅读本书，相信它会为你的技术之路带来新的启发和帮助。

深入探讨这本书的内容，我们可以看到作者在每个章节中都融入了自己的实战经验和对 Rust 语言的深刻理解。下面是我读后的一些直观感受和心得。

第 2 章 Rust 模块化编程实战不仅介绍了 Rust 的模块化编程，还详细讲解了如何通过模块化来组织代码，提高代码的可维护性和复用性。这对于那些希望构建大型项目的开发者来说，是非常有价值的信息。

第 4 章 Rust Web 编程实战展示了 Rust 在构建 Web 服务方面的能力。通过创建一个简单的

Web 服务器，逐步引导读者理解 HTTP、TCP，以及如何在 Rust 中实现一个多线程的 Web 服务器。这对于那些希望进入 Web 开发领域的 Rust 开发者来说，是一个很好的起点。

第 5 章 Rust 命令行界面实战讲述了如何使用 Rust 构建命令行工具。通过使用 structopt 和 clap 等库，展示了如何解析命令行参数、如何创建一个对用户友好的命令行界面。这对于那些需要开发 CLI 工具的开发者来说，是非常有帮助的。

第 7 章 Rust 中的数据库和缓存实战涵盖了 Rust 与数据库和缓存的交互。作者通过使用 sqlx 和 redis-rs 等库，展示了如何进行数据库操作和缓存管理。这对于那些需要处理大量数据或需要提高应用性能的开发者来说，是非常重要的技能。

第 8 章 Rust 中的消息队列实战介绍了 Rust 与消息队列的集成。作者通过使用 Kafka 和 Pulsar 等库，展示了如何进行消息的发布和订阅。这对于那些需要构建分布式系统的开发者来说，是非常有价值的知识。

第 9 章 Rust FFI 调用实战介绍了如何在 Rust 中进行跨语言调用。通过使用 cc 和 PyO3 等库，展示了如何与 C 语言和 Python 语言进行交互。这对于那些需要在 Rust 项目中集成其他语言代码的开发者来说，是非常有用的技能。

总的来说，本书是一本内容全面且深入的书籍，它不仅涵盖了 Rust 语言的各个方面，还提供了大量的实战案例和代码示例。无论你是 Rust 的初学者，还是有一定经验的开发者，本书都能为你提供宝贵的知识和实战经验。我强烈推荐每一位对 Rust 感兴趣的开发者阅读本书，相信它会为你的技术之路带来新的启发和帮助。

腾讯北极星 Polaris 开源项目核心 committer　Houseme（智刚）

推荐语

本书最大的特点是作者从实战出发，把 Rust 基础知识融合到具体项目中，将 Rust 工具链和常用第三方 crates 包在命令行工具、Web 编程、微服务、消息队列和并发编程等方面进行实战演练，最后通过一个把所有知识点串联起来形成的真正可用的高并发 QA 系统，让读者轻松地体验 Rust 工程实践。只有从实践中来，到实践中去，才是真正快速掌握一门语言的最佳实践。再次感谢作者给我们带来 Rust 实战项目开发的宝贵经验！

腾讯专家工程师、资深架构师、Rust 爱好者　Chair

本书是一本不可多得的 Rust 语言指南，由经验丰富的资深开发者"大黑哥"倾力打造。作者不仅具备多种编程语言的深厚背景，更在 Rust 系统编程领域积累了丰富的实践经验。书中通过详细的案例解析，展示了 Rust 在 Web 开发、命令行工具、数据库操作、消息队列等多个实际项目中的应用，为读者提供了深入掌握 Rust 语言的最佳实践和宝贵经验。本书将帮助开发者迅速提升 Rust 编程技能，构建高效、稳定的实战项目。

腾讯云开发者体验优化顾问、全栈开发工程师　若　海

本书的作者使用通俗易懂的语言和生动的例子，使读者能够轻松掌握 Rust 的精髓。我相信，本书将成为广大读者喜爱的实用的 Rust 学习指南，助力他们在 Rust 编程之路上取得成功！

腾讯资深架构师　王　沛

本书是一本内容丰富、结构清晰、实用性强的 Rust 编程指南。通过阅读本书，读者可以全面了解 Rust 的语法、特性和生态系统。作者通过大量的实例代码和详细的解释，不仅让读者能够深入理解这些特性的原理和应用，同时为读者在实际项目中使用 Rust 提供了很好的指导和参考。

腾讯云高级研发　Asuralu

Rust 的流行源于业务对性能和安全的需求，但 Rust 语言学习曲线确实很陡峭。本书作为 Rust 实战指南，是 Rust 语言初学者的理想选择。建议读者在阅读了 Rust 官方文档后，通过本书快速上手 Rust 实战。作者从第 2 章开始给出了大量的实际案例，不仅详细介绍了具体操作步骤，还阐释了技术背后的深层原理。这些由浅入深的实战项目，为读者提供了宝贵的实践经验，是非常难得的！

腾讯高级工程师、架构师、Rust 爱好者　蔡明师

本书每章内容都是实战演练，使读者在实践中掌握 Rust 的强大能力。书中结合具体的案例，展示 Rust 的优势，助力读者成为 Rust 编程的专家。无论你是新手，还是经验丰富的开发者，本书都将是你踏上 Rust 编程旅程的理想伙伴。

腾讯云前高级工程师、阿里云技术专家　亮　山

本书通过循序渐进的章节安排和实用高效的案例详解向读者全面介绍了 Rust 编程语言，涵盖了实战主要场景，突出了 Rust 语言的强大和优雅。不论是 Rust 开发者，还是 Rust 爱好者，都能在阅读本书的过程中收获良多。感谢作者的辛勤付出，同时也期待作者分享更多精彩内容。

腾讯前高级工程师、资深 Node.js 开发者　max

作者以简洁明了的方式解释了 Rust 编程语言的核心概念，并将这些概念应用到实际项目中。无论您是新手还是有一定经验的开发者，本书都能够帮助您迅速掌握 Rust，并在实战中展现您的技能。本书将引领更多开发者走进 Rust 的世界，掌握它的精髓，并用它实现个人的梦想。立即开始您的 Rust 编程之旅吧！

腾讯前高级工程师、Rust 爱好者　蔡　佳

有幸参与本书的校对，让我受益匪浅。本书以实战为导向，适合对 Rust 有基本了解的读者。书中有大量工程级组件的介绍和使用，以及一些实用工具的实现。读者可以将书中的示例结合自己的实际需求进行调整使用，在学习 Rust 的同时也能进一步提升自己的编程水平。

小米高级工程师、Rust 爱好者　王官峰

本书是一本内容全面且深入的 Rust 编程指南，适合对 Rust 语言感兴趣的开发者和编程爱好者。从 Rust 的基础概念切入，逐步深入到模块化编程、Web 开发、命令行工具构建、数据库操作、消息队列使用，以及如何高效地进行跨语言交互。书中每个章节的内容，作者都结合理论知识与实战案例，展示了 Rust 在实际项目中的应用和优势，让读者在实践中快速掌握 Rust 的强大功能和优雅语法。无论是初学者，还是经验丰富的开发者，都能从本书中获得宝贵的知识和灵感。

中广智媒（北京）科技有限公司高级项目经理　彭细浩

本书第 1 章简单介绍了 Rust 掌握的知识，从第 2 章便开始带领读者走进实战。作为一名从业 8 年的老程序员，除了前期掌握一门编程语言的基础知识之外，快速进阶的方法便是能找到一本快速带领我们走进实战项目中的书籍。本书从项目实战的角度带领我们处理常用的 Web 开发、CLI 开发以及 Rust 常见的第三方库使用作为切入点一下子便吸引了我。在掌握 Rust 基础知识后，本书的内容能让你快速上手 Rust。我强烈推荐本书，干货满满！

深圳市星河璀璨文化传播有限公司技术负责人　花卿风

我一直觉得，在项目中学习 Rust 是最有成效的方式。本书以实战项目为主线，涵盖了从入门到高级的多个应用开发主题，有助于 Rust 学习者从新手快速提升到能解决实际问题的开发者。Rust 的应用前景广阔，本书精选的内容和功能实现也非常实用，对于使用 Rust 来进行公司业务开发有很大的参考价值。

杭州宇算科技创始人、Rust Zino 开发框架作者　潘　瓒

在这个软件开发不断演进的时代，Rust 语言以其独特的安全性和高性能特性，在软件编程领域中脱颖而出。本书不仅提供了 Rust 语言的基础知识，更详细探讨了实际应用中的各种高级技巧

推　荐　语

和最佳实践，从语言基础到模块化编程，再到 Web 开发、数据库交互、消息队列使用等高级主题。无论您是想深入了解 Rust 的核心概念，还是希望快速上手并构建高性能的应用程序，本书都将引领您踏上一段精彩的 Rust 学习之旅。

建元科技有限公司创始人　北　海

作者来自行业一线，本书是他多年来 Rust 实践积累的成果。本书的第一大特点是实用，在实践中教会读者使用 Rust 语言。另一大特点是实战细节非常丰富，这样可以让读者在真实的项目中少踩坑。希望本书的出版能为 Rust 在中国的普及起到推波助澜的作用！

Rust 语言中文社区联创　唐　刚

这是一本对 Rust 编程实操非常有指导价值的图书。本书从 Rust 的基本概念出发，逐步深入到模块化编程、Web 开发、数据库操作等工程实战领域，真正从实践的角度介绍 Rust。书中涵盖大量案例，可直接指导程序员进行 Rust 相关项目开发。对于想要学习 Rust 的人来说是一本值得阅读的好书。

bilibili UP 主，专注于 Rust 编程、区块链等技术　令狐壹冲

目前市面上的 Rust 语言书籍大多集中于基础内容的学习，缺乏实际项目开发的指导。其实，Rust 实战经验是进入实际开发不可或缺的一环。本书正好填补了这一空白。作者从 Rust 基础知识入手，逐步引导读者走向实践，涵盖了 Web 开发、命令行工具、数据库操作等多个领域的案例。同时，作者用心良苦，手把手地指导读者，确保他们能够真正快速上手 Rust 开发。本书是开发者从学习走向实践的重要参考。

Privoce 工程师、GenUI 和 SurrealismUI 框架作者　盛逸飞

作为一名还未毕业的高校学生，我有幸参与了本书的校对。我非常欣赏本书的结构和内容组织方式。作者将理论与实践相结合，帮助我快速学习并理解了 Rust 语言各种技术难点。我强烈推荐本书给所有对 Rust 编程感兴趣的人。

哈尔滨理工大学、Rust 爱好者　Brice

作为一个 Rust 爱好者和开源爱好者，我深知"知行合一"的重要性。正如那句名言所说："Talk is cheap. Show me your code."目前国内的 Rust 开发爱好者迫切需要一本能够深入浅出地指导如何在项目中运用 Rust 的书籍。本书涵盖了 Rust 在多个领域的应用，能够帮助读者快速且有条理地开展实践。我非常荣幸能够认识大黑哥，并有机会参与本书的校对工作。我认为，本书将推动国内 Rust 社区的快速发展。

Apache Shenyu Committer、Rust 爱好者　Damonxue（薛慧郎）

本书是在 Rust 基础之上，结合真实业务场景，从实际出发，详细讲解如何编写后端 Web 服务、微服务、桌面应用等不同领域开发，以及如何与数据库、Redis 和 MQ 打交道。相信本书会成为国内 Rust 发展的重要推手之一。

Apache Shenyu PMC、开源项目 monoio 和 arthas、dynamic-tp committer　张子成

前 言
PREFACE

Rust 行业状况

Rust 是一门通用系统级编程语言，以无 GC 且能保证内存安全、类型安全、并发安全和高性能而著称。近几年在操作系统、分布式数据库、微服务、网络编程、命令行工具、前端开发工具链、游戏开发、嵌入式开发等多个领域展现出强大的应用潜力。2021 年 2 月 9 日，Rust 基金会宣布成立，华为、AWS、Google、微软、Mozilla、Facebook 等知名科技行业领军巨头加入 Rust 基金会，成为白金成员，致力于在全球范围内推广和发展 Rust 语言。

根据 Rust 开发者调查报告显示，从 2016 年到 2024 年，Rust 已连续八年成为 StackOverflow 语言榜上最受欢迎的语言之一，备受广大开发者的欢迎和喜爱。截止到 2024 年第一季度，全球 Rust 开发者已达到 400 万，这一增长速度使 Rust 成为社区扩张速度最快的编程语言之一。

如何阅读本书

本书是按照不同内容主题来组织的，基本上每个章节的内容都是相互独立的。读者可以从头到尾进行阅读，也可以挑选感兴趣的章节进行阅读，边学边实际操作。这里需要说明一点：本书配套资源的内容，作者会放在 GitHub 仓库中，读者可以自行下载和查阅。以下是本书每个部分的内容概述：

第 1 部分 Rust 语言基础

本部分由第 1 章和第 2 章组成，详细介绍了在 Rust 实战项目开发前，需要掌握哪些 Rust 基础知识。这部分的内容，是全书实战的必备基础知识之一，希望每位读者能够静下心来阅读，并结合自身实际情况实战演练。

第 2 部分 Rust 实际项目开发

本部分由第 3~10 章组成，将第一部分 Rust 基础知识融入 Rust 实战案例中，详细阐述了 Rust 实战项目的操作步骤、技术实现、运行原理、注意事项及实战技巧等，帮助读者快速上手 Rust 实战项目开发。

第 3 部分 Rust 综合应用实战

本部分由第 11 章组成，将前两个部分作为前提，以一个综合应用实战向读者演示了该如何使用 Rust 语言构建一个高性能、高并发的实际项目，旨在帮助读者更快、更轻松地使用 Rust 语言，从而走向更广阔的职业生涯。

本书 Rust 版本约定

- Rust version 不低于 1.82.0。
- Rust edition 为 2021。

Rust 语言的每个 edition 都包含了一些新的语言特性或对现有特性的改进，这些变化可能会涉及新的语法（语法糖）、函数、库的支持、工具链的更新等方面，以确保 Rust 语言的持续发展和进步。此外，Rust edition 发布也考虑了向后兼容性，以确保现有的代码能够在新的 Rust edition 中继续运行。因此，本书中的全部 Rust 代码同样可以在 Rust 更高版本中运行。

勘误和支持

由于本书内容涉及范围比较多，在撰写本书时难免有疏忽和不足之处，恳请读者批评和指正。为了更好地方便读者学习本书中的内容，提供以下配套资源。

- 本书实战项目源代码：https://github.com/daheige/rust-in-action。
- Rust Web 框架实战：https://github.com/daheige/rs-api。
- gRPC 微服务框架实战：https://github.com/daheige/rs-rpc。
- Rust-Cookbook 开源项目：https://github.com/daheige/rs-cookbook。
- Rust 基础学习 B 站视频：https://space.bilibili.com/580545629。
- 技术交流：关注视频号大黑哥或 GitHub 账号 daheige。

读者可以根据实际情况查看和学习上述资源，以获得更加丰富的实战经验，并将所学知识应用于不同领域的需求开发，进一步加速自己的学习和成长。如果读者在阅读本书的过程中，遇到错误或疑惑，可以直接提交相关 issue 到本书源码对应的仓库中，或者发送邮件到 zhuwei313@hotmail.com，作者会在第一时间关注和回复。如果读者还有更多的宝贵意见，也欢迎一起探讨和交流。

除此之外，作者还长期致力于 Go 和 Rust 开源项目共建，感兴趣的读者可以关注作者的 GitHub 账号，一起学习和交流。

致谢

在我编写本书时，家人给予了我巨大的支持和理解，让我可以全身心投入到写作中。在此我将本书献给家人，以及每一位 Rust 开发者和 Rust 爱好者。

感谢 Rust 官方和 Rust 社区带来了如此优秀的编程语言，让我可以编写更高效、更安全的代码，同时也提升了自己工程实践和抽象设计的能力。

感谢 Fadeway（王伟）、Damonxue（薛慧郎）、Chair、Brice（云翔）、Houseme（智刚）、王官峰、蔡明师、李正强等小伙伴对本书的校对和支持。

感谢机械工业出版社的编辑李培培，她在本书写作过程中给了我宝贵的建议和耐心指导。同时，也感谢出版社的所有工作人员对本书的辛勤付出。

作 者

CONTENTS 目录

序 一
序 二
推荐语
前 言

第 1 部分 Rust 语言基础

第 1 章 Rust 语言简介 / 2

1.1　Rust 基本介绍 / 2
　　1.1.1　Rust 是什么 / 2
　　1.1.2　为什么需要 Rust / 3
　　1.1.3　Rust 应用领域 / 4
　　1.1.4　Rust 未来发展 / 5
1.2　Rust 初步体验 / 7
　　1.2.1　Rust 安装 / 7
　　1.2.2　Rust 镜像源配置 / 9
　　1.2.3　Rust 单元测试、集成测试和基准测试 / 10
1.3　Rust 工具链 / 17
　　1.3.1　Rust 编辑器选择 / 17
　　1.3.2　cargo 工具使用 / 18
　　1.3.3　rustup 版本更新 / 21
1.4　Rust 交叉编译 / 22

1.4.1　在 macOS 上实现交叉编译　/　22
　　　1.4.2　在 Windows 上实现交叉编译　/　26
　　　1.4.3　通过 cross 工具实现跨平台交叉编译　/　27

第 2 章　Rust 模块化编程实战　/　30

2.1　Rust 中的模块化编程简介　/　30
2.2　Package（包）　/　31
　　　2.2.1　二进制类型的包　/　32
　　　2.2.2　library 类型的包　/　32
2.3　Module（模块）　/　35
　　　2.3.1　Module 的定义与使用　/　35
　　　2.3.2　使用 pub 改变模块的可见性　/　36
　　　2.3.3　使用 use 引入模块和模块中的成员　/　39
　　　2.3.4　使用 super 与 self 简化模块路径　/　41
　　　2.3.5　使用 pub use 重新导出　/　43
2.4　模块层次结构划分　/　44
　　　2.4.1　将模块映射到文件　/　44
　　　2.4.2　将模块映射到目录　/　45
2.5　Crate（单元包）管理　/　47
　　　2.5.1　crates.io 托管平台　/　48
　　　2.5.2　编写一个随机数生成的实例　/　49
　　　2.5.3　编写一个终端输出变色的实例　/　50
　　　2.5.4　编写与发布一个自定义的单元包　/　51

第 2 部分　Rust 实际项目开发

第 3 章　Rust JSON 实战　/　57

3.1　JSON 基础　/　57
　　　3.1.1　JSON 基本数据类型　/　57
　　　3.1.2　JSON 序列化和反序列化　/　59
3.2　serde 基本简介　/　61
3.3　serde_json 基本操作　/　63

3.3.1 serde_json 序列化与反序列化 / 63

3.3.2 serde_json 自定义序列化和反序列化 / 67

3.3.3 serde_json 中的 json! 宏 / 70

3.3.4 serde_json 其他高级特性 / 72

3.3.5 编写一个 JSON 配置文件读取案例 / 76

第4章 Rust Web 编程实战 / 80

4.1 Web 编程简介 / 80

4.1.1 TCP / 80

4.1.2 HTTP / 81

4.2 使用 Rust 构建 Web Server / 83

4.2.1 创建一个简单的单线程 Web Server / 83

4.2.2 将单线程 Web Server 重构为多线程 Web Server / 85

4.2.3 Web 服务平滑退出 / 88

4.3 Rust Web 编程第三方库操作 / 91

4.3.1 tide 库使用 / 92

4.3.2 axum 库使用 / 94

4.3.3 编写一个简单的短链接服务 / 98

第5章 Rust 命令行界面实战 / 104

5.1 CLI 简介 / 104

5.1.1 什么是 CLI / 104

5.1.2 CLI 使用场景 / 105

5.2 Rust 命令行参数解析 / 106

5.2.1 从终端获取 CLI 参数 / 106

5.2.2 CLI 参数类型转换 / 108

5.3 第三方 CLI 库操作 / 112

5.3.1 使用 structopt 库处理 CLI 参数 / 113

5.3.2 使用 clap 库处理 CLI 参数 / 115

5.3.3 编写一个图片压缩、裁剪和旋转的 CLI 工具 / 117

5.3.4 编写一个 MySQL 表结构转换为 Rust 结构体的 CLI 工具 / 123

第 6 章 Rust crontab 实战 / 127

6.1 crontab 简介 / 127

    6.1.1 什么是 crontab / 127

    6.1.2 crontab 基本用法 / 129

6.2 crontab 使用时的注意事项 / 131

    6.2.1 crontab 执行路径问题 / 131

    6.2.2 crontab 读取环境变量问题 / 132

6.3 Rust 中第三方 cron 库的基本操作 / 134

    6.3.1 第三方库 rcron 的使用 / 134

    6.3.2 编写一个日志文件自动切割的工具 / 137

    6.3.3 编写一个 MySQL 数据库定时备份的工具 / 142

第 7 章 Rust 中的数据库和缓存实战 / 149

7.1 数据库和缓存简介 / 149

7.2 MySQL / 151

    7.2.1 MySQL 下载和安装 / 151

    7.2.2 MySQL 基本用法 / 153

7.3 Redis / 156

    7.3.1 Redis 下载和安装 / 157

    7.3.2 Redis 基本数据类型 / 158

7.4 Rust 中的 MySQL 和 Redis 操作 / 160

    7.4.1 使用 sqlx 库操作 MySQL / 160

    7.4.2 使用 redis-rs 操作 Redis / 165

    7.4.3 编写一个增量同步的阅读数服务 / 168

第 8 章 Rust 中的消息队列实战 / 177

8.1 消息队列简介 / 177

8.2 Kafka 基础 / 178

    8.2.1 Kafka 安装 / 178

    8.2.2 Kafka 基本概念 / 180

8.3 Pulsar 基础 / 182

8.3.1　Pulsar 安装　/　182

8.3.2　Pulsar 基本概念　/　183

8.4　Rust 中的 Kafka 和 Pulsar 操作　/　185

8.4.1　使用 Kafka Client 库操作 Kafka　/　185

8.4.2　使用 Pulsar Client 库操作 Pulsar　/　190

8.4.3　编写一个简单的积分系统　/　195

第 9 章　Rust FFI 调用实战　/　206

9.1　Rust 安全性和不安全性　/　206

9.2　Rust FFI 调用简介　/　208

9.2.1　FFI 调用的安全性和不安全性　/　208

9.2.2　FFI 调用的注意事项　/　210

9.3　Rust Qt 绑定　/　211

9.3.1　Qt 安装　/　211

9.3.2　Rust Qt 相关绑定库简介　/　212

9.3.3　使用 cxx-qt 编写一个桌面应用程序　/　214

9.3.4　使用 qmetaobject 编写一个桌面应用程序　/　219

9.4　Rust 与其他语言交互　/　223

9.4.1　使用 cc 库在 Rust 中调用 C 语言代码　/　223

9.4.2　使用 neon 库为 Node.js 编写原生拓展　/　226

9.4.3　使用 PyO3 为 Python 编写拓展　/　230

第 10 章　Rust 并发编程与异步编程实战　/　236

10.1　并发与并行　/　236

10.2　Rust 并发编程　/　237

10.2.1　使用 spawn 创建线程　/　237

10.2.2　自定义线程和 move 关键字　/　240

10.2.3　Mutex 和 Arc　/　244

10.2.4　channel 消息传递　/　247

10.3　Rust 异步编程　/　250

10.3.1　为什么需要异步编程　/　250

10.3.2　async/await 基础　/　253

10.3.3　async 中的 move 关键字　/　255

10.3.4　tokio 运行时　/　257

第 3 部分　Rust 综合应用实战

第 11 章　构建一个高并发的 QA（问答）系统实战 / 262

11.1　QA 系统架构设计 / 262
- 11.1.1　功能分析 / 262
- 11.1.2　架构设计 / 263
- 11.1.3　pb 协议定义 / 265

11.2　QA 系统 layout 分层 / 266

11.3　QA 系统技术实现 / 268
- 11.3.1　使用 tonic 库编写 gRPC 微服务接口 / 269
- 11.3.2　使用 serde_yaml 读取配置文件 / 270
- 11.3.3　使用 Redis 计数器实现问题阅读数功能 / 273
- 11.3.4　使用 Pulsar 实现回答点赞功能 / 275
- 11.3.5　使用 log 和 env_logger 记录日志 / 278
- 11.3.6　gRPC HTTP 网关层 / 280

11.4　QA 系统的服务可观测性建设 / 282
- 11.4.1　metrics 接入 / 283
- 11.4.2　prometheus 部署与接入 / 286
- 11.4.3　grafana 部署与接入 / 288

11.5　QA 系统的部署方式选择 / 289
- 11.5.1　使用 supervisor 工具部署二进制文件 / 289
- 11.5.2　使用 Rust Docker 镜像构建与发布 / 292

参考文献 / 298

PART 1 第 1 部分

Rust语言基础

本部分由第 1~2 章的内容组成,主要包括 Rust 语言简介和模块化编程实战,这部分内容是快速进入 Rust 实战项目开发的必备的基础技能。换句话说,只有掌握了这些 Rust 必要的基础知识之后,才能以最短的时间、最快的速度进入本书其他章节的实战项目开发。

第 1 章　Rust 语言简介

在学习一门新语言之前,需要知道它是什么、发展历史、能解决什么问题、有哪些工具链,以及程序该怎么做才能正常跑起来。正如《架构整洁之道》中提到,软件开发的一个核心特点:要想跑得快,先要走得稳。也就是说,如果要想跑得快,需要先学会走稳才可以。同样,在学习一门语言时,需要对它有一定的了解,才可以在实际项目开发过程中如鱼得水,游刃有余。

本书中提到的 Rust 语言,是一门新兴的现代化编程语言,能让每个人编写可靠且高效的软件。Rust 语言跟传统面向对象(OOP)的语言或其他语言的设计思想和解决问题的方式有所不同,它可能会改变你思考和编写代码的方式。这对于刚入门或需要快速上手 Rust 的开发者来说,确实具有一定的难度和挑战(学习曲线陡峭),需要用一段时间去适应它。这里主要是指所有权模型和借用检查机制,需要开发者长期和 Rust 编译器"进行搏斗",才能逐步掌握 Rust 语言,写出高质量、高效率的应用程序。

在本章中,将介绍以下主题:

- Rust 基本介绍,包括 Rust 是什么、为什么需要 Rust、Rust 应用领域和 Rust 未来发展。
- Rust 初步体验,包括快速安装 Rust、配置镜像源和编写 Rust 测试用例。
- Rust 工具链,包括 Rust 编辑器选择、cargo 工具使用和 rustup 版本更新。
- Rust 交叉编译,包括如何在 Linux、macOS、Windows 平台上交叉编译。

1.1　Rust 基本介绍

从 20 世纪 80 年代到今天,全球的计算机行业迅速发展。特别是近些年,软件开发过程中诞生了很多新型的语言,如 Go 语言、Rust 语言、Zig 语言、Nim 语言等。这些新型的语言大多数都注重性能和效率,而 Rust 除了这两个特征外,还具有内存安全、类型安全、零成本抽象等优势,能让 Rust 开发者编写更加高效且可靠的应用程序。也正是这些独特的优势,使得 Rust 语言近几年发展迅速,备受广大开发人员的青睐。

在下文中,将介绍 Rust 是什么,为什么需要 Rust、Rust 擅长的领域有哪些,以及 Rust 未来发展等内容。

▶▶ 1.1.1　Rust 是什么

Rust 是一门静态类型的系统编程语言,专注于安全性、高效率、高性能和可靠性等方面。同时,它还支持函数式、命令式、过程式、面向对象和泛型设计等多种编程范式。2006 年,软件开发者

Graydon Hoare 在 Mozilla 工作期间，将 Rust 作为个人项目启动。Rust 设计的灵感来自 Hoare 所在的公寓楼里一部故障的电梯。这部电梯的操作系统软件在某一天崩溃了，Hoare 意识到这类问题通常是由内存不恰当使用导致的。他知道，像电梯这样的设备内部软件大多数是用 C/C++语言编写的。这些语言以允许程序员编写运行速度非常快且紧凑的软件而闻名。但是这些语言非常容易引入内存错误，从而导致程序崩溃或出现致命问题。因此，Hoare 开始着手研究该如何设计一种既安全又没有内存错误的编程语言。后来，他将这个私人项目展示给 Mozilla 公司的一位经理，使得该项目在 2009 年得到了 Mozilla 公司的赞助，并使得 Rust 语言成为实验性浏览器引擎开发的一部分。2010 年，Mozilla 公司正式发布了 Rust 语言，并将源代码作为开源项目发布给公众。

经过 Mozilla 公司多年的发展（他们花费大量时间优化了 Rust 语言和 Rust 编译器）和 Rust 社区多名贡献者逐步完善和打磨，Rust 语言达到了一种稳定且成熟的状态。在 2012 年 1 月，Rust 第一个版本的编译器正式发布。直到 2015 年 5 月 15 日，Rust 第一个稳定版（Rust 2015 Edition）正式发布，这一里程碑标志着 Rust 语言已经为生产环境做好了准备，并为广大开发者构建 Rust 应用程序提供了基础和保障。

从 2016 年开始，Rust 语言已经连续 8 年在 Stack Overflow 年度开发者调查"最受欢迎的编程语言"评选项目中，成为开发者备受欣赏的语言，并且超过 80%的开发者希望在后续项目中继续使用它。

用 Hoare 的话来说，Rust 这门语言的目标是使那些 C++开发者沮丧。接下来了解一下为什么需要 Rust 语言，它具有什么样的优势，主要有哪些应用领域，以及 Rust 未来发展趋势。

▶▶ 1.1.2 为什么需要 Rust

首先，Rust 语言非常注重内存安全。在很多主流编程语言中，内存安全问题对大多数开发者来说，通常难以找到合适的解决办法。例如，缓冲区溢出和数据竞争等问题可能导致程序运行过程中崩溃、内存泄漏。然而，Rust 语言所提供的所有权模型、借用检查机制和生命周期管理（引用的有效性是否在上下文作用范围内始终得到保证）等特性，在编译期间就可以提前发现各种问题（如数据竞争、类型安全、内存安全等），确保了内存使用的安全性和正确性。也正是这些特性，使得 Rust 非常适合编写一些安全可靠的应用程序。

其次，Rust 具有出色的并发安全性。在多核处理器普及的今天，编写并发安全的代码尤其重要。Rust 语言通过所有权模型、借用检查机制及零成本抽象的方式实现了并发安全性，能够保证应用程序在并发环境下的数据安全性和正确性，使得开发者编写高性能、高效率的应用程序变得更加容易。无论是系统编程，还是网络编程，抑或是大型游戏引擎，Rust 的并发性能都可以满足要求。

再者，Rust 作为一种系统编程语言，提供了接近 C 或 C++的性能。对于很多需要高性能的软件，如高性能的网络代理服务、应用网关、游戏引擎、图形化渲染应用等，传统的 C 或 C++语言会是开发者的首选。然而，Rust 语言以其内存安全、类型安全、无畏并发、无垃圾回收和零成本抽象等优势而闻名，其性能几乎与 C 或 C++等底层语言相媲美，甚至在某些场景中，Rust 更胜一筹。同时，Rust 还保留了高级语言的便捷性、可靠性和可维护性，这些特性使得 Rust 在操作系统开发、嵌入式系统和驱动程序设计等领域备受开发者的推崇和喜爱。

此外，Rust 语言的跨平台可移植性也是非常显著的优势。在软件开发过程中，跨平台兼容性是一门语言的基本要求。Rust 语言编写的程序代码，能够在多个平台上编译和运行，包括 Linux、Windows、macOS、iOS 和 Android 等平台。这种跨平台的优势，使得开发者能更快、更轻松地编写和维护应用程序。

最后，Rust 语言的生态系统正在迅速发展，已涵盖了操作系统、网络编程、游戏开发、嵌入式等领域。Rust 强大的包管理器 Cargo、Rust 官方团队和社区也提供了很多高质量的库和框架，使得开发者在管理项目依赖和构建项目方面变得更加容易。

综上所述，Rust 语言的许多特性和优势，使得它在很多领域变得非常有用和必要。无论是编写系统级的软件、高性能的系统服务，还是跨平台的应用程序，Rust 都能为开发者提供强大的性能支撑和安全保障。

1.1.3 Rust 应用领域

Rust 语言具有并发安全、类型安全、无 GC（垃圾回收机制）、零成本抽象、健全的类型推导、模式匹配及完善的包管理机制等众多特性，备受开发人员的喜爱和推崇，其应用领域非常广泛，主要有以下几个方面。

- **使用 Rust 构建性能关键的后端系统**。Rust 的性能、线程安全和错误处理使其成为开发这类系统的首选，如高速处理、低延迟和高资源利用的任务软件或系统服务。
- **使用 Rust 开发操作系统**。由于 Rust 可以直接访问硬件和内存、控制输入和输出、设备驱动程序，以及其他系统组件等，它非常适合用来开发操作系统。例如，Redox（一个非常注重系统安全性的类 UNIX 操作系统），以及谷歌研发的一款面向多平台（手机、平板、笔记本）的 Fuchsia 操作系统（部分继承了 Android 系统的 UI 设计和界面逻辑）。
- **使用 Rust 进行嵌入式系统和物联网应用开发**。Rust 以类型安全、内存安全及 no_std（禁用标准库，强制开发者在没有标准库的前提下进行系统编程）等优势，在嵌入式系统开发、物联网（IoT 设备）等领域非常有用。它能有效防止内存泄漏、并发安全等问题发生，更好地满足嵌入式和物联网的安全性、高性能、实效性等不同场景的需求开发。
- **使用 Rust 开发高性能的 Web 服务**。Rust 异步编程模型、线程模型及性能特征使其非常适合构建高性能的 Web 服务器、API 和后端服务。例如，第三方 Web 框架 axum、actix-web、warp、tide、rocket 等，开发者可以使用它们快速编写安全的 Web 应用程序。
- **使用 Rust 开发 CLI 命令行应用程序**。Rust 高效编译的机器代码的能力，以及丰富的语法表现力，使其成为开发 CLI 命令行工具链和应用程序的不错选择。例如，开发人员可借助 clap、structopt 等 Rust Crate，快速开发一些高质量的 CLI 命令行程序，满足不同需求的业务开发场景。
- **使用 Rust 开发高性能游戏应用程序**。游戏行业开发中的图形渲染、游戏引擎、数据结构和应用算法的要求越来越高。传统的使用 C#、Java、Python、C++等编程语言开发的游戏，其代码变得难以维护和拓展，导致了性能损失，如运行效率低、GC 问题、跨平台移植性差等。

Rust 语言自身零成本抽象、高性能、高并发等特征使得开发大型的游戏项目成为可能。例如，Rust bevy 游戏引擎通过 wgpu 跨平台特性，可以轻松集成到已有的 iOS 和 Android 应用中。

- **使用 Rust 开发高性能的分布式数据库**。随着科技的快速进步、互联网的普及，信息存储的要求越来越高，传统的关系型数据库已经不能满足海量数据持久化存储。近十多年来，不断出现一些 NewSQL 的数据库，如海量数据 key/val 存储引擎 TiKV、分布式时序数据库 GreptimeDB、CeresDB、CnosDB 等。这些数据库的开发得益于 Rust 高性能、高效率的特性，使其能够快速进行迭代开发和升级，满足海量实时数据的存储和实时计算。

- **使用 Rust 开发高性能的区块链项目**。Rust 作为系统编程语言，通过高效的内存管理机制，避免了内存泄漏和缓冲区溢出等问题，使得 Rust 成为区块链开发的理想选择，从而提高区块链的性能和安全性。

- **使用 Rust 为前端构建和性能优化赋能**。从 2013 年到 2017 年，Node.js 在前端开发领域逐步普及，大量的项目采用 Node.js 来构建和开发，前端工具链 webpack、gulp 等得到了快速发展，但是这些工具已不再满足快速构建和分发前端项目的需求，Rust 前端构建工具应运而生。例如，字节跳动的 Rspack 工具是基于 Rust 语言编写的高性能构建引擎，它可以与 webpack 生态交互，并提供更好的构建性能。在处理具有复杂构建的大型应用时，Rspack 可以提升 5~10 倍的编译性能。再例如，swc 是一个基于 Rust 的可拓展性的平台，用于下一代快速开发工具，它被 Next.js、Parcel、Deno 等工具使用，Vercel、腾讯、字节跳动、Shopify 等公司也在大量项目中使用 swc。

- **使用 Rust 为 Node.js 和 Python 等语言提供性能优化**。Node.js 和 Python 这两门动态的弱类型语言，在大量密集型 CPU 计算的项目中，它们是不擅长的，而 Rust 的无 GC、零成本抽象、高性能等特性，刚好弥补了它们所不擅长的事情。例如，使用 neon、napi-rs 等 Rust Crate 可以为 Node.js 编写原生拓展，以及使用 PyO3 库为 Python 编写原生拓展，从而更好地为这两门语言提升性能。

- **使用 Rust 进行 WASM（WebAssembly）应用开发**。WASM 作为一种可以在现代浏览器中运行的类汇编语言，具有紧凑的二进制格式，可与 JavaScript 协同工作。Rust 语言无 GC、高性能、零运行时开销等特性可以帮助 WASM 处理一些繁重或底层的任务。开发人员可以将 Rust 编译为 WASM 二进制，并在浏览器上运行或将 Rust WASM 包发布到 npm 等托管平台上。

更多 Rust 应用领域知识，可以访问 https://www.rust-lang.org/zh-CN 官方网站获取。

▶▶ 1.1.4　Rust 未来发展

Rust 语言作为近年来备受关注的编程语言，以其独特的内存管理、高效的并发性能和强大的系统编程能力，在众多编程语言中脱颖而出。随着 Rust 语言的不断进步和应用场景的不断拓展，Rust 的未来发展可能主要集中于提升易用性、性能、安全性，以及拓展其在关键系统中的应用，其未来发展体现如下。

- **性能优化**：Rust 在性能上具有天然的优势，未来将继续在编译速度、运行时性能等方面进一步优化，以满足更为严格的应用场景。例如，通过改进编译器算法实现并行编译、减少不必要的内存分配等手段，进一步提升 Rust 程序的执行效率。
- **跨平台兼容性**：Rust 的跨平台特性使其在各种操作系统和硬件平台上都可以发挥出色的性能。也许未来 Rust 将进一步增强跨平台兼容性，支持更多的新型平台和架构，例如，支持 Android、iOS 平台的 App 开发（目前，dioxus、tauri、egui 等框架已经支持跨平台应用开发）、内核驱动，以及 WebAssembly 领域发展等，为开发者提供了更加广阔的应用空间。
- **并发和异步编程**：随着云计算、大数据、NewSQL 技术的普及，并发与异步编程成为现代化编程重要的技能。Rust 在这两个方面具有显著优势，未来将继续加强并发编程模型的支持，例如，完善异步 I/O 库、提供更为简洁的并发原语，以及在 trait 中支持 async fn 异步函数以统一语法并提升一致性，从而降低并发编程的门槛。
- **嵌入式系统**：Rust 内存安全和低资源消耗特性使其在嵌入式系统领域具有巨大的发展潜力。随着物联网、智能家居等应用市场快速发展，Rust 未来在嵌入式系统中的前景将更加广阔。例如，智能穿戴设备、智能家居机器人等都将受益于 Rust 的强大性能。
- **网络编程**：Rust 高性能和强大的并发能力使其成为构建高性能网络服务、网络代理的理想选择。未来，Rust 或将在网络编程领域发挥更大的作用，如构建高性能的实时通信系统、Web 服务器等。
- **生态系统**：尽管 Rust 生态系统近些年来显著发展，但与一些更为成熟的编程语言相比，仍存在一定的差距。未来 Rust 语言还需要持续投入资源，吸引更多的开发者和企业共同参与生态建设，从而更好地推动其发展和普及。
- **机器学习和数据科学**：Rust 高效的计算性能和内存管理能力使其在机器学习和数据科学领域具有巨大的潜力。未来，随着 Rust 生态不断发展和完善，也许会出现更多用于数据处理和机器学习的 Rust 库或框架，为开发者和数据科学家提供更为强大的工具支持。
- **高性能项目**：Rust 的安全性和并发性等特性使其在一些领域更具潜力，例如，图形用户界面（GUI）开发（如 QT 程序的 Rust 绑定）、大数据处理（如 Spark 执行层已经采用 Rust 重写）、ngx-rust（允许开发人员使用 Rust 语言为 nginx 编写模块）及 Cloudflare 公司使用 Rust 开发的 Pingora 框架已逐步取代 nginx 等。
- **逐步取代 C++ 语言的市场份额**：Rust 设计目标之一是提供与 C++ 媲美的高性能和可控制力，以及提供更好的内存安全、类型安全、并发安全。未来 Rust 可能被更多的 C++ 程序员所接受，从而在一些底层基础设施层取代 C++。
- **与其他编程语言共存**：Rust 语言可以弥补其他语言存在的一些不足，例如，Rust 目前可以为 JavaScript、Python 提升性能，未来有可能为 Go 语言运行时提供优化。换句话说，Rust 语言不一定要跟这些语言形成竞争关系，而是更好地与它们共存、协同，在一些特定场景下，发挥 Rust 语言独特的优势。
- **对具有虚拟机的语言和动态语言形成冲击**：Java 语言（基于 JVM 虚拟机的语言）、PHP、

Ruby 等动态语言，在 GC 方面的开销是难以避免的。这些语言需要不断优化运行时机制来提升性能，而 Rust 语言的性能和安全性，使得 Rust 在一些高性能和可靠性的业务场景中更具优势。它可能会吸引一部分虚拟机或动态语言的开发者，特别是那些希望在性能和效率方面获得提升的开发者。

此外，Rust 官方团队还公布了 2024 年下半年的 26 项重要目标，包括降低 Rust 学习成本、改进异步编程开发体验、提升编译性能及增强对 Linux 内核的稳定支持。Rust 2024 版本计划解决一些关键但相对较小的问题，例如，Rust 团队将异步编程开发列为重点改进项目，加入对异步闭包和 Send 边界的支持，以增强 Rust 开发体验。这些目标的实现极大地增强了 Rust 在系统编程领域的核心竞争力，同时也为 AI 技术、大模型和其他领域提供了更加强大的技术支持。

总之，Rust 是一门充满活力、具有巨大发展潜力的编程语言，其未来发展值得期待。无论是从 Rust 技术发展趋势、应用场景拓展，还是生态系统的完善，以及面临的挑战来看，Rust 语言一直在不断进步和发展。相信在不久的将来，Rust 语言必然在编程领域占据更为重要的地位，为每个开发者带来更为出色的编程体验。

1.2 Rust 初步体验

在 1.1 节中，已知道 Rust 是什么、为什么需要 Rust 以及 Rust 应用领域和未来发展趋势。在本节中，将演示在不同操作系统中如何安装 Rust、配置 Rust 镜像源及编写 Rust 测试用例等相关内容。

1.2.1 Rust 安装

如果使用的操作系统是 macOS、Linux 或其他类 UNIX 系统，推荐使用 rustup 工具安装 Rust。在这里，将以 Linux CentOS 系统为例演示如何安装 Rust。

在安装 Rust 之前，首先在 ~/.bash_profile 文件中添加如下环境变量：

```
export RUSTUP_DIST_SERVER=https://mirrors.ustc.edu.cn/rust-static
export RUSTUP_UPDATE_ROOT=https://mirrors.ustc.edu.cn/rust-static/rustup
```

然后，执行 source ~/.bash_profile 命令使其生效。接着，执行如下 curl 命令安装 Rust：

```
curl --proto '=https' --tlsv1.2 -sSf https://sh.rustup.rs | sh
```

当输入上述命令后，选择 Rust 安装方式。建议选择默认（default）方式安装，也就是直接输入 1，效果如图 1-1 所示。

在这里需要说明一点：如果想安装指定版本的 Rust，只需要在上述 curl 命令后添加 -s -- --default-toolchain 参数即可。此时，完整的 Rust 安装命令如下所示：

```
curl --proto '=https' --tlsv1.2 -sSf https://sh.rustup.rs | sh -s -- --default-toolchain=1.83.0
```

在图 1-1 中，通过 curl 命令安装 Rust 时，所有工具将默认安装在 ~/.cargo/bin 目录中，这些工具包括 rustc、cargo 和 rustup 等 Rust 工具链。开发者可以将该目录加入 PATH 环境变量中。在安装过程中，rustup 工具默认会尝试配置 PATH 环境变量。由于不同平台和 Shell 之间存在差异，rustup 对 PATH 环境变量的修改可能不会生效。因此，在安装好 Rust 后，建议先执行 source ~/.bash_profile 命令或 ". $HOME/.cargo/env" 命令来更新当前 Shell 环境状态（如果不更新当前 Shell 环境状态，那么在执行 rustc、cargo 等命令时，就会提示找不到这些命令）。然后，执行如下命令查看当前 Rust 和 cargo 版本，效果如图 1-2 所示。

```
default host triple: x86_64-unknown-linux-gnu
   default toolchain: 1.82.0
             profile: default
modify PATH variable: yes

1) Proceed with standard installation (default - just press enter)
2) Customize installation
3) Cancel installation
>1

info: profile set to 'default'
info: default host triple is x86_64-unknown-linux-gnu
info: syncing channel updates for '1.82.0-x86_64-unknown-linux-gnu'
info: latest update on 2024-10-17, rust version 1.82.0 (f6e511eec 2024-10-15)
info: downloading component 'cargo'
  8.5 MiB /   8.5 MiB (100 %)   2.2 MiB/s in  3s ETA:  0s
info: downloading component 'clippy'
```

● 图 1-1　通过 curl 命令安装 Rust

```
→  ~ . "$HOME/.cargo/env"
→  ~ source ~/.bash_profile
→  ~ rustc --version
rustc 1.82.0 (f6e511eec 2024-10-15)
→  ~ cargo --version
cargo 1.82.0 (8f40fc59f 2024-08-21)
```

● 图 1-2　查看当前 Rust 和 cargo 版本

```
# 查看 rustc 版本
rustc --version
# 查看 cargo 版本
cargo --version
```

如果使用的是 Windows 操作系统，可以使用 rustup 二进制文件的方式安装 Rust，下载地址为 https://static.rust-lang.org/rustup/dist/i686-pc-windows-gnu/rustup-init.exe。

这里需要强调一点：在 Windows 系统中运行 Rust，需要安装某些 C 或 C++生成工具。在安装过程中默认选择安装 Visual Studio（推荐该方式）。当然，也可以在 Visual Studio 官方网站（https://visualstudio.microsoft.com/zh-hans/downloads）上下载 Visual Studio Community（社区版本），如图 1-3 所示。

| Visual Studio Community 2022 | 面向个人开发者的免费且功能齐全的可扩展解决方案，可用于创建适用于 Android、iOS、Windows 和 Web 的应用程序。有关详细信息，请参阅 发行说明。 | 下载 |

- 图 1-3　Visual Studio 社区版本

在安装 Visual Studio 时，建议将 Windows 系统核心的工具库全部安装，如.NET 桌面开发组件、C++桌面开发依赖及 Windows 平台开发所需要的通用工具库。开发者或许认为无须安装这些工具，但在 Rust 开发过程中，有时确实需要依赖特定的 Windows 工具库。在 Windows 系统中使用 Rust 开发，详情请参考 https://learn.microsoft.com/zh-cn/windows/dev-environment/rust。

接下来，执行 cargo new hello 命令快速创建一个 Rust 应用。然后，进入 hello 目录中执行 cargo run 命令，程序输出结果如图 1-4 所示。

```
→ part1 cargo new hello
    Creating binary (application) `hello` package
note: see more `Cargo.toml` keys and their definitions at https://doc.rust-lang.org/cargo/reference/manifest.html
→ part1 cd hello
→ hello git:(master) x cargo run
    Compiling hello v0.1.0 (/home/heige/web/rust/rust-in-action/part1/hello)
    Finished `dev` profile [unoptimized + debuginfo] target(s) in 0.59s
     Running `target/debug/hello`
Hello, world!
```

- 图 1-4　执行 cargo new hello 命令和 cargo run 命令

▶▶ 1.2.2　Rust 镜像源配置

当使用官方镜像源下载 Rust 或安装 Rust Crate 时，可能由于网络问题，导致 cargo 命令执行超时，或者程序编译过程中发生了错误。这种情况不仅让开发者特别困惑，而且还影响了开发效率和用户体验。因此，可以自定义 Rust 镜像源配置，从而加快 Rust Crate 的查找和下载。

下面以 Linux CentOS 操作系统为例演示如何配置 Rust 镜像源。首先，执行 vim ~/.cargo/config.toml 命令打开 config.toml 文件，并添加如下配置：

```
[source.crates-io]
# crates-io 镜像
# registry = "https://github.com/rust-lang/crates.io-index"
replace-with = "ustc" # 这里替换为 ustc 镜像

# 清华大学镜像
[source.tuna]
registry = "https://mirrors.tuna.tsinghua.edu.cn/git/crates.io-index.git"

# 中国科学技术大学镜像
```

```
[source.ustc]
registry = "sparse+https://mirrors.ustc.edu.cn/crates.io-index/"

# 上海交通大学镜像
[source.sjtu]
registry = "https://mirrors.sjtug.sjtu.edu.cn/git/crates.io-index"

# rustcc 社区镜像
[source.rustcc]
registry = "git://crates.rustcc.cn/crates.io-index"

# aliyun 镜像
[source.aliyun]
registry = "https://code.aliyun.com/rustcc/crates.io-index"

[net]
git-fetch-with-cli = true
[http]
check-revoke = false
```

接着，执行:wq，保存并退出。

这里需要说明一点：在实际项目开发过程中，可以根据实际情况选择适合的镜像源来下载和安装 Rust Crate。在上述 config.toml 配置文件中，使用的是 ustc 镜像源。在本书接下来的实战项目中，都将使用该镜像源进行相关 Rust Crate 的下载和安装。

▶▶ 1.2.3　Rust 单元测试、集成测试和基准测试

Rust 语言中测试主要分为单元测试、集成测试和基准测试 3 种不同类型的测试，用于验证代码的不同方面，它们的主要区别如下。

- 单元测试关注代码的最小单元，通常是一个函数、方法或模块，可以独立且快速测试代码的各个部分，基本上不涉及模块之间的交互。单元测试旨在检测项目中每个组成部分的代码行为是否符合预期，以确保每个部分的功能正确。Rust 单元测试通常使用#[cfg(test)]注解进行标记且采用#[test]注解测试，或直接使用#[test]注解标记。
- 集成测试关注多个模块或整个程序的交互，通常涉及多个模块甚至整个应用程序或组件库作为一个整体是否能正常运行。集成测试旨在测试不同组件或模块之间的集成和交互，以确保整个应用程序的功能正确性。Rust 集成测试需要将测试用例代码放在与 src 同级的 tests 目录中，不需要使用#[cfg(test)]注解。同时，测试函数也不用#[test]注解测试，而是通过单个测试文件的方式组织。
- 基准测试关注的是某个函数或某段代码运行的速度是否能达到一定的指标。Rust 官方提供的基准测试工具，目前最大的问题是只能在非稳定版本下使用，其主要原因是需要在代码中引入 test 特性，即#![feature(test)]，它是一个不稳定的特性。

开发者在编写 Rust 应用程序时，可以根据实际情况选择不同的测试类型来验证应用程序的每个部分或核心模块的功能正确性。接下来，将演示如何在 Rust 中编写上述 3 种不同的测试。

首先，执行 cargo new --lib my_addr 命令创建一个 library 库（关于 Rust library 具体用法，将在 2.2.2 小节详细说明）。然后，在 src/lib.rs 文件中添加如下代码：

```rust
pub fn add(x: i32, y: i32) -> i32 {
    x + y
}

#[test]
fn test_add() {
    let x = 1;
    let y = 2;
    assert_eq!(add(x, y), 3);
}
```

在上述代码中，在 test_add 函数上方使用#[test]注解，将其标记为一个单元测试。执行 cargo test 命令（如果需要在终端中查看成功和失败测试的详细输出，包括打印的内容和错误信息等，只需要在 cargo test 后增加-- --show-output 参数即可）运行该单元测试，效果如图 1-5 所示。

```
→ my_addr git:(master) ✗ cargo test
   Compiling my_addr v0.1.0 (/home/heige/web/rust/rust-in-action/part1/my_addr)
    Finished `test` profile [unoptimized + debuginfo] target(s) in 0.46s
     Running unittests src/lib.rs (target/debug/deps/my_addr-4db67cc1ad3a1f5e)

running 1 test
test test_add ... ok

test result: ok. 1 passed; 0 failed; 0 ignored; 0 measured; 0 filtered out; finished in 0.00s

   Doc-tests my_addr

running 0 tests

test result: ok. 0 passed; 0 failed; 0 ignored; 0 measured; 0 filtered out; finished in 0.00s
```

● 图 1-5　执行 cargo test 命令运行 Rust 单元测试

从图 1-5 中看出，如果单元测试通过，就会在终端中输出 ok 和测试结果状态。

接下来，为了演示 Rust 集成测试如何运行，首先在与 src 同一级目录下新增 tests 目录并创建 tests/test_add.rs 文件。然后，在 test_add.rs 文件中添加如下代码：

```rust
// 引入 my_addr 包
use my_addr;

#[test]
fn test_add() {
```

```
    assert_eq!(my_addr::add(1, 1), 2);
    println!("add2(2,2) = {}", my_addr::add(2, 2));
    println!("add2(2,3) = {}", my_addr::add(2, 3));
}
```

在完成上述操作后，执行 cargo test -- --show-output 命令，就会自动测试 tests 目录中的测试文件，效果如图 1-6 所示。

```
→ my_addr git:(master) x ls tests
test_add.rs
→ my_addr git:(master) x cargo test -- --show-output
   Compiling my_addr v0.1.0 (/home/heige/web/rust/rust-in-action/part1/my_addr)
    Finished `test` profile [unoptimized + debuginfo] target(s) in 0.34s
     Running unittests src/lib.rs (target/debug/deps/my_addr-4db67cc1ad3a1f5e)

running 1 test
test test_add ... ok

successes:

successes:
    test_add

test result: ok. 1 passed; 0 failed; 0 ignored; 0 measured; 0 filtered out; finished in 0.00s

     Running tests/test_add.rs (target/debug/deps/test_add-6afe55f8600f275f)

running 1 test
test test_add ... ok

successes:

---- test_add stdout ----
add2(2,2) = 4
add2(2,3) = 5


successes:
    test_add

test result: ok. 1 passed; 0 failed; 0 ignored; 0 measured; 0 filtered out; finished in 0.00s
```

● 图 1-6 运行 Rust 集成测试

假设需要对某个 Rust Crate 进行整体测试或多个模块之间的交互测试，就需要 Rust 基准测试（Benchmark）。接下来，将演示如何编写并运行一个简单的基准测试。

首先，执行 cargo new --lib bench_example 命令创建一个 library 库。然后，在 src/lib.rs 文件中添加如下代码：

第 1 章
Rust 语言简介

```rust
#![feature(test)]
extern crate test;
use test::Bencher;

// 求 1~n 之间的数字之和
pub fn sum(n: i32) -> i32 {
    let mut total = 0;
    for i in 1..=n {
        total += i;
    }

    return total;
}

#[bench]
fn bench_sum(b: &mut Bencher) {
    b.iter(|| {
        for i in 1..=10 {
            println!("sum({}) = {}", i, sum(i));
        }
    })
}
```

从上述代码中看出，基准测试与单元测试区别不大，最大的区别在于基准测试是通过#[bench]注解，而单元测试是通过#[test]注解进行标注，这意味着执行 cargo test 命令将不会运行基准测试代码。bench_sum 函数的参数 b 是一个可变类型的 Bencher 对象。在 bench_sum 函数主体中，需要使用 b.iter 迭代闭包的形式测试 sum 函数。iter 方法的参数是一个没有参数的闭包。在这里，需要强调一点：Rust 内置的基准测试必须要通过#![feature(test)]注解标注出来，并使用 extern crate 声明（Rust 编译器内部的 Crate 需要使用 extern 声明，也许在未来的编译器版本中就不需要了）来指定内部 Crate 测试。当执行 cargo bench 命令时，效果如图 1-7 所示。

```
→ bench_example git:(master) ✗ cargo bench
   Compiling bench_example v0.1.0 (/home/heige/web/rust/rust-in-action/part1/bench_example)
error[E0554]: `#![feature]` may not be used on the stable release channel
 --> src/lib.rs:1:1
  |
1 | #![feature(test)]
  | ^^^^^^^^^^^^^^^^^

For more information about this error, try `rustc --explain E0554`.
error: could not compile `bench_example` (lib test) due to 1 previous error
```

● 图 1-7　运行 Rust 内置的基准测试

从图 1-7 中的错误提示可以看出，Rust 内置的基准测试是一个不稳定的特性，在当前稳定（stable）版本下无法正常运行。为了正常运行基准测试，需要执行 rustup override set nightly 命令将 Rust 版本切换为 nightly 版本。该命令仅是将当前工作目录的 Rust 运行环境设置为 nightly 版本。如果想全局设置 Rust 运行环境为 nightly，可以执行 rustup default nightly 命令（在实际项目中，一般不会全局设置，只有使用内置的基准测试，才会临时切换）。在设置 Rust 版本为 nightly 之后，再次执行 cargo bench 命令，效果如图 1-8 所示。

```
→ bench_example git:(master) x rustup override set nightly
info: override toolchain for '/home/heige/web/rust/rust-in-action/part1/bench_example' set to 'nightly-x86_64-unknown-linux-gnu'
→ bench_example git:(master) x cargo bench
   Compiling bench_example v0.1.0 (/home/heige/web/rust/rust-in-action/part1/bench_example)
 WARN rustc_codegen_ssa::back::link The linker driver does not support `-fuse-ld=lld`. Retrying without it.
    Finished `bench` profile [optimized] target(s) in 0.48s
     Running unittests src/lib.rs (target/release/deps/bench_example-7b6728a1ba128786)

running 1 test
test bench_sum ... bench:        1,279.80 ns/iter (+/- 394.28)

test result: ok. 0 passed; 0 failed; 0 ignored; 1 measured; 0 filtered out; finished in 0.30s
```

- 图 1-8　Rust nightly 版本下运行基准测试效果

上述 Rust 内置的基准测试，目前存在两个问题：
- Rust 内置的基准测试是一个不稳定的特性，使用它之前需要将 Rust 版本切换为 nightly 版本，这对开发者来说体验不友好。
- 基准测试的结果相对来说比较简单，缺乏详细的测试报告分析。

好在 Rust 社区中为开发者提供了一个比较实用的 criterion 包，能够保证基准测试的稳定性。它具有以下几个重要的特性：
- criterion 包的基准测试结果可以统计分析，也就是说它可以做到跟上一次的运行结果进行差异对比，方便开发者更好地对程序性能进行优化。
- criterion 包可以通过图表的形式展示测试结果，如果需要图表展示，可以使用 gnuplot 工具生成实用的图形和报表信息，使用户更容易理解。
- criterion 包兼容了 Rust 稳定版本，也就是说它在满足简单性、易用性的同时，还提供了更加精准的测试结果。

接下来，执行 cargo new --lib my_criterion 命令创建一个 library 类型的包，并在 my_criterion/Cargo.toml 中添加如下依赖：

```
[dev-dependencies]
criterion = "0.5.1"
[[bench]]
```

```
name = "my_bench"
harness = false # 禁用 Rust 内置的基准测试工具
```

在这个 Cargo.toml 文件中,添加了 criterion 包,并声明了一个名为 my_bench 的基准测试。新增的[[bench]]代码块,用于第三方基准测试包的基准测试。在这里,并没有使用 Rust 内置的基准测试工具(第三方基准测试包会与 Rust 内置的基准测试工具发生冲突),而是将 harness 赋值为 false 来禁用 Rust 内置的基准测试。

然后,在 my_criterion/src/lib.rs 文件中添加如下代码:

```
// 实现 n 的阶乘,也就是 1×2×3×…×n
pub fn factorial(n:u32)->u32{
    if n == 1 ||n == 0{
        return n;
    }
    
    n * factorial(n-1)
}

// 单元测试
#[cfg(test)]
mod tests {
    use super::*;
    #[test]
    fn it_works() {
        let result = factorial(3);
        println!("result:{}",result);
        assert_eq!(result, 6);
    }
}
```

接着,在 my_criterion 目录中新建 benches 目录并创建 benches/my_bench.rs 文件,添加如下代码:

```
use criterion::{black_box, criterion_group, criterion_main, Criterion};
use my_criterion::factorial;

// 基准测试函数封装
pub fn criterion_benchmark(c: &mut Criterion) {
    println!("bench factorial start...");
    // 通过 bench_function 方法来运行基准测试
    c.bench_function("factorial(10)", |b|b.iter(||factorial(black_box(10))));
    println!("bench factorial end");
}

// 使用 criterion_group 宏生成一个名为 benches 的基准组,
// 并通过 criterion_main 宏生成一个 main 函数并执行基准测试
criterion_group!(benches, criterion_benchmark);
criterion_main!(benches);
```

执行 cargo bench -- --nocapture 命令（这里的--nocapture 参数的作用是在运行测试时，确保输出不被捕获，并将测试函数的输出直接打印到终端，方便调试和验证）运行基准测试，效果如图 1-9 所示。

```
→ my_criterion git:(master) x cargo bench -- --nocapture
    Finished `bench` profile [optimized] target(s) in 0.05s
     Running unittests src/lib.rs (target/release/deps/my_criterion-0b7fd5960ab0af1b)

running 1 test
test tests::it_works ... ignored

test result: ok. 0 passed; 0 failed; 1 ignored; 0 measured; 0 filtered out; finished in 0.00s

     Running benches/my_bench.rs (target/release/deps/my_bench-d7eaa43574b88a25)
Gnuplot not found, using plotters backend
bench factorial start...
factorial(10)            time:   [5.8447 ns 5.8864 ns 5.9344 ns]
                         change: [+5.6887% +7.8848% +10.154%] (p = 0.00 < 0.05)
                         Performance has regressed.
Found 3 outliers among 100 measurements (3.00%)
  3 (3.00%) high mild

bench factorial end
→ my_criterion git:(master) x cargo bench -- --nocapture
    Finished `bench` profile [optimized] target(s) in 0.05s
     Running unittests src/lib.rs (target/release/deps/my_criterion-0b7fd5960ab0af1b)

running 1 test
test tests::it_works ... ignored

test result: ok. 0 passed; 0 failed; 1 ignored; 0 measured; 0 filtered out; finished in 0.00s

     Running benches/my_bench.rs (target/release/deps/my_bench-d7eaa43574b88a25)
Gnuplot not found, using plotters backend
bench factorial start...
factorial(10)            time:   [4.8280 ns 4.8635 ns 4.9016 ns]
                         change: [-18.036% -17.221% -16.410%] (p = 0.00 < 0.05)
                         Performance has improved.
```

● 图 1-9　通过 criterion 包运行基准测试

从图 1-9 中可以看出，使用 Rust 第三方 criterion 包不仅能对 benches/my_bench.rs 文件中编写的基准测试代码进行测试，还能将测试结果详细输出到终端中。每次执行 cargo bench 命令进行基准测试时，就会看到当前基准测试与上一次的基准测试形成的差异对比。上述 factorial 函数运行时间平均约为 4.8635ns，其性能结果为 Performance has improved（性能有所改善）。

总之，通过 criterion 包运行基准测试，不仅可以非常直观地看到程序测试结果和性能差异报告，而且大幅度提升了开发效果和效率。更多 criterion 包用法，可以参考 criterion 官方手册（https://bheisler.github.io/criterion.rs/book/criterion_rs.html）。

1.3 Rust 工具链

选择合适的工具链对开发者尤其重要，需要考虑几个关键因素：开发环境、操作系统、集成开发环境（IDE）和工具更新，以及个人或团队的偏好。因此，Rust 工具链的选择会直接影响到开发效率、代码质量和项目维护的便利性。

在本节中，将介绍 Rust 编辑器的选择、cargo 工具的使用及 rustup 版本的更新，以确保开发者能够在日益发展的 Rust 语言中拥有良好顺畅的开发体验。

1.3.1 Rust 编辑器选择

为了提升 Rust 开发效率和代码质量，推荐使用 Vistual Studio Code（简称 vscode）或 JetBrains 官方提供的 RustRover（IDE）编写代码。这两个编辑器的对比如下。

- Visual Studio Code：一款由微软开源的代码编辑器，支持多种编程语言，包含 Go、Java、Rust 语言等。vscode 不仅具有语法高亮、提示、自动完成、调试器等功能，还具有丰富的插件生态（用户可以根据需要选择不同的插件）、强可定制性（用户可以根据个人喜好配置编辑器环境）和活跃的社区（遇到问题时，容易找到解决方案）等优势。vscode 的这些优点使得开发者能够快速编写代码和解决问题。
- RustRover：虽然不如 vscode 轻量，但是 RustRover 提供了全面的开发工具支持，包含 Rust 项目管理、rustfmt 格式化工具、代码提示、语法高亮、自动完成、代码快速重构、自动修复和实时分析代码等功能。RustRover 集成式的体验和强大的插件机制，使得开发者能够更快地编写代码，享受到一站式服务。

vscode 编辑器是 Rust 开发者的首选工具，如图 1-10 所示，用户可以安装 Rust 语言插件 rust 和 rust-analyzer 实现 Rust 代码自动提示和包自动引入功能。

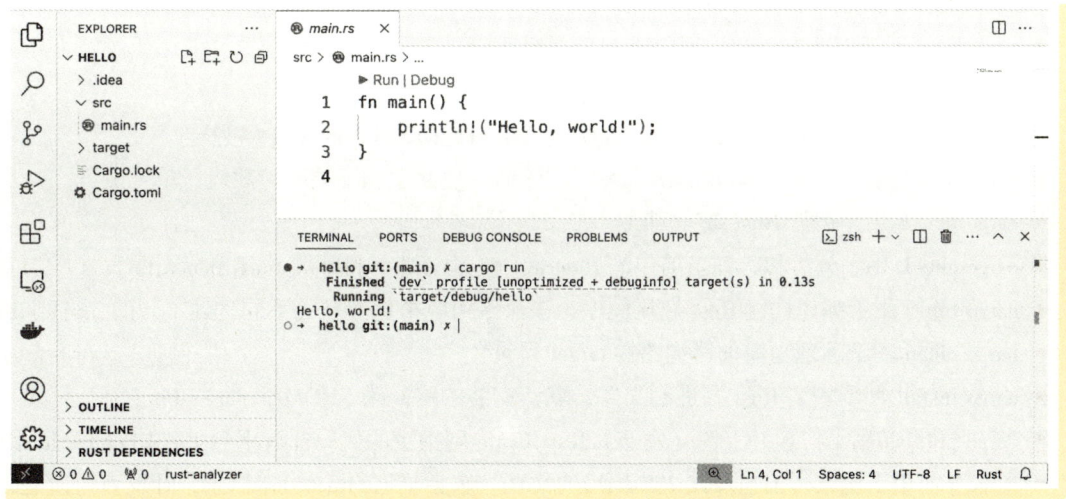

● 图 1-10 vscode 编辑器

当然，也可以使用 RustRover 编写代码。该编辑器提供了构建、编译、调试等功能，效果如图 1-11 所示。

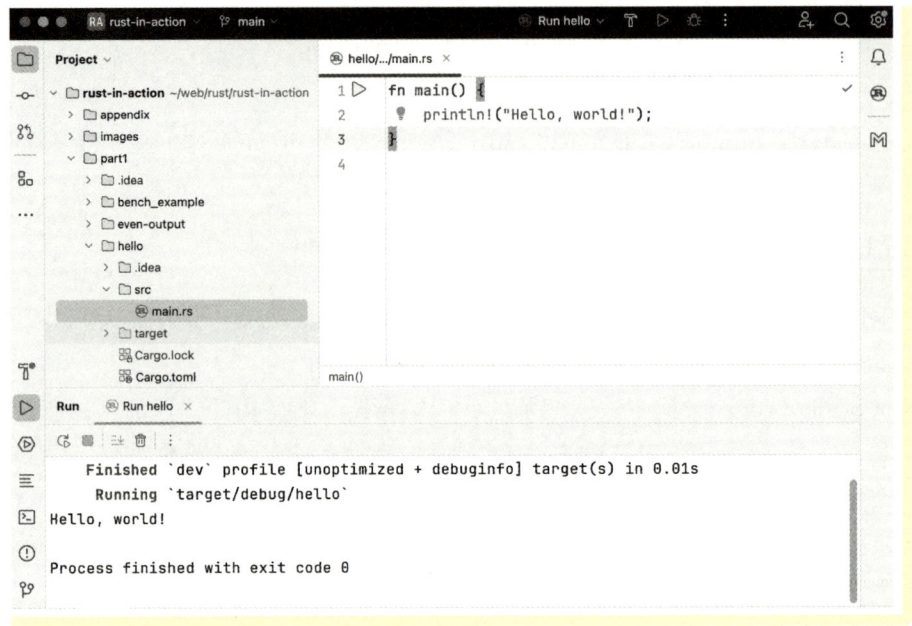

- 图 1-11　RustRover 编辑器

1.3.2　cargo 工具使用

cargo 作为 Rust 官方提供的工具，允许 Rust 项目声明各种依赖项，并确保开发者能运行相关命令，快速进行开发、构建和测试应用。

下面是 cargo 工具比较常用的命令：
- cargo new 用于创建一个新的项目或 library 组件库。
- cargo init 用于在现有目录中初始化一个新的 Package（包）。
- cargo run 用于运行 Rust 二进制应用程序或运行本地包的 Example（示例）。
- cargo test 用于运行 Rust 单元测试，可以在该命令后面添加不同的参数运行单元测试。
- cargo bench 用于运行 Rust 基准测试。
- cargo check 用于分析和验证当前包的 Rust 代码是否正常，而不是构建目标文件。
- cargo build 用于编译构建 Rust 应用程序，该命令可以根据参数的不同构建不同的二进制文件。
- cargo clean 用于清理当前项目构建的 target 目录。
- cargo install 用于安装 Rust 二进制文件，默认安装的路径为 $HOME/.cargo/bin。
- cargo publish 用于打包并上传（发布）Rust Crate 到指定的代码托管平台上，如 crates.io 平台。
- cargo doc 用于构建当前包及其依赖项目的文档，它会创建 target/doc 目录，开发者可以通过浏览器打开并查看详细的文档。

接下来，将通过一个简单的文件读取示例演示 cargo new、cargo check、cargo build、cargo run、cargo clean、cargo doc 等命令的基本用法。

首先，执行 cargo new readfile 命令创建一个二进制应用程序，并在 src/main.rs 中添加如下代码：

```rust
use std::fs;
use std::path::Path;

fn main() {
    // 读取当前目录下的 test.md 文件
    let path = "./test.md";
    let content = read_file(path).expect("failed to read file");
    println!("{}", content); // 将内容输出
}

/// 读取文件的内容,函数接受一个实现了'AsRef<Path>' trait 的参数 Path。
/// 'AsRef<Path>'是一个 trait,它定义了一个方法 as_ref,该方法返回一个 Path 引用,
/// 它可以被实现为各种类型,包括 &Path 本身,以及其他可以转换为 Path 引用的类型,如 String、&str 等
fn read_file<P: AsRef<Path>>(path: P) -> Result<String, std::io::Error> {
    // 将内容放在 content 变量中,如果读取过程中发生错误就返回 Error
    let content = fs::read_to_string(path)?;
    Ok(content)
}
```

然后，在 readfile 目录下新建 test.md 文件，并添加如下内容：

```
hello,world!
hello,rust!
this is a demo.
```

接着，进入 readfile 目录中执行 cargo check 命令分析上述代码是否正常，效果如图 1-12 所示。

```
→ readfile git:(master) ✗ ls
Cargo.toml  src  test.md
→ readfile git:(master) ✗ cargo check
    Checking readfile v0.1.0 (/home/heige/web/rust/rust-in-action/part1/readfile)
    Finished `dev` profile [unoptimized + debuginfo] target(s) in 0.15s
→ readfile git:(master) ✗ tree -L 3 ./
./
├── Cargo.lock
├── Cargo.toml
├── src
│   └── main.rs
├── target
│   ├── CACHEDIR.TAG
│   └── debug
│       ├── build
│       ├── deps
│       ├── examples
│       └── incremental
└── test.md

7 directories, 5 files
```

● 图 1-12　执行 cargo check 命令分析 Rust 代码是否正常

从图 1-12 中可以看出，该 cargo check 命令在执行过程中并不会产生可执行文件，也就是说该命令并未生成对应的二进制文件。

如果想编译构建该示例，只需要执行 cargo build 命令即可，效果如图 1-13 所示。

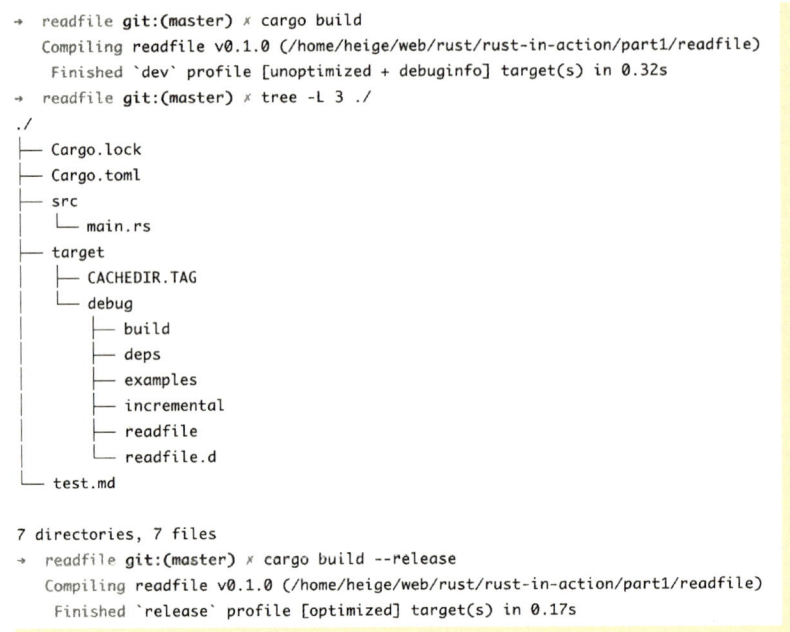

● 图 1-13　cargo build 编译构建项目

从图 1-13 中可以看出，执行 cargo build 命令之后，就会在 ./target/debug 目录中生成一个可执行的二进制文件 readfile。如果想将 Rust 应用程序的代码发布到正式环境中，只需要执行 cargo build --release 命令，它会在 ./target/release 目录中生成可执行的二进制文件。

如果想运行该示例，只需执行 cargo run 命令（实际上，该命令首先会执行 cargo build 命令，然后执行 ./target/debug/readfile 命令）即可，效果如图 1-14 所示。

```
→ readfile git:(master) × cargo run
    Finished `dev` profile [unoptimized + debuginfo] target(s) in 0.01s
     Running `target/debug/readfile`
hello,world!
hello,rust!
this is a demo.
```

● 图 1-14　执行 cargo run 命令运行项目

如果想删除 target 构建目录，只需要执行 cargo clean 命令即可，效果如图 1-15 所示。

如果想查看当前项目构建及其依赖项目的文档，可以直接执行 cargo doc 命令，它会在 target 目录下生成 doc 目录。此时，可以使用浏览器打开和查看文档。如果希望浏览器自动打开，只需要在

cargo doc 后追加--open 参数即可，效果如图 1-16 所示。

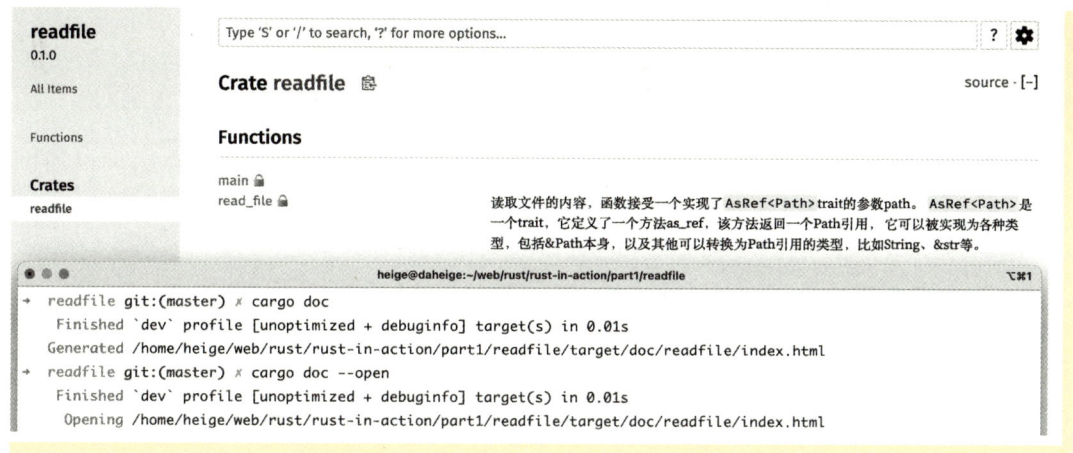

● 图 1-15 执行 cargo clean 命令清理构建的 target 目录

● 图 1-16 执行 cargo doc 命令查看项目文档

在 Rust 项目开发过程中，上述 cargo 命令基本上够用了。更多 cargo 用法和具体参数说明，可以参考 https://doc.rust-lang.org/cargo/guide/index.html 文档。

▶▶ 1.3.3 rustup 版本更新

rustup 是一个用于管理 Rust 版本和相关工具链的命令行工具，旨在帮助开发人员轻松安装、更新和管理 Rust 及相关工具链。如果想将 Rust 版本升级到最新稳定版本，只需要执行 rustup update stable 命令即可，效果如图 1-17 所示。

从图 1-17 中可以看出，rustup update stable 命令不仅会将 Rust 版本更新到最新稳定版本，而且会下载对应的工具链，如 cargo、clippy、rustfmt 等，升级成功后可以通过 rustc --version 查看 Rust 版本，效果如图 1-18 所示。

当然，rustup 工具除了可以将 Rust 版本升级到最新版本之外，它还可以下载并安装 Rust 其他工具链，以实现不同场景下的需求开发。在接下来的 1.4 节中，将使用 rustup 工具下载对应的工具链实现 Rust 交叉编译。

· 21

```
→ ~ rustup update stable
info: syncing channel updates for 'stable-x86_64-unknown-linux-gnu'
info: latest update on 2024-11-28, rust version 1.83.0 (90b35a623 2024-11-26)
info: downloading component 'cargo'
  8.6 MiB /   8.6 MiB (100 %)   5.4 MiB/s in  1s ETA:  0s
info: downloading component 'clippy'
info: downloading component 'rust-docs'
 16.4 MiB /  16.4 MiB (100 %)   1.5 MiB/s in 14s ETA:  0s
info: downloading component 'rust-std'
 26.1 MiB /  26.1 MiB (100 %)   7.5 MiB/s in  4s ETA:  0s
info: downloading component 'rustc'
 69.3 MiB /  69.3 MiB (100 %)   8.0 MiB/s in  9s ETA:  0s
info: downloading component 'rustfmt'
info: installing component 'cargo'
info: installing component 'clippy'
info: installing component 'rust-docs'
 16.4 MiB /  16.4 MiB (100 %)   1.5 MiB/s in  8s ETA:  0s
info: installing component 'rust-std'
 26.1 MiB /  26.1 MiB (100 %)  11.5 MiB/s in  2s ETA:  0s
info: installing component 'rustc'
```

● 图 1-17　执行 rustup update 命令对 Rust 进行升级

```
→ ~ rustc --version
rustc 1.83.0 (90b35a623 2024-11-26)
→ ~ cargo --version
cargo 1.83.0 (5ffbef321 2024-10-29)
```

● 图 1-18　通过 rustc --version 命令查看升级后的 Rust 版本

1.4　Rust 交叉编译

交叉编译（Cross Compile）是在一个平台上为另一个平台编译程序的过程。如果源代码平台（编译平台）与目标代码平台（运行平台）不同，那么就需要交叉编译。也就是说，交叉编译允许用户在一台计算机上使用特定的工具链，将源代码编译成目标平台的机器码，然后在目标平台上能正常运行。

Rust 交叉编译指的是使用 Rust 编写的代码在当前平台上编译，以生成其他平台上执行的二进制文件。例如，开发者可以在 macOS 或 Windows 系统上编写 Rust 代码，然后通过相关工具链编译出 Linux 平台可执行文件。

在本节中，将详细介绍在 Rust 中如何使用 rustup 工具链和 cross 工具实现不同平台的交叉编译。

▶▶ 1.4.1　在 macOS 上实现交叉编译

首先，在 macOS 系统终端中执行 cargo new even-output 命令创建一个二进制应用程序，并在 src/main.rs 文件中添加如下代码：

```rust
fn main() {
    for num in 0..=20 {
        // 输出 0~20 的偶数
        if num % 2 == 0 {
            println!("current even number: {}", num);
        }
    }
}
```

然后，执行 cargo run 命令运行该示例，效果如图 1-19 所示。

```
 even-output git:(main) x cargo run
   Compiling even-output v0.1.0 (/Users/heige/web/rust/rust-in-action/part1/even-output)
    Finished `dev` profile [unoptimized + debuginfo] target(s) in 0.88s
     Running `target/debug/even-output`
current even number: 0
current even number: 2
current even number: 4
current even number: 6
current even number: 8
current even number: 10
current even number: 12
current even number: 14
current even number: 16
current even number: 18
current even number: 20
```

● 图 1-19　even-output 运行效果

如果希望该示例代码能够在 Windows 平台上运行，那么就需要安装 Windows 平台相关工具链。以下内容是在 macOS 系统上实现 Windows 平台交叉编译的基本步骤：

1）安装 mingw-w64 工具链（它可以提供 Windows 平台所需要的依赖）。

```
brew install mingw-w64
```

2）安装 x86_64-pc-windows-gnu 工具链。

```
rustup target add x86_64-pc-windows-gnu
```

3）在 ~/.cargo/config.toml 配置文件中加入如下配置内容。

```
[target.x86_64-pc-windows-gnu]
linker = "x86_64-w64-mingw32-gcc"
ar = "x86_64-w64-mingw32-gcc-ar"
```

然后，进入 even-output 目录中，执行如下命令实现 Windows 交叉编译，效果如图 1-20 所示。

```
cargo build --target x86_64-pc-windows-gnu
```

在上述实例中，使用的工具链是 x86_64-pc-windows-gnu。它能将 Windows 平台的基础库以静态编译的方式嵌入到程序里，而不像 x86_64-pc-msvc 依赖 Windows 系统的基础库。虽然说，使用 x86_64-pc-msvc 工具链可以使编译后的 exe 文件体积变小，但它依赖于微软的 Visual Studio（msvc）组件，程序的一致性和稳定性难以得到保证，由于 Windows 基础库的差异化问题，可能导致交叉编译出来的 exe 文件无法运行。

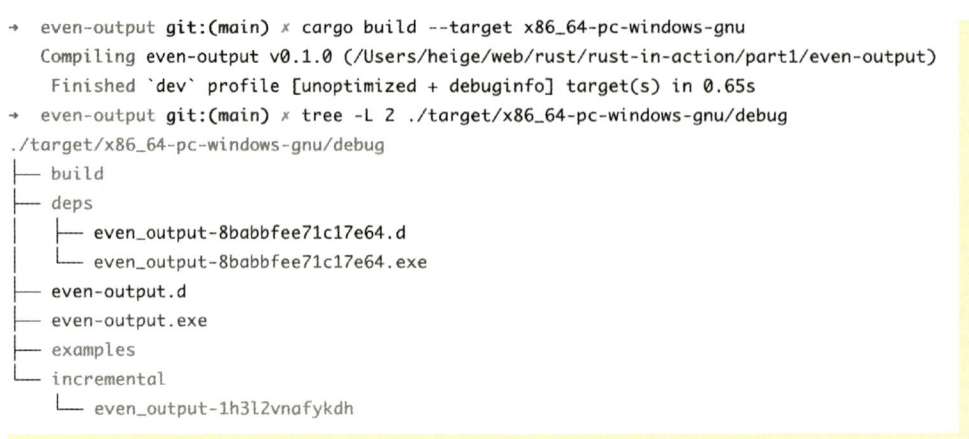

```
→ even-output git:(main) x cargo build --target x86_64-pc-windows-gnu
    Compiling even-output v0.1.0 (/Users/heige/web/rust/rust-in-action/part1/even-output)
     Finished `dev` profile [unoptimized + debuginfo] target(s) in 0.65s
→ even-output git:(main) x tree -L 2 ./target/x86_64-pc-windows-gnu/debug
./target/x86_64-pc-windows-gnu/debug
├── build
├── deps
│   ├── even_output-8babbfee71c17e64.d
│   └── even_output-8babbfee71c17e64.exe
├── even-output.d
├── even-output.exe
├── examples
└── incremental
    └── even_output-1h3l2vnafykdh
```

- 图 1-20 使用 x86_64-pc-windows-gnu 实现 Windows 交叉编译

从图 1-20 中可以看出，通过 x86_64-pc-windows-gnu 工具链为 Windows 平台实现交叉编译时，将在 ./target/x86_64-pc-windows-gnu/debug 目录中生成 even-output.exe 可执行文件。这里需要强调一点：如果希望编译后的 exe 文件能够在 Windows7 或 Windows8 系统上运行，那么编译平台上安装的 Rust 版本需要低于 1.76 版本；如果希望编译后的 exe 文件能够在 Windows10 及更高版本的系统上运行，那么编译平台上的 Rust 版本必须大于或等于 1.76 版本，否则编译后的 exe 文件将无法正常运行。

在这里，使用的 Rust 是 1.82.0 版本，该示例交叉编译出来的 even-output.exe 文件，必须在 Windows10 及更高版本的系统下才可以正常运行。将 even-output.exe 文件复制到 Windows10 系统上运行，效果如图 1-21 所示。

```
current even number: 0
current even number: 2
current even number: 4
current even number: 6
current even number: 8
current even number: 10
current even number: 12
current even number: 14
current even number: 16
current even number: 18
current even number: 20
```

- 图 1-21 在 Windows 平台上运行 even-output.exe 文件

如果希望该示例代码能够在 Linux 平台上运行,那么就需要安装 Linux musl 工具链。为什么使用 Linux musl 来实现 Linux 交叉编译呢?因为 musl 不仅实现了 Linux libc 库所需要的依赖,而且它的质量可靠、稳定性好,能适配大多数的 Linux 环境。也就是说,通过 Linux musl 工具链编译出来的二进制文件可以在大多数 Linux 系统上运行。以下内容是在 macOS 系统上为 Linux 平台实现交叉编译的基本步骤:

1)安装 x86_64-unknown-linux-musl 工具链。

```
rustup target add x86_64-unknown-linux-musl
```

2)在 ~/.cargo/config.toml 添加如下内容:

```
[target.x86_64-unknown-linux-musl]
linker = "rust-lld"
# rustflags 默认不需要开启,如果在编译期间发生错误,可以启用该配置。
# rustflags = ["-C", "linker-flavor=ld.lld"]
```

当安装好 Linux musl 工具链后,执行如下命令对 even-output 程序做 Linux 交叉编译,运行效果如图 1-22 所示。

```
cargo build --target=x86_64-unknown-linux-musl
```

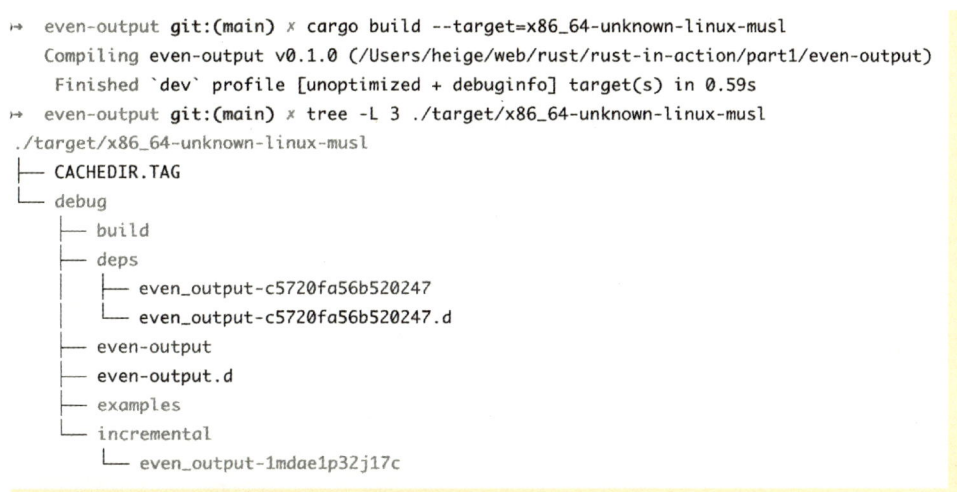

• 图 1-22　使用 Linux musl 实现 Linux 交叉编译

从图 1-22 中可以看出,通过 x86_64-unknown-linux-musl 工具链实现 Linux 交叉编译,会在 ./target/x86_64-unknown-linux-musl/debug 目录中生成对应的可执行文件。执行 scp 命令将它上传到 Linux CentOS 系统的 /tmp/ 目录中运行,效果如图 1-23 所示。

如果 Rust 程序使用了 OpenSSL 相关的库,那交叉编译是比较复杂的。此时,需要在 Cargo.toml 文件中添加如下依赖来解决交叉编译的问题。

```
[dependencies]
openssl = { version = "0.10", features = ["vendored"] }
```

```
➜ even-output git:(main) ✗ scp target/x86_64-unknown-linux-musl/debug/even-output heige@192
.168.10.113:/tmp/
heige@192.168.10.113's password:
even-output                                          100% 4079KB  25.7MB/s   00:00
➜ even-output git:(main) ✗ ssh heige@192.168.10.113
heige@192.168.10.113's password:
Last failed login: Sat Nov 30 17:07:59 CST 2024 from 192.168.10.100 on ssh:notty
There were 4 failed login attempts since the last successful login.
Last login: Thu Nov 28 00:47:20 2024 from 192.168.10.100
➜ ~ cd /tmp/
➜ /tmp ./even-output
current even number: 0
current even number: 2
current even number: 4
current even number: 6
current even number: 8
current even number: 10
current even number: 12
current even number: 14
current even number: 16
current even number: 18
current even number: 20
```

● 图 1-23　在 Linux CentOS 平台上运行 even-output

1.4.2　在 Windows 上实现交叉编译

假设在 Windows 系统上编写 Rust 代码，希望它能够在 Linux 或 macOS 平台上运行。在这种情况下，就需要安装相关工具链来实现跨平台交叉编译。在 Windows 平台上为 Linux 实现交叉编译步骤与 1.4.1 小节在 macOS 平台为 Linux 平台实现交叉编译步骤基本一样，这里不再介绍了。接下来，以 even-output 程序为例，演示在 Windows 系统上如何实现 macOS 交叉编译。以下内容是在 Windows 系统上为 macOS 平台实现交叉编译的基本步骤。

1）安装 x86_64-apple-darwin。

```
rustup target add x86_64-apple-darwin
```

2）执行如下命令实现交叉编译，效果如图 1-24 所示。

```
cargo build --target=x86_64-apple-darwin
```

从图 1-24 中可以看出，使用 x86_64-apple-darwin 实现 macOS 交叉编译，会在./target/x86_64-apple-darwin/debug 目录中生成一个 even-output 二进制文件。把它复制到 macOS 系统的/tmp/目录中运行，效果如图 1-25 所示。

- 图 1-24　使用 x86_64-apple-darwin 实现 macOS 平台交叉编译

```
▶ /tmp uname -a
Darwin daheigedeMBP.lan 23.1.0 Darwin Kernel Version 23.1.0: Mon Oct  9 21:27:27 PDT 2023; root:xnu-10002.41.9~6/RELEASE_X86_64 x86_64
▶ /tmp ./even-output
current even number: 0
current even number: 2
current even number: 4
current even number: 6
current even number: 8
current even number: 10
current even number: 12
current even number: 14
current even number: 16
current even number: 18
current even number: 20
```

- 图 1-25　在 macOS 上运行 even-output 文件

▶▶ 1.4.3　通过 cross 工具实现跨平台交叉编译

除了 1.4.1 小节和 1.4.2 小节中使用 rustup 工具添加相关的工具链来实现 Windows 或 Linux 平台交叉编译之外，还可以使用 cross 工具实现交叉编译。

cross 工具是一个 Rust 交叉编译的项目（官方网址为 https://github.com/cross-rs/cross），它通过 Docker 简化了 Rust 交叉编译时所需的前置依赖，提供了多种常见的 CPU 架构和主流操作系统的交叉编译环境。在使用 cross 工具之前，请确保所使用的操作系统上已经安装好 Docker 和 Rust 开发环境。

接下来，以 macOS 系统为例演示如何使用 cross 工具实现跨平台交叉编译。首先，执行如下命令安装 cross 工具。

```
cargo install cross
```

然后，执行如下 cross 命令对 even-output 程序实现不同平台的交叉编译：

```
# 交叉编译 Windows x86_64 架构程序
cross build --target x86_64-pc-windows-gnu

# 交叉编译 Linux ARM 架构程序
cross build --target aarch64-unknown-linux-gnu

# 交叉编译 Linux x86_64 架构程序，依赖 glibc 库
# 大多数 Linux 系统都会安装对应的 glibc 库
cross build --target x86_64-unknown-linux-gnu

# 交叉编译 Linux x86_64 架构程序，依赖 musl libc 库
cross build --target x86_64-unknown-linux-musl
```

以上内容就是使用 cross 工具为不同平台交叉编译的基本用法，运行效果如图 1-26 所示。

```
↳ even-output git:(main) ✗ cross build --target x86_64-pc-windows-gnu
   Compiling even-output v0.1.0 (/project)
    Finished `dev` profile [unoptimized + debuginfo] target(s) in 4.02s
↳ even-output git:(main) ✗ cross build --target aarch64-unknown-linux-gnu
    Finished `dev` profile [unoptimized + debuginfo] target(s) in 0.28s
↳ even-output git:(main) ✗ cross build --target x86_64-unknown-linux-gnu
    Finished `dev` profile [unoptimized + debuginfo] target(s) in 0.23s
↳ even-output git:(main) ✗ cross build --target x86_64-unknown-linux-musl
   Compiling even-output v0.1.0 (/project)
    Finished `dev` profile [unoptimized + debuginfo] target(s) in 1.98s
↳ even-output git:(main) ✗ cross run --target x86_64-unknown-linux-musl
    Finished `dev` profile [unoptimized + debuginfo] target(s) in 0.24s
     Running `/qemu-runner x86_64 /target/x86_64-unknown-linux-musl/debug/even-output`
current even number: 0
current even number: 2
current even number: 4
current even number: 6
current even number: 8
current even number: 10
current even number: 12
current even number: 14
current even number: 16
current even number: 18
current even number: 20
```

● 图 1-26　使用 cross 工具实现交叉编译

第 1 章
Rust 语言简介

从图 1-26 中可以看出，通过 cross 工具不仅能够实现不同平台的 Rust 交叉编译，还可以使用 cross check、cross run、cross test 替代 cargo check、cargo run、cargo test 等命令，这对开发者来说非常方便。这里需要强调一点：在使用 cross 工具对 Linux x86_64 架构实现交叉编译时，推荐使用 x86_64-unknown-linux-musl。因为 musl 设计更加精简，交叉编译出来的可执行文件体积比 gnu 小很多，同时占用的资源也更少，避免了不必要的复杂性。如果 Rust 应用程序是纯 Rust 代码编写的，那么通过 cross 工具实现跨平台交叉编译相对比较简单。如果 Rust 应用程序中调用了 C、C++或其他语言的外部函数接口（FFI），那么 Rust 交叉编译将变得非常复杂，可能还需要安装目标平台所需要的相关依赖。

对于 Rust 交叉编译，推荐使用 cross 工具实现跨平台交叉编译。因为 cross 采用 Docker 工具编译构建具有一致性和稳定性，不仅解决了不同平台交叉编译的依赖问题，还提升了开发效率和用户体验。

第 2 章　Rust模块化编程实战

在软件开发过程中，随着业务需求不停迭代，程序的代码也会随之发生改变。此时，组织好代码尤其重要。可以将代码分解成多个功能相对独立的模块，并通过模块接口表示该模块所提供和所需的元素，包含变量、常量、函数、类、方法、类型等，并将其划分到不同的文件或目录中，这就是所谓的模块化编程。

通常来说，模块化编程还与结构化编程及面向对象编程的思想密切相关。在面向对象的语言中提供的 class、namespace 定义的命名空间也是一种模块化技术，如 C++、Java、PHP 等。同样，Rust 也支持模块化编程，它为开发者提供了强大的软件包管理，能够帮助开发者组织代码、改善开发体验以及提升程序执行效率。

本章将介绍如下主题：
- Rust 中的模块化编程简介。
- Rust Package（包）基础，包括二进制类型的包和 library 类型的包的基本用法。
- Rust Module（模块）简介，包括如何定义与使用模块、模块可见性、pub use 的基本用法和模块重新导出。
- Rust 模块层次结构划分，包括将模块映射到文件和将模块映射到目录。
- Rust Crate（单元包）管理，包括如何使用第三方包、自定义包，以及包的发布。

2.1　Rust 中的模块化编程简介

首先，理解什么是代码组织和模块化。代码组织是将应用程序代码适当地组织在文件或目录中，以便于管理和维护。自 20 世纪 80 年代以来，软件工程的复杂度随着应用的演化，呈指数级增长，程序设计逐渐从一个人的独立开发转为多人协作开发。开发人员需要根据实际需求和变化进行灵活的调整和拓展，管理和控制程序代码组织。而模块化编程是一种软件工程中的设计思想，强调将计算机程序分割成独立的、可相互改变的组件或库，使每个模块都包含执行预期功能的一个方面所必需的所有东西，达到将复杂的系统分割为独立的代码块的目的。也就是说，使用模块化编程，不仅能将复杂的程序拆分为更小、更易于管理的组建和库，还能提高了代码的可读性、可复用性和可维护性。

对于开发者来说，如果不进行合理地模块化编程，可能会带来如下问题。

- 可读性和维护性下降：如果所有的代码都写一个文件中，会导致代码量庞大，难以阅读和修改。程序缺乏适当地组织和模块化，会使得代码变得混乱不堪，增加了开发人员理解和维护的难度。
- 代码冗余和重复：如果程序代码缺乏模块化管理，会导致代码冗余和重复。在多个地方实现相同的功能或重复代码会使得代码难以维护和拓展。
- 降低开发效率：由于代码难以理解和维护，开发人员需要花费更多的人力成本来修改和调试代码，这无疑会降低开发效率，影响项目的交付进度和质量。
- 降低代码质量：混乱的代码结构，会导致程序代码质量下降，有时候可能会导致程序出现致命错误、安全漏洞或程序崩溃，难以排查和定位。

Rust 是一种强类型、编译型的编程语言，具有高度的可靠性和性能。然而，仅掌握 Rust 基础语法是远远不够的，还需要合理地组织和管理代码，才能更好地提升 Rust 应用程序的可拓展性和可维护性。在 Rust 语言中，模块化组织代码主要包含以下基本概念。

- Package（包）：它是 cargo 的一个特性，允许开发者创建、测试和发布 Crate。
- Crate（单元包）：用于生成库（library）或可执行文件的树形模块结构，可以包含函数、结构体、枚举、特征等。
- Module（模块）：用于组织和管理 Rust 代码，允许开发者控制代码的访问权限、路径的组织、范围和模块可见性。
- use 关键字：用于引入外部模块、标准库或函数等，可以帮助开发者避免重复的命名空间，使代码更加简洁。
- Path（路径）：用于命名条目的方法，这些条目包括结构体、函数和模块等。通过路径，开发者可以定位到特定的代码部分，更好地引用或调用 Rust 代码。

对 Rust 开发者来说，理解和掌握这些概念对编写高效、可维护、可拓展的代码至关重要。特别是随着项目规模的增长，合理地组织和管理项目结构体，可以显著提高开发效率和代码质量。

在本章接下来的内容中，将详细介绍在 Rust 语言中应如何通过模块化组织和管理代码。

2.2 Package（包）

Package 用于管理一个或多个 Crate，它通过 cargo new 命令创建。通常，Package 遵守如下规则：

- 每个 Package 都有一个 Cargo.toml 文件。
- 每个 Package 只能包含 0 个或 1 个 library crate。
- 每个 Package 可以包含任意数量的 binary crate。
- 每个 Package 至少需要有一个 Crate，它可以是 library crate（library 类型的包），也可以是一个 binary crate（二进制类型的包）。

在本节中，将介绍如何在 Rust 中创建、使用二进制类型和 library 类型的包。

2.2.1 二进制类型的包

首先，通过执行 cargo new 命令来创建一个二进制应用程序，效果如图 2-1 所示。

```
→ part2 cargo new hello-project
    Creating binary (application) `hello-project` package
note: see more `Cargo.toml` keys and their definitions at https://doc.rust-lang.org/cargo/reference/manifest
.html
→ part2 cd hello-project
→ hello-project git:(master) ✗ tree -L 3 ./
./
├── Cargo.toml
└── src
    └── main.rs
```

● 图 2-1 执行 cargo new 命令创建二进制应用程序

从图 2-1 中看出，通过执行 cargo new 命令创建的二进制应用程序由一个 src 目录和 Cargo.toml 文件组成。在 src 中包含一个 main.rs 文件，它是程序的入口文件。当执行 cargo run 命令时，就会在终端中输出该程序运行结果。同时，在./target/debug 目录中会生成一个编译好的二进制文件 hello-project，效果如图 2-2 所示。

```
→ hello-project git:(master) ✗ cargo run
   Compiling hello-project v0.1.0 (/home/heige/web/rust/rust-in-action/part2/
hello-project)
    Finished `dev` profile [unoptimized + debuginfo] target(s) in 0.94s
     Running `target/debug/hello-project`
Hello, world!
→ hello-project git:(master) ✗ tree -L 3 ./target/debug
./target/debug
├── build
├── deps
│   ├── hello_project-c3beb9432dc5197b
│   └── hello_project-c3beb9432dc5197b.d
├── examples
├── hello-project
├── hello-project.d
```

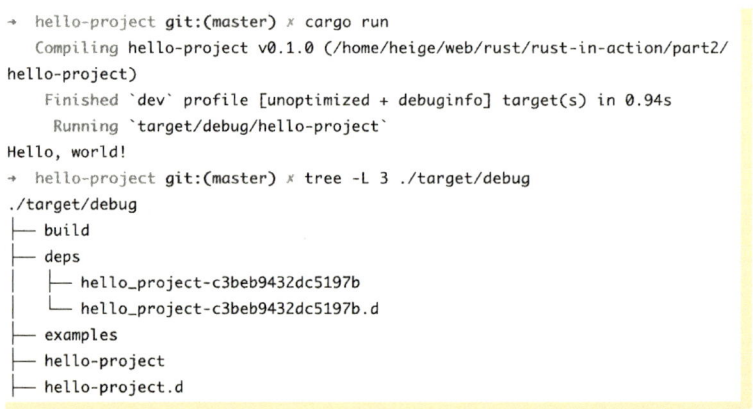

● 图 2-2 hello-project 运行效果

2.2.2 library 类型的包

在 Rust 语言中执行 cargo new 命令，默认情况下会创建一个二进制类型的包。如果在创建 Package 时指定--lib 参数，那么在 src 目录中就会包含一个 lib.rs 文件（包的入口文件），这种类型的包是一个 library 类型的包（通常也称为 library 库）。

首先，执行 cargo new --lib my-lib 命令来创建 library 库，效果如图 2-3 所示。

```
→ part2 cargo new --lib my-lib
    Creating library `my-lib` package
note: see more `Cargo.toml` keys and their definitions at https://doc.rust-la
ng.org/cargo/reference/manifest.html
→ part2 cd my-lib
→ my-lib git:(master) x tree -L 3 ./
./
├── Cargo.toml
└── src
    └── lib.rs

1 directory, 2 files
```

- 图 2-3　执行 cargo new --lib my-lib 命令创建 library 库

然后，在 src/lib.rs 文件中添加如下代码：

```rust
// 求一个包含 i32 类型元素的切片中最大值
pub fn max(nums: &[i32]) -> i32 {
    let mut max_num = nums[0];
    for i in nums.to_vec() {
        if i > max_num {
            max_num = i;
        }
    }

    max_num
}

#[cfg(test)]
mod tests {
    use super::*;

    #[test]
    fn it_works() {
        let s = vec![89, 2, 23, 12, 89, 23, 87];
        let m = max(&s);
        println!("max(s) = {}", m);
        assert_eq!(max(&[1, 2, 3, 5, 9, 7]), 9);
    }
}
```

接着，执行 cargo test -- --show-output 命令来测试该 library 库，效果如图 2-4 所示。

```
→ my-lib git:(master) x cargo test -- --show-output
   Compiling my-lib v0.1.0 (/home/heige/web/rust/rust-in-action/part2/my-lib)
    Finished `test` profile [unoptimized + debuginfo] target(s) in 0.57s
     Running unittests src/lib.rs (target/debug/deps/my_lib-c5e7f7acbaedcff6)

running 1 test
test tests::it_works ... ok

successes:

---- tests::it_works stdout ----
max(s) = 89


successes:
    tests::it_works

test result: ok. 1 passed; 0 failed; 0 ignored; 0 measured; 0 filtered out; finished in 0.00s
```

• 图 2-4　执行 cargo test 命令运行 my-lib 包中的单元测试

如果希望上述 my-lib 包中的 max 函数不仅能被其他项目作为库使用，还能作为 CLI 命令工具使用，那么就需要在 src 目录下再添加一个 main.rs 文件。假设 src/main.rs 文件中的代码如下：

```rust
use my_lib::max;
use std::env;

fn main() {
    let args: Vec<String> = env::args().skip(1).collect();
    if args.len() == 0 {
        println!("args must be separated by space");
        return;
    }

    let mut nums = vec![];
    for val in args {
        let num: i32 = val.parse().unwrap_or(0);
        nums.push(num);
    }

    let max_num = max(&nums);
    println!("you input nums:{:?} max is {}", nums, max_num);
}
```

随后，执行 cargo run 12 9 2 3 23 11 命令，效果如图 2-5 所示。

第 2 章
Rust 模块化编程实战

```
→ my-lib git:(master) x ls src
lib.rs  main.rs
→ my-lib git:(master) x cargo run 12 9 2 3 23 11
   Compiling my-lib v0.1.0 (/home/heige/web/rust/rust-in-action/part2/my-lib)
    Finished `dev` profile [unoptimized + debuginfo] target(s) in 0.44s
     Running `target/debug/my-lib 12 9 2 3 23 11`
you input nums:[12, 9, 2, 3, 23, 11] max is 23
```

● 图 2-5　将 my-lib 包以二进制类型的 Crate 运行

从图 2-5 中可以看出，如果一个 Package 的 src 目录中同时包含 lib.rs 和 main.rs 文件，那这个包就会同时得到一个二进制类型的 Crate 和一个 library 类型的 Crate，这种用法在开发一些基础库或工具链时非常有用。

2.3　Module（模块）

Module 是 Rust 中用于组织和管理代码的一种方式，开发者不仅能将代码按照功能进行划分为独立的模块，增强代码的可读性和复用性，还能通过 Module 控制代码的可见性（公开代码和私有代码）。本节将通过实例详细介绍在 Rust 中如何高效地组织和管理程序代码。

2.3.1　Module 的定义与使用

在 Rust 语言中，可以使用 mod 关键字来定义一个模块。以下代码是一个简单的模块定义。

```rust
// 定义 service 模块
mod service {
    mod user {
        fn say_hello(name: String) {
            println!("hello,{}",name);
        }
        fn eat() {
            println!("eat something");
        }
    }

    mod feed {
        fn show() {
            println!("feed show");
        }
    }
}
fn main() {
    // 调用 service 模块中的函数
    service::user::say_hello("xiaoming".to_string());
```

· 35

```
    service::user::eat();
    service::feed::show();
}
```

在上述代码中，首先定义了一个 service 模块。然后，在 service 模块中分别定义了 user、feed 两个模块。最后，在 main 函数中通过模块名和双冒号"::"（从外到里依次引入模块）的方式使用这两个模块。当执行 cargo run 命令时，会发现程序无法正常运行，报错信息如图 2-6 所示。

```
→ module-demo git:(master) x cargo run
  Compiling module-demo v0.1.0 (/home/heige/web/rust/rust-in-action/part2/module-demo)
error[E0603]: module `user` is private
  --> src/main.rs:21:14
   |
21 |     service::user::say_hello("xiaoming".to_string());
   |              ^^^^   --------- function `say_hello` is not publicly re-exported
   |              |
   |              private module
   |
note: the module `user` is defined here
  --> src/main.rs:3:5
   |
3  |     mod user {
   |     ^^^^^^^^

error[E0603]: module `user` is private
  --> src/main.rs:22:14
```

● 图 2-6 user 和 feed 模块运行效果

从图 2-6 中看出，由于 user、feed 模块是私有模块，从而导致程序无法正常运行。在 Rust 语言中，如果不指定包的可见性，那么它的可见性默认是私有的。在接下来的 2.3.2 小节中，将通过 pub 关键字来解决上述报错问题。

▶▶ 2.3.2 使用 pub 改变模块的可见性

通常来说，Rust 中模块及其成员，如结构体、函数、枚举等，默认都是私有的。如果需要将它们变成公开的，只需要使用 pub 关键字就可以改变模块和模块中的成员可见性。在 Rust 中 pub 关键字使用方式如下。

- pub：表示模块或成员（函数、结构体、枚举等）对外部任何代码可见。
- pub (self)：表示模块成员仅在当前模块内部及其子模块中可见。
- pub (crate)：表示模块成员仅对当前包（Crate）及同包中的其他模块内可见。
- pub (super)：表示模块成员仅对父模块可见。

接下来，通过 pub 显式指定模块和函数的公开性，来解决 2.3.1 小节的报错问题，修改后的代码如下所示：

第 2 章
Rust 模块化编程实战

```rust
// part2/module-demo/src/main.rs 文件
mod service {
    // 通过 pub 关键字将模块 user 标记为公开模块
    pub mod user {
        // 使用 pub 关键字将函数标记为可以对外访问的公开函数
        pub fn say_hello(name: String) {
            println!("hello,{}",name);
        }
        pub fn eat() {
            println!("eat something");
        }
    }

    pub mod feed {
        pub fn show() {
            println!("feed show");
        }
    }
}

fn main() {
    // 调用 service 模块中的函数
    service::user::say_hello("xiaoming".to_string());
    service::user::eat();
    service::feed::show();
}
```

再次执行 cargo run 命令时,程序将正常运行,效果如图 2-7 所示。

```
→ module-demo git:(master) ✗ cargo run
    Compiling module-demo v0.1.0 (/home/heige/web/rust/rust-in-action/part2/module-demo)
     Finished `dev` profile [unoptimized + debuginfo] target(s) in 0.25s
      Running `target/debug/module-demo`
hello,xiaoming
eat something
feed show
```

• 图 2-7　module-demo 运行效果

从图 2-7 中的运行效果可知,使用 pub 关键字可以改变当前模块及其成员的可见性,在外部或子模块中能够正常使用。

接下来,将通过一个简单的示例演示 pub(self)、pub(crate)和 pub(super)的基本用法,代码如下:

```rust
// part2/pub-self-crate-demo/src/main.rs 文件
mod outer_mod {
    pub mod my_mod {
```

· 37

```rust
        // 此函数仅在模块内部可见,在模块内部私有,只能在模块内调用
        pub(self) fn private_function() {
            println!("called my_mod::private_function");
        }

        // 此函数仅对当前单元包(Crate)及同包中的其他模块内可见
        pub(crate) fn crate_visible_fn() {
            println!("called my_mod::crate_visible_fn");
        }

        // 此函数对my_mod模块可见,可以被外部及当前模块调用
        pub fn public_function() {
            println!("called my_mod::public_function");
            // 可以在同一模块内调用private_function函数
            private_function();

            // 调用当前包中的crate_visible_fn函数
            crate_visible_fn();
        }

        // 此函数仅在outer_mod中可见
        pub(super) fn super_mod_visible_fn() {
            println!("called my_mod::super_mod_visible_fn");
            // 在同一模块内调用private_function函数
            private_function();
        }
    }

    pub fn foo() {
        println!("call outer_mod::foo");
        // 在outer_mod中调用super_mod_visible_fn函数
        my_mod::super_mod_visible_fn();

        // 下面代码无法运行,因为不能调用my_mod中的私有函数private_function
        // my_mod::private_function();
    }
}

// 引入my_mod模块
use outer_mod::my_mod;
fn main() {
    my_mod::public_function(); // 可以调用成功
    outer_mod::foo(); // 调用foo函数
```

```
    // 下面的代码将编译错误,无法运行
    // 因为 super_mod_visible_fn 函数仅在 my_mod 上一级父模块 outer_mod 中可见
    // my_mod::super_mod_visible_fn();

    // 下面的代码将编译错误,无法运行
    // 因为 private_function 函数仅在定义的模块内部可见
    // my_mod::private_function()
}
```

在上述代码中,通过 pub(self)、pub(crate)、pub(super)控制了当前模块、当前包及父模块的可见性。该示例运行效果如图 2-8 所示。

```
→ pub-self-crate-demo git:(master) ✗ cargo run
   Compiling pub-self-crate-demo v0.1.0 (/home/heige/web/rust/rust-in-action/part2/pub-self-crate-demo)
    Finished `dev` profile [unoptimized + debuginfo] target(s) in 0.41s
     Running `target/debug/pub-self-crate-demo`
called my_mod::public_function
called my_mod::private_function
called my_mod::crate_visible_fn
call outer_mod::foo
called my_mod::super_mod_visible_fn
called my_mod::private_function
```

● 图 2-8　通过 pub 改变模块的可见性运行效果

▶▶ 2.3.3　使用 use 引入模块和模块中的成员

在 Rust 中,可以通过 use 关键字引入模块和模块中的成员(如函数、结构体、枚举和宏等)到作用域内,而不必每次都指定模块的全路径。下面的代码段是一个使用 use 关键字的示例。

```rust
// part2/file-read/src/main.rs 文件
use std::error;
use std::fs;

fn main() -> Result<(), Box<dyn error::Error>> {
    // 读取文件内容
    let result = fs::read_to_string("test.md");
    let content = match result {
        Ok(content) => content, // 成功读取到文件内容
        Err(err) => return Err(err.into()), // 错误提前返回
    };

    println!("文件内容: {}", content);
    Ok(())
}
```

在该示例中，首先，通过 use 关键字引入了标准库 std 中的 error、fs 模块。然后，在 main 函数中使用 fs::read_to_string 函数读取 test.md 中的内容，并通过 match 模式匹配判断 result 是否发生错误，如果没有发生错误就将获取 Ok 中的 content。如果发生错误就返回 Box<dyn error::Error>，它是一个实现了标准库 error::Error 的 trait（特征）。由于该错误是一个 trait，因此在 main 函数返回时，需要使用 dyn 修饰并使用 Box 进行包裹，使其变成一个 Sized（固定大小）的类型。

当使用 use 关键字引入相同名字的模块时，例如，第三库 anyhow 中的 Result 和标注库中的 Result 相同，如果程序代码中有两个及以上的位置使用了 Result，程序在编译运行时是无法正常运行的。在这种情况下，可以使用 as 关键字重新命名模块名，从而有效避免相同模块的冲突问题。下面是一个读取文件内容并写入到另一个文件中的示例。

```rust
// part2/file-read-write/src/main.rs 文件
use anyhow::Result as aResult;
use std::fs;
use std::io::{self, Write};
use std::path::Path;

fn main() -> aResult<()> {
    let content = fs::read_to_string("test.md")?;
    println!("file content: \n{}", content);
    let res = write_file("test2.md", content)?;
    println!("{}", res);
    Ok(())
}

// 参数 path 是一个 AsRef<Path> trait 类型，它可以接受 String、&str 等类型
fn write_file<P: AsRef<Path>>(path: P, content: String) -> Result<String, io::Error> {
    let mut file = fs::OpenOptions::new().write(true).create(true).open(path)?;
    file.write(content.as_bytes())?;
    Ok("write file success".to_string())
}
```

在上述代码中，首先通过 as 关键字将第三方 anyhow::Result 重命名为 aResult。然后，引入了 fs、io、path 等模块。接着，将 aResult 作为 main 函数的返回值。在 main 函数中，先通过 fs::read_to_string 函数读取 test.md 文件内容，再调用 write_file 将读取到的内容写入 test2.md 文件中。在这里，使用了 Rust 语言的 ? 简写模式来处理错误。如果程序运行中遇到错误，就会立即返回，而不需要使用 match 或 if let Ok 模式匹配解构错误和成功处理的结果。

在 write_file 函数中，首先通过 fs::OpenOptions::new 函数创建了一个文件写入句柄（如果文件不存在就会创建文件），如果发生错误同样使用了 ? 简写模式处理。然后，调用 file.write 方法将文件内容 content 写入到 path 文件中。write_file 函数返回值是一个标准库的 Result 类型。

为了运行该示例，在项目根目录下新建 test.md 文件，并添加如下内容：

```
123456
Hello,world!
```

然后，执行 cargo run 命令，效果如图 2-9 所示。

```
→  file-read-write git:(master) ✗ cargo run
   Compiling anyhow v1.0.93
   Compiling file-read-write v0.1.0 (/home/heige/web/rust/rust-in-action/part2/file-read-write)
    Finished `dev` profile [unoptimized + debuginfo] target(s) in 1.03s
     Running `target/debug/file-read-write`
file content:
123456
Hello,world!

write file success
```

• 图 2-9　文件读写运行效果

▶▶ 2.3.4　使用 super 与 self 简化模块路径

在 Rust 中，super 和 self 两个关键字在引入模块及其成员时可以消除歧义，并防止不必要的路径硬编码，这有利于后续代码的维护和拓展。下面是一个简单的示例，展示了 super 和 self 基本用法。

```rust
// part2/super-self-demo/src/main.rs 文件
use std::fs;
use std::io::{self, Write}; // 这里使用 self 关键字引入 io 模块本身
use std::path::Path;

// 将指定的内容写入文件中，返回值是标准库的 Result 类型
fn write_file<P: AsRef<Path>>(path: P, content: String) -> Result<(), io::Error> {
    let mut file = fs::OpenOptions::new().write(true).create(true).open(path)?;
    file.write(format!("{}",content).as_bytes())?;
    Ok(())
}

fn say_hello() {
    println!("called say_hello function");
}

pub mod my {
    // 这里使用 super 关键字来调用上一层的 say_hello 函数
    pub fn hello() {
        super::say_hello();
    }

    pub fn foo() {
```

```rust
        println!("called my::foo function");
    }
    pub fn indirect_call() {
        println!("called my::indirect_call function");
        // self 关键字表示当前的模块作用域,在这里指的是 my 模块
        self::cool::call();
        cool::call(); // 与调用 self::cool::call() 效果一样
        self::foo();
        foo();
    }

    pub mod cool {
        pub fn call() {
            println!("called cool::call function");
        }
    }
}

fn main() {
    my::hello(); // 调用 my 模块中的 hello 函数
    my::cool::call(); // 调用 my::cool 模块中的 call 函数
    my::indirect_call(); // 调用 my 模块中的 indirect_call 函数

    // 调用 write_file 函数
    write_file("test.md", "hello,world!".to_string()).expect("failed to write file");
}
```

从上述代码可知,这两个关键字具有如下特点。

- super(父级):相对于当前上下文代码来说,它是上层模块。
- self(自身):相对于当前上下文代码来说,它表示当前模块。

当执行 cargo run 命令运行该示例时,效果如图 2-10 所示。

```
→ super-self-demo git:(master) x cargo run
   Compiling super-self-demo v0.1.0 (/home/heige/web/rust/rust-in-action/part2/super-self-demo)
    Finished `dev` profile [unoptimized + debuginfo] target(s) in 0.41s
     Running `target/debug/super-self-demo`
called say_hello function
called cool::call function
called my::indirect_call function
called cool::call function
called cool::call function
called my::foo function
called my::foo function
```

- 图 2-10　通过 super 和 self 简化模块路径运行效果

2.3.5 使用 pub use 重新导出

有时候，希望在当前作用域中重新导出模块的某个成员，如函数、模块、结构体等，以便外部代码可以直接访问。此时，可以通过 pub use 语句在模块中创建一个新的公共路径来访问模块成员，即使这些模块成员在原始模块中是私有的。pub use 语句不仅可以缩短模块引入路径，还可以隐藏模块内部实现细节，只暴露必要的公共接口，在处理大型项目时尤其有用。下面是一个简单的示例，展示了 pub use 重新导出基本用法。

```rust
// part2/pub-use-export/src/main.rs 文件
// 定义 service 模块
mod service {
    pub mod user {
        // 通过 pub 关键字公开 say_hello 函数
        pub fn say_hello(name: String) {
            println!("hello,{}",name);
        }

        // 通过 pub 关键字公开 eat 函数
        pub fn eat() {
            println!("eat something");
        }
    }

    pub mod feed {
        // 通过 pub 关键字公开 show 函数
        pub fn show() {
            println!("call feed show method");
        }
    }
}

// 这里通过 pub use 重新导出 feed 模块和 user 模块
pub use crate::service::feed;
pub use crate::service::user;

fn main() {
    // 直接使用模块中的函数
    user::say_hello("kitty".to_string());
    user::eat();
    feed::show();
}
```

当执行 cargo run 命令运行该示例，效果如图 2-11 所示。

```
→ pub-use-export git:(master) x cargo run
   Compiling pub-use-export v0.1.0 (/home/heige/web/rust/rust-in-action/part2/pub-use-export)
    Finished `dev` profile [unoptimized + debuginfo] target(s) in 0.29s
     Running `target/debug/pub-use-export`
hello,kitty
eat something
call feed show method
```

● 图 2-11　使用 pub use 重新导出运行效果

通过上述方式，可以充分利用 use 关键字来组织代码结构，提高代码的可读性和可维护性。同时，灵活运用 pub use 语句可以使得模块内的某些功能对外可见，从而更好地实现了模块的封装性和可复用性。

2.4　模块层次结构划分

有时候，在设计和组织多个模块时，需要考虑模块之间的耦合度、代码的可读性、可维护性及未来的拓展性。在 Rust 中，模块设计非常重要，因为它有助于代码的组织和维护，可以帮助开发者将大型程序拆分为更小、更易管理的逻辑单元。

在本节中，将介绍如何将 Rust 模块层次结构划分，以提高代码的可读性和拓展性。

2.4.1　将模块映射到文件

在 Rust 中，可以通过 mod <path_name> 语法将 Rust 源代码放入文件中，作为一个独立的模块供外部代码使用。在将模块映射到文件的情况下，这个文件的路径和模块的名称需要一致。例如，一个名为 user 的模块需要在名为 user.rs 的文件中声明。

首先执行 cargo new module-file-demo 命令创建一个二进制程序，并在 src/main.rs 文件中添加如下代码：

```rust
// 通过 mod 关键字声明 user 模块
mod user;

fn main() {
    // 调用 user 模块中的函数
    user::say_hello("daheige".to_string());
    user::eat();
    user::walk();
    user::water();
}
```

然后，在 src 目录中新建 user.rs 文件，并添加如下代码：

```rust
// 通过 pub 关键字公开 say_hello 函数
pub fn say_hello(name: String) {
    println!("hello,{}",name);
}

// 通过 pub 关键字公开 eat 函数
pub fn eat() {
    println!("eat something");
}

# 通过 pub 关键字公开 walk 函数
pub fn walk() {
    println!("walk");
}

# 通过 pub 关键字公开 water 函数
pub fn water() {
    println!("drink water");
}
```

完成以上两步操作后，执行 cargo run 命令运行该示例，效果如图 2-12 所示。

```
→ module-file-demo git:(master) ✗ tree -L 2 ./
./
├── Cargo.lock
├── Cargo.toml
└── src
    ├── main.rs
    └── user.rs

1 directory, 4 files
→ module-file-demo git:(master) ✗ cargo run
   Compiling module-file-demo v0.1.0 (/home/heige/web/rust/rust-in-action/part2/module-file-demo)
    Finished `dev` profile [unoptimized + debuginfo] target(s) in 0.28s
     Running `target/debug/module-file-demo`
hello,daheige
eat something
walk
drink water
```

● 图 2-12 module-file-demo 目录结构和运行效果

2.4.2 将模块映射到目录

除了 2.4.1 小节中介绍的将 Rust 模块映射到文件，还可以将模块放入目录中来组织代码，也就是将目录作为一个模块对外导出。

接下来，执行 cargo new module-dir-demo 命令创建一个二进制程序，并在 src/main.rs 文件中添加如下代码：

```
// 定义 feed 模块
mod feed;

fn main() {
    // 调用 feed 模块的函数
    feed::show();
    feed::edit("hello".to_string());
    feed::summary();
}
```

然后，在 src 目录中新建一个 feed 目录和 feed/mod.rs 文件，并在 feed/mod.rs 中添加如下代码：

```
// 定义模块 feed
mod feed;
// 重新导出 feed 模块
pub use feed::edit;
pub use feed::show;

pub fn summary() {
    println!("called summary function");
}
```

接着，在 feed 目录下面新建 feed.rs 文件，并添加如下代码：

```
// 通过 pub 关键字公开 show 函数
pub fn show() {}
pub fn edit(name: String) {
    println!("name:{}", name);
    // do something...
}
```

到这里，已将模块映射到 feed 目录中，模块目录结构如图 2-13 所示。这里需要说明一点：上述这种方式对于 Rust 2018 Edition 之前的版本来说，是比较常用的一种方式。在 Rust 2018 Edition 之后的版本中，可以直接在 src 目录中新建模块名相同名字的文件，然后新建模块名称相对应的目录即可。接下来，将演示如何在 Rust 2021 Edition 下将模块映射到目录。

首先，在 src/main.rs 中定义一个 auth 模块，此时 src/main.rs 文件代码如下：

```
// 定义 feed 模块
mod feed;

// 定义 auth 模块
mod auth;
use auth::post; // 引入 auth 中的 post 模块

fn main() {
    // 调用 feed 模块的函数
```

```rust
    feed::show();
    feed::edit("hello".to_string());
    feed::summary();

    // 调用 post 模块中的函数
    post::show("rust lang".to_string());
}
```

然后，在 src 目录中新建 auth.rs 文件和 auth 目录，并在 auth.rs 文件中添加如下代码：

```rust
// 定义 post 模块,该模块是 auth/post.rs 文件
pub mod post;
```

接着，在 src/auth 目录中新建 post.rs 文件，并添加如下代码：

```rust
pub fn show(name: String) {
    println!("current post name:{}", name);
}
```

在完成上述操作后，执行 cargo run 命令运行该示例，效果如图 2-13 所示。

```
→ module-dir-demo git:(master) x tree -L 3 ./
./
├── Cargo.lock
├── Cargo.toml
└── src
    ├── auth
    │   └── post.rs
    ├── auth.rs
    ├── feed
    │   ├── feed.rs
    │   └── mod.rs
    └── main.rs

3 directories, 7 files
→ module-dir-demo git:(master) x cargo run
   Compiling module-dir-demo v0.1.0 (/home/heige/web/rust/rust-in-action/part2/module-dir-demo)
    Finished `dev` profile [unoptimized + debuginfo] target(s) in 0.26s
     Running `target/debug/module-dir-demo`
name:hello
called summary function
current post name:rust lang
```

● 图 2-13　module-dir-demo 目录结构和运行效果

2.5　Crate（单元包）管理

在 Rust 语言中，crate root 文件将由 cargo 工具传递给 rustc 来构建二进制项目或类库的源文件。每一个 Crate 都有唯一的名称，通常与其文件或目录的名称相匹配。crate root 是一个源文件，Rust 编

译器以它为起点，并构成 Crate 的根模块。Crate 是 Rust 在编译时最小的代码单位，可以是一个 library 类型的包（library crate）或一个二进制类型的包（binary crate）。默认 cargo new 命令创建的包，遵循一个约定：src/main.rs 文件是二进制应用程序的根文件。如果在 cargo new 命令后添加--lib 参数，那么创建的包是一个库，src/lib.rs 文件则是库的根文件。

本节将详细介绍 Rust Crate 基本用法，包括 crates.io 托管平台、第三方包使用方式及如何使用 cargo 工具创建和发布自定义包等内容。

▶▶ 2.5.1 crates.io 托管平台

crates.io 是 Rust 编程语言社区的官方管理和分发包平台。它类似于其他编程语言中的包管理器，如 Python 的 PyPI 和 pip、Nodejs 的 npm 和 yarn 包管理工具等，可以帮助开发人员快速管理和使用包。特别是在 Rust 1.0 稳定版本（Rust 2015 Edition）发布不久之后，crates.io 成为 Rust Crate 最大的代码托管平台，主要用于存放第三方类库或二进制工具的代码。当然也有其他的一些代码托管平台，如 github、gitee 等，但 crates.io 平台托管的 Crate 是排在第一位的。开发人员通过它可以更加快速地发布和共享 Rust Crate。crates.io 托管平台具有如下特点和功能：

- 中心化包管理：crates.io 为 Rust 代码提供了一个中心化的位置，方便开发者搜索、下载和使用其他人创建的 Crate，以及发布自己定义的包，这使得 Rust 代码共享和开源社区合作更加容易。
- 版本控制：每个 Crate 都有自己的版本号，它允许开发者指定使用特定版本的 Crate，这有助于确保代码的稳定性和可靠性。
- 依赖管理：crates.io 允许 Crate 之间建立对应的依赖关系，开发者可以在自己的项目中引入别人的 Crate 作为依赖，从而快速构建和分发功能强大的项目。
- 活跃的社区支持：crates.io 托管平台由 Rust 社区维护和支持，它强调社区贡献和开源分享，鼓励代码重用，提供了对包开发者和维护的可见性。任何人都可以为平台的发展和改进做出贡献。
- 搜索包和文档管理：crates.io 提供了一个易于使用的网站，允许 Rust 开发者搜索、浏览和查找他们感兴趣的 Crate。同时，它还提供了有关每个 Crate 的详细文档、示例代码，为开发者快速使用 Crate 提供了便利，缩减了接入的时间成本。

截止到 2024 年 11 月份，crates.io 代码托管的 Crate 数量已经超过了 163000，其下载量也超过了 963 亿，如图 2-14 所示。

crates.io 是 Rust 生态系统的核心组成部分，开发者可以在上面搜索和发布各种各样的 Crate，使得 Rust 开发更加快速、高效和便捷，同时也促进了 Rust 社区的发展，并营造了分享代码的文化氛围。

在 2.2~2.4 节中，已经介绍了 Rust 模块化编程的基本知识。接下来，将通过实例演示在 Rust 中该如何使用和管理 Crate。

第 2 章
Rust 模块化编程实战

• 图 2-14　crates.io 托管平台

▶▶ 2.5.2　编写一个随机数生成的实例

本小节中，将通过 Rust 第三方 rand 库编写一个随机数生成的实例。首先，执行 cargo new rand-demo 命令创建应用程序，并在 Cargo.toml 文件中添加如下依赖：

```toml
[package]
name = "rand-demo"
version = "0.1.0"
edition = "2021"
[dependencies]
rand = "0.8.5"
```

然后，在 src/main.rs 文件中添加如下代码：

```rust
// 引入 rand 包的相关模块
use rand::{thread_rng, Rng};

fn main() {
    // 创建 rand 实例对象
    let mut rng = thread_rng();
    // 生成(0,1]的浮点数
    println!("random f64: {}", rng.gen::<f64>());

    // 生成随机数
    println!("random i32: {}", rng.gen::<i32>());
    println!("random u8: {}", rng.gen::<u8>());
    println!("random u32: {}", rng.gen::<u32>());
    println!("random u64: {}", rng.gen::<u64>());

    // 生成 i32 随机数
    let x: i32 = rng.gen_range(100..999);
    println!("x:{}", x);
```

· 49

```rust
    // 生成区间的随机数[1,10)
    let i: i64 = rng.gen_range(1..10);
    println!("random number i:{}", i);
    let m: u32 = rng.gen_range(1..100);
    println!("random number m:{}", m);
}
```

在该实例中，首先引入了 rand 包。然后，使用 rand 中的模块生成随机数。当执行 cargo run 命令后，Rust cargo 工具就会自动下载相关的包并运行程序，效果如图 2-15 所示。

```
→ rand-demo git:(master) x cargo run
   Compiling proc-macro2 v1.0.92
   Compiling unicode-ident v1.0.14
   Compiling libc v0.2.167
   Compiling quote v1.0.37
   Compiling cfg-if v1.0.0
   Compiling byteorder v1.5.0
   Compiling syn v2.0.90
   Compiling getrandom v0.2.15
   Compiling rand_core v0.6.4
   Compiling zerocopy-derive v0.7.35
   Compiling zerocopy v0.7.35
   Compiling ppv-lite86 v0.2.20
   Compiling rand_chacha v0.3.1
   Compiling rand v0.8.5
   Compiling rand-demo v0.1.0 (/home/heige/web/rust/rust-in-action/part2/rand-demo)
    Finished `dev` profile [unoptimized + debuginfo] target(s) in 5.83s
     Running `target/debug/rand-demo`
random f64: 0.10558025983259567
random i32: 68104910
random u8: 229
random u32: 1110577306
random u64: 15189440887146610423
x:336
random number i:9
random number m:29
```

● 图 2-15 rand-demo 运行效果

▶ 2.5.3 编写一个终端输出变色的实例

2.5.2 小节介绍了在 Rust 中如何使用第三方包的实例。在本小节中，将实现文本以彩色的方式输出到终端实例。

首先，通过 cargo new colored-hello 命令创建一个二进制应用程序。然后，在 Cargo.toml 文件中添加如下依赖：

```
[dependencies]
colored = "2.1.0"
```

接着，在 src/main.rs 文件中，添加如下代码：

```
use colored::*; // 导入 colored 中的模块，用于颜色输出

fn main() {
    println!("{}", "Hello, world!".green());
    println!("{}", "rust lang".red());
}
```

在上述代码中，首先通过 use 引入了 colored::*。这里的 * 表示引入 colored 包中的所有模块。Rust 这种语法机制，其实在标准库中就有使用，例如，io 相关的包就是通过 use std::io::prelude::* 方式引入的。然后，在 main 函数中可以调用 green()、red() 等函数将文本以彩色的方式输出到终端。执行 cargo run 命令运行该实例，效果如图 2-16 所示。

```
→ colored-hello git:(master) x cargo run
    Updating `ustc` index
    Locking 11 packages to latest compatible versions
 Downloaded colored v2.1.0 (registry `ustc`)
 Downloaded lazy_static v1.5.0 (registry `ustc`)
 Downloaded 2 crates (37.4 KB) in 0.75s
   Compiling lazy_static v1.5.0
   Compiling colored v2.1.0
   Compiling colored-hello v0.1.0 (/home/heige/web/rust/rust-in-action/part2/colored-hello)
    Finished `dev` profile [unoptimized + debuginfo] target(s) in 2.59s
     Running `target/debug/colored-hello`
Hello, world!
rust lang
```

● 图 2-16　colored-hello 运行效果

从图 2-16 中可以看出，终端已打印出绿色的"hello，world！"和红色的"rust lang"字符串。

在接下来的 2.5.4 小节中，将详细介绍如何使用 cargo 工具构建和发布自定义的包到第三方 crates.io 托管平台上。

▶▶ 2.5.4　编写与发布一个自定义的单元包

在 2.2～2.4 节中，已经初步掌握了如何构建和使用 Package、Crate 及 Module 基本用法。在本小节中，将使用 cargo 工具链来编写一个简单的读取文件内容的 Crate，同时自定义错误类型，并将其发布。

首先，执行 cargo new readfile-custom 命令创建一个二进制的 Crate（这个包的名字可以根据实际情况进行更改，在这里就以 readfile-custom 命名），并在 src/main.rs 中添加如下代码：

```rust
// 导入标准库中的 env 模块和 fs 模块
use std::env;
use std::fs;

// 自定义模块 custom_error
mod custom_error;
use custom_error::CustomError;

fn main() {
    let res = read_file();

    // 模式匹配
    match res {
        Err(err) => println!("{:?}", err.0),
        Ok(content) => println!("{}", content),
    }
}

// 从终端中获取文件名,并读取文件内容
fn read_file() -> Result<String, CustomError> {
    println!("read file");

    // 获取终端输入的第二个参数,也就是指定读取的文件
    let file_path = env::args().skip(1).next().unwrap(); // 跳过第一个参数,得到文件名
    println!("file_path:{}", file_path);

    // 读取内容到字符串中
    // 如果发生错误,就将错误放入 CustomError 类型中
    let content = fs::read_to_string(file_path)
        .map_err(|err| CustomError(format!("read file err:{}", err)))?;

    Ok(content)
}
```

然后，在 src/custom_error.rs 文件中添加自定义错误类型的代码:

```rust
// 自定义错误类型 CustomError
// 这里错误信息 String 放入一个元组结构体中
#[derive(Debug)]
pub struct CustomError(pub String);
```

上述 main.rs 文件中的 main 函数中，先调用 read_file 函数，然后通过 match 模式匹配 res 结果，如果发生错误就输出错误信息，否则输出文件内容。在 read_file 函数中，首先引入了 std 标准库中的 env 模块和 fs 模块。然后定义了 custom_error 模块，并通过 use 关键字引入了 custom_error::CustomError 错误类型。接着，在 read_file 函数中通过 env::args().skip(1).next().unwrap()获取命

令终端输入的第二个参数，作为文件名。随后，调用 fs::read_to_string 函数读取文件内容。如果读取文件内容失败就返回错误，该错误使用 map_err 方法将其包装为自定义的错误类型 CustomError。如果读取文件成功，就返回文件内容。

为了验证该程序文件读取功能，先在 readfile-custom 目录中添加 test.md 文件，其内容如下：

```
Hello,world!
Rust,123.
```

然后，分别执行 cargo run test1.md 和 cargo run test.md 命令运行程序，效果如图 2-17 所示：

```
→ readfile-custom git:(master) x cargo run test1.md
    Compiling readfile-custom v0.1.1 (/home/heige/web/rust/rust-in-action/part2/readfile-custom)
     Finished `dev` profile [unoptimized + debuginfo] target(s) in 0.35s
      Running `target/debug/readfile-custom test1.md`
read file
file_path:test1.md
"read file err:No such file or directory (os error 2)"
→ readfile-custom git:(master) x cargo run test.md
     Finished `dev` profile [unoptimized + debuginfo] target(s) in 0.01s
      Running `target/debug/readfile-custom test.md`
read file
file_path:test.md
Hello,world!
Rust,123.
```

● 图 2-17 读取 readfile-custom 文件运行效果

从图 2-17 中看出，如果读取的文件不存在，就抛出自定义错误提示。如果文件存在，程序就会读取文件内容。

接下来，在 https://crates.io/settings/tokens 页面找到 "New Token" 按钮。然后，单击它创建一个 API Token，如图 2-18 所示。

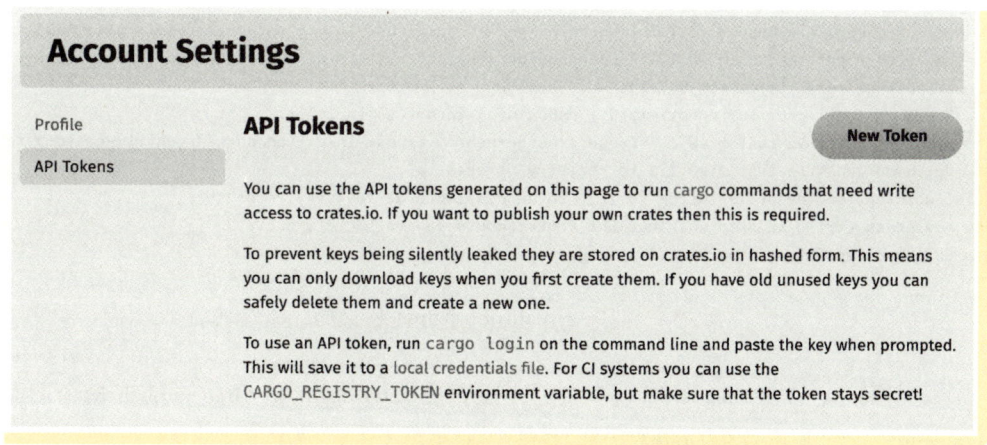

● 图 2-18 在 crates.io 上面创建 API Token

随后，执行如下 2 个命令将该包发布到 crates.io 平台上。

```
# 通过 cargo login 登录 crates.io 平台，该命令需要输入 crates.io 上面创建的 API Token
cargo login --registry crates-io
# 通过 cargo publish 发布包
cargo publish --registry crates-io
```

这里需要说明一点：在执行 cargo publish 命令时，需要输入 crates.io 账号对应的 API Token，或者将该 API Token 添加到环境变量中。接下来，以 Linux CentOS 为例将 API Token 添加到环境变量中。

首先，在 ~/.bashrc 或 ~/.bash_profile 文件中添加如下环境变量：

```
# 设置 cargo publish Token,这个 Token 需要在 https://crates.io/settings/tokens 上添加
export CARGO_REGISTRY_TOKEN=your token
```

然后，执行 source ~/.bashrc 或 source ~/.bash_profile 命令使其生效。通过这种方式配置 API Token，可以免去每次执行 cargo publish 命名时手动输入 API Token 的步骤。此时，直接执行 cargo publish 命令（执行该命令之前，请确保对应的 Crate 已通过 git push 推送到对应的仓库中，否则执行该命令将会报错）发布该包，效果如图 2-19 所示。

```
↳ readfile-custom git:(main) git push
枚举对象中: 19, 完成.
对象计数中: 100% (19/19), 完成.
使用 12 个线程进行压缩
压缩对象中: 100% (11/11), 完成.
写入对象中: 100% (11/11), 1.14 KiB | 1.14 MiB/s, 完成.
总共 11 (差异 7), 复用 0 (差异 0), 包复用 0 (来自 0 个包)
remote: Resolving deltas: 100% (7/7), completed with 6 local objects.
To github.com:daheige/rust-in-action.git
   52733278d5..85eefb2dc3  main -> main
↳ readfile-custom git:(main) cargo publish --registry crates-io
    Updating crates.io index
   Packaging readfile-custom v0.1.1 (/Users/heige/web/rust/rust-in-action/part2/readfile-custom)
    Packaged 10 files, 4.0KiB (2.5KiB compressed)
   Verifying readfile-custom v0.1.1 (/Users/heige/web/rust/rust-in-action/part2/readfile-custom)
   Compiling readfile-custom v0.1.1 (/Users/heige/web/rust/rust-in-action/part2/readfile-custom/target/package/readfile-custom-0.1.1)
    Finished `dev` profile [unoptimized + debuginfo] target(s) in 1.36s
   Uploading readfile-custom v0.1.1 (/Users/heige/web/rust/rust-in-action/part2/readfile-custom)
    Uploaded readfile-custom v0.1.1 to registry `crates-io`
note: waiting for `readfile-custom v0.1.1` to be available at registry `crates-io`.
You may press ctrl-c to skip waiting; the crate should be available shortly.
   Published readfile-custom v0.1.1 at registry `crates-io`
```

● 图 2-19　readfile-custom 包发布

这里需要强调一点：在 Rust 1.70 版本之后，需要在 cargo login 和 cargo publish 命令后面指定 --registry crates-io 参数才可以发布 Crate。

如果在 Crate 发布过程中，提示缺少 LICENSE 和 readme.md 文件的错误信息，那么就需要在发布

的 Crate 中添加这 2 个文件。如果提示 Crate 没有关键的描述信息，那么就需要在 Cargo.toml 中添加如下配置信息：

```toml
[package]
name = "readfile-custom"
version = "0.1.1"
edition = "2021"
authors = ["daheige"]
description = "read file content by cli"
keywords = ["read-file", "custom-error",]
readme = "README.md"
license = "MIT"
repository = "https://github.com/daheige/rust-in-action"
documentation = "https://docs.rs/readfile-custom"
[dependencies]
# 如果有依赖就添加对应的依赖包,格式:rand = "0.8.5"
```

通过 cargo publish 命令将自定义的 Crate 发布后，就可以在 crates.io 托管平台上搜到该 Crate，效果如图 2-20 所示。

• 图 2-20　readfile-custom 包

从图 2-20 中可以看出，自定义的 Crate 已成功发布到了 crates.io 托管平台上。在本书接下来的实际项目开发过程中，将继续使用 crates.io 的第三方包开发不同场景下的 Rust 应用程序。

PART 2 第 2 部分

Rust实际项目开发

本部分由第 3~10 章的内容组成,以第 1 部分作为前提,主要介绍 Rust 实战项目过程中的具体操作步骤、技术实现、实战技巧及实战项目的经验总结。这部分内容包括 Rust JSON 实战、Web 编程实战、命令行界面实战、crontab 实战、数据库和缓存实战、消息队列实战、FFI 调用实战、并发编程和异步编程实战等内容,旨在帮助读者快速上手 Rust 实战项目开发。

在 Rust 实际项目开发过程中,需要根据自身实际情况参考本部分的内容,做到举一反三、融会贯通,以应对不同场景下的开发需求。

第 3 章 Rust JSON实战

JSON 作为一种数据格式，在软件项目中被广泛应用于数据交换，具有简单、轻量、易于阅读和写入及数据解析能力强等优势。JSON 使用文本形式表示的一组对象存储和交换数据，它基于 ECMAScript（ECMA-262）第 3 版中的一个标准化子集，独立于编程语言，也就是说开发者可以在大多数编程语言中使用 JSON。

在 Rust 语言中，可以使用 serde 和 serde_json 这两个开源的 Crate 快速进行 JSON 数据的序列化和反序列化处理。

在本章中，将介绍以下主题：
- JSON 基础知识，包括 JSON 所支持的数据类型、序列化和反序列化。
- serde 基本简介和 serde_json 基本操作。

3.1 JSON 基础

JSON（JavaScript Object Notation）作为一种轻量级的数据交互格式，它是基于 ECMAScript（欧洲计算机协会制定的 JavaScript 规范）的一个子集，采用完全独立于编程语言的文本格式来存储和表示数据。JSON 具有简洁、清晰的层次结构，易于阅读和编写，因此成为业界广泛使用的数据交互格式，同时在网络传输方面也特别高效。

在本节中，将介绍 JSON 基本数据类型及如何使用 Node.js 处理 JSON 序列化和反序列化等。这些内容是在学习 Rust JSON 处理之前，开发者有必要掌握的基础知识。

3.1.1 JSON 基本数据类型

JSON 支持的数据类型可以分为简单数据类型和复杂数据类型两种，其中简单数据类型包括：字符串（String）、数字（Number）、布尔值（Boolean）、空型（Null）；复杂的数据类型包括：数组（Array）和对象（Object）。

- 字符串：由一系列 Unicode 字符组成的序列，用双引号引起来表示。如" hello,world" 字符串。在 JSON 中，不能使用单引号来表示字符串，双引号是特殊字符。另外，JSON 的字符串中也可以包含如下转义字符，如表 3-1 所示。

表 3-1　JSON 转义字符

转 义 字 符	含　　义
\\	反斜线本身
\/	正斜线
\"	双引号
\b	退格
\f	换页
\n	换行符
\r	回车
\t	水平制表符
\u	4 位十六进制数字

示例 JSON 如下：

```
{
    "lang": "Rust",
    "home_page": "https://www.rust-lang.org/",
    "title": "JSON 字符串"
}
```

- 数字：JSON 中不区分整数还是浮点数，可以是整数或浮点数。JSON 只支持使用 IEEE-754 规范的双精度浮点格式来表示数字，不支持复数类型或特殊的有理数类型，例如，可以表示为 11，12，13 或 15.12。此外，JSON 中不能使用八进制和十六进制表示数字，但可以使用 e 或 E 来表示 10 的指数，例如，1.1E+2。
- 布尔值：只有两个值，true（真）和 false（假）。示例如下：

```
{
    "success": true,
    "limited": false
}
```

- 空值：表示该对象没有任何值，用关键字 null 来表示。
- 数组：一种有序的集合，可以包含任意类型的数据。在 JSON 中，数组使用方括号表示，并将值用逗号隔开，值可以是 JSON 支持的任意数据类型。例如，[1,2,3,4,5] 或["Rust","GO","JS",123,1.2,null]，都是由混合类型组成的数组。
- 对象：在 JSON 中，对象由花括号"｛｝"及其中的若干键值对（key:value）组成。一个对象中可以包含零个或多个键值对，每个键值对之间需要用逗号分隔。示例如下：

```
{
    "address": {
        "city": "shenzhen",
```

```
        "street": "guangming",
        "post_code": "518000"
    }
}
```

上述基本数据类型在 JSON 数据的表示和交换中起着关键作用，使得 JSON 成为软件开发中广泛使用的数据交换格式。

以下是由 JSON 各种数据类型组成的 JSON 对象：

```
{
    "id": 1,
    "name": "daheige",
    "lang": "rust",
    "is_married": true,
    "hobbies": [
        "reading",
        "music"
    ],
    "address": {
        "city": "shenzhen",
        "street": "guangming",
        "post_code": "518000"
    }
}
```

从该 JSON 对象中可以看出，JSON 数据类型使用花括号"{}"表示，由键值对（key：value）组成，每个键必须是字符串的形式，每个值的数据类型可以由字符串、数字、布尔值、空值、数组或对象等组成。

▶▶ 3.1.2　JSON 序列化和反序列化

在介绍使用 Rust 处理 JSON 序列化和反序列化之前，先了解一下在 JavaScript（简称 JS）语言中如何使用内置函数处理 JSON 序列化和反序列化。JavaScript 语言中实现 JSON 序列化（将 JSON 数据类型转换为 JSON 字符串格式）有两种方式：一种是通过调用 JS 语言内置函数 JSON.stringify 函数实现序列化，另一种是为对象自定义 toJSON 函数实现序列化。

本小节中，只讨论使用 JS 语言内置的 JSON.stringify 函数实现 3.1.1 小节的 JSON 对象序列化处理的情况，代码片段如下：

```
// part3/app.js 文件
let obj = {
    "id": 1,
    "name": "daheige",
    "lang": "rust",
    "is_married":true,
```

```
    "hobbies":["reading","music"],
    "address":{
        "city":"shenzhen",
        "street":"guangming",
        "post_code":"518000"
    }
};
let str = JSON.stringify(obj);
console.log("json str:",str);
```

执行 node app.js（运行该命令之前，请确保已安装好 Node.js 软件，具体安装方式见 https://nodejs.org/zh-cn）命令运行该示例，效果如图 3-1 所示。

```
  part3 git:(main) node -v
v22.11.0
  part3 git:(main) node app.js
json str: {"id":1,"name":"daheige","lang":"rust","is_married":true,"hobbies":["r
eading","music"],"address":{"city":"shenzhen","street":"guangming","post_code":"
518000"}}
  part3 git:(main)
```

● 图 3-1 使用 JSON.stringify 函数处理 JSON 序列化

从图 3-1 中看出，变量 obj 对象在调用 JSON.stringify 函数后，结果是 JSON 字符串格式。

对于 JSON 反序列化刚好与序列化相反，它是将 JSON 字符串格式转换为 JSON 数据类型。在 JS 语言中，可以通过调用 JSON.parse 函数来实现，也可以通过使用 eval 函数来实现。在这里，只使用 JSON.parse 函数将 JSON 字符串转换为 JSON 数据类型。以下是一个简单的 JSON 反序列化示例：

```
// part3/app_parse.js 文件
let str = '{"id":1,"name":"daheige","lang":"rust","is_married":true,"hobbies":["reading","music"],"address":{"city":"shenzhen","street":"guangming","post_code":"518000"}}';
let obj = JSON.parse(str);
console.log("obj:", obj);
console.log("obj.id:", obj.id, "name:", obj.name, "dev lang:", obj.lang);
// 使用 for in 遍历数组
for (key in obj.hobbies) {
    console.log("hobby is: ", obj.hobbies[key]);
}
```

在上述代码片段中，首先定义了一个 JSON 字符串格式的 str 变量。然后，通过 JSON.parse 函数将其反序列化为 JSON 对象类型。接着，通过 console.log 函数将 obj 变量输出到标准输出中。最后，通过 for in 迭代 obj 对象的每个元素。执行 node app_parse.js 命令运行该示例，效果如图 3-2 所示。

在本章接下来的内容中，将详细介绍在 Rust 语言中 serde 的基础知识和 serde_json 库的基本操作。

```
➜  part3 git:(main) node app_parse.js
obj: {
  id: 1,
  name: 'daheige',
  lang: 'rust',
  is_married: true,
  hobbies: [ 'reading', 'music' ],
  address: { city: 'shenzhen', street: 'guangming', post_code: '518000' }
}
obj.id: 1 name: daheige dev lang: rust
hobby is:  reading
hobby is:  music
```

● 图 3-2　使用 JSON.parse 函数实现 JSON 字符串反序列化

3.2　serde 基本简介

在 Rust 中，实现数据结构的序列化和反序列化，主要是通过 Rust 第三方库 serde 来实现的。serde 是 Rust 中用于序列化和反序列化的强大库，它支持多种数据格式，如 JSON、YAML、TOML、XML 等。serde 通过 Rust trait（特性）对 Rust 每种数据结构，如 String、&str、usize、Vec、HashMap<K,V>及自定义数据类型等，都实现了 Serialize 和 Deserialize trait 功能。也就是说，serde 在程序编译时为 Rust 各种数据类型自动生成了 Serialize 和 Deserialize trait 要实现的代码，使得 Rust 数据结构可以轻松转换为字节序列，并且能够从字节序列转换为原始数据结构。

通常，开发者只需要在结构体或枚举等数据类型上添加 derive 注解（派生宏），serde 就可以自动生成序列化和反序列化的代码。这种方式避免了反射或运行时类型断言的开销，提高了代码执行效率和可维护性。同时，Rust 编译器还可以优化数据结构和数据格式之间的交互，让 serde 序列化的性能接近手写序列化器的速度。

接下来，将介绍 serde 基本用法及 serde_json 支持的 Value 类型。首先，执行 cargo new serde-demo 命令创建一个示例，并在 Cargo.toml 中加入如下依赖：

```
[dependencies]
serde = { version = "1.0.215",features = ["derive"]} # 用于 serde 序列化功能
serde_json = "1.0.133" # 用于 JSON 序列化处理
```

然后，在 serde-demo/src/main.rs 中加入如下代码片段：

```
// 引入 serde_json 库
use serde_json::Value;
use std::collections::HashMap;

fn main() {
    // 声明一个 HashMap 类型变量 m
```

```rust
    let mut m = HashMap::new();
    // 插入数据
    m.insert("id", 1);
    m.insert("post_code", 518000);
    // 使用 serde_json 库将 m 转换为 JSON 字符串
    let s = serde_json::to_string(&m).unwrap();
println!("json str:{}", s);

    // 将 JSON 字符串反序列化为 serde_json Value 对象类型
    let value: Value = serde_json::from_str(&s).unwrap();
println!("id: {},post_code:{}", value["id"], value["post_code"]);
    println!(
        "call as_i64 method for id: {},post_code:{}",
        value["id"].as_i64().unwrap(),
        value["post_code"].as_i64().unwrap(),
    );
}
```

在上述代码中，首先引入了 serde_json 库和 std::collections::HashMap 类型。然后，在 main 函数中，声明了一个 HashMap 类型的可变变量 m，它的 key 类型是 &str，值是 i32 类型。接着，调用 serde_json::to_string 函数将 m 转换为 JSON 字符串。

随后，通过 serde_json::from_str 函数将 s 字符串反序列化为 serde_json Value 数据类型，它是一个 enum 类型：

```rust
pub enum Value {
    Null,
    Bool(bool),
    Number(Number),
    String(String),
    Array(Vec<Value>),
    Object(Map<String, Value>),
}
```

这个 Value enum 类型，基本上包含了 JSON 对象所对应的所有类型。也就是说，serde_json 底层提供了多种不同的 API 方法，方便开发者获取对应的值。

在该示例中，如果想将 id 和 post_code 字段反序列化为 i64 类型，只需要调用 as_i64() 方法即可。执行 cargo run 命令运行该示例，效果如图 3-3 所示。

```
Finished `dev` profile [unoptimized + debuginfo] target(s) in 9.51s
  Running `target/debug/serde-demo`
json str:{"post_code":518000,"id":1}
id: 1,post_code:518000
call as_i64 method for id: 1,post_code:518000
```

● 图 3-3　serde-demo 运行效果

然而，在实际项目中处理 JSON 字符串反序列化时，建议指定 Rust 数据类型，而不是使用 serde_json Value 类型，这样就避免了运行时的类型解析，提高了程序运行的稳定性和可靠性。更多 serde_json 用法，将在 3.3 节中详细说明。

3.3　serde_json 基本操作

serde_json 是基于 serde 组件封装的，它提供了简洁且清晰的函数，使得开发者可以轻松地完成 Rust 各种数据类型和字符串类型之间的相互转换。实际上，serde_json 这个 Crate 已成为业界开发者处理 JSON 序列化和反序列化的标准了。

在本小节中，将详细介绍在 Rust 中如何使用 serde_json 实现 JSON 序列化和反序列化处理，以及如何读取 JSON 配置文件内容。

3.3.1　serde_json 序列化与反序列化

首先，执行 cargo new serde-json-demo 命令创建一个二进制程序，并在 Cargo.toml 文件中添加如下依赖：

```toml
[dependencies]
serde = { version = "1.0.215",features = ["derive"]}
serde_json = "1.0.133"
```

在这里需要强调一点：在添加 serde 依赖时，需要添加 derive 属性，这样可以在 Rust 数据类型上方通过#[derive]注解添加 Serialize 和 Deserialize trait。

然后，在 src/main.rs 文件中添加如下代码：

```rust
use serde::{Deserialize, Serialize};

// 用户信息
#[derive(Serialize, Deserialize, Debug)]
struct Person {
    id: i64,
    name: String,
    lang: String,
    is_married: bool,
    hobbies:Vec<String>,
    address: Address,
}

#[derive(Serialize, Deserialize, Debug)]
struct Address {
    city: String,
    street: String,
```

```rust
    post_code: String,
}

fn main() {
    let p = Person {
        id: 2,
        name: "daheige".to_string(),
        lang: "rust".to_string(),
        is_married: true,
        hobbies:vec!["reading".to_string(), "music".to_string()],
        address: Address {
            city: "shenzhen".to_string(),
            street: "guangming".to_string(),
            post_code: "518000".to_string(),
        },
    };
    println!("p:{:?}", p);

    // 将数据结构转换为 JSON 字符串
    let s =serde_json::to_string(&p).unwrap();
    // 或者使用下面的方式
    // let s =serde_json::to_string(&p).expect("failed to encode Person to json");
    println!("person encode to str: {}", s);

    // 将 JSON 字符串转换为 Person 结构体对象
    let s = r##"
        {
          "id": 1,
          "name": "daheige",
          "lang": "rust",
          "is_married":true,
          "hobbies":["reading","music"],
          "address":{
            "city":"shenzhen",
            "street":"guangming",
            "post_code":"518000"
          }
        }
    "##;
    // from_str 函数的返回值是 Result<T>类型
    // 这里 T 是 Person 结构体
    let res: serde_json::Result<Person> = serde_json::from_str(&s);
    match res {
        Ok(p) => {
            println!("person:{:?}", p);
```

```
            println!("person id:{},name:{} hobbies:{:?}", p.id, p.name, p.hobbies);
        }
        Err(err) => println!("failed to decode s to Person,err:{}",err),
    }
}
```

在上述代码中，首先引入了 serde 库中的 Deserialize 和 Serialize trait。然后，定义了 Person 和 Address 结构体。在这两个结构体上方使用 derive 注解为结构体添加了 Serialize、Deserialize、Debug 共 3 个 trait 特征，其中 Serialize 用于将 Rust 数据类型转换为数据模型，Deserialize 用于将数据模型转换为 Rust 数据类型，Debug 用于数据调试输出。这 3 个 trait 是以 Rust 派生宏的方式为数据结构自动生成了对应的代码。

接着，在 main 函数中创建了一个 Person 实例对象 p，并通过 Debug 特征输出 p。然后，调用 serde_json::to_string 函数将 Person 实例对象 p 序列化为 JSON 字符串，并输出到终端中。随后，定义了一个以 "r##" 开头并以 "##" 结尾的原始字面量字符串 s，并调用 serde_json::from_str 函数将 s 反序列化为 serde_json::Result<Person> 类型。最后，通过 match 模式匹配 res 结果。如果反序列化成功就将 Ok 中的 p 对象输出到终端；如果反序列化发生错误，就会输出具体的错误。

当然，如果字符串 s 是有效的 JSON 字符串，且不想通过 match 模式匹配 res，可以在 from_str 函数后调用 unwrap 方法或 expect 方法，直接解析为 Person 结构体，代码如下：

```
let p: Person =serde_json::from_str(&s).unwrap();
// 或者用 expect 方法将 s 反序列化为 Person 结构体对象
// let p: Person =serde_json::from_str(&s).expect("failed to decode s to Person");
println!("person:{:?}", p);
println!("person id:{},name:{} hobbies:{:?}", p.id, p.name, p.hobbies);
```

在这里，之所以能够实现 Person 实例对象 p 和 JSON 字符串之间相互转换操作，是因为 serde Serialize 派生宏自动生成了序列化的数据模型。为了验证这一点，首先执行 cargo install cargo-expand 命令安装 cargo-expand 工具，然后执行 cargo expand --bin serde-json-demo 命令，查看 serde 为 Person 结构体自动生成的数据模型，如图 3-4 所示。

从图 3-4 中可以看出，serde 为 Person 生成了通用数据模型，实际上是一个 TokenStream 类型，它是通过 Rust 派生宏机制自动生成的代码。以下代码段是 Serialize 及 Deserialize 派生宏的具体实现：

```
// serde 库中的 serde_derive-1.0.210/src/lib.rs 文件
// …省略其他代码…
#[proc_macro_derive(Serialize, attributes(serde))]
pub fn derive_serialize(input: TokenStream) -> TokenStream {
    let mut input = parse_macro_input!(input as DeriveInput);
    ser::expand_derive_serialize(&mut input)
        .unwrap_or_else(syn::Error::into_compile_error)
        .into()
}
```

```rust
#[proc_macro_derive(Deserialize, attributes(serde))]
pub fn derive_deserialize(input: TokenStream) -> TokenStream {
    let mut input = parse_macro_input!(input as DeriveInput);
    de::expand_derive_deserialize(&mut input)
        .unwrap_or_else(syn::Error::into_compile_error)
        .into()
}
```

```rust
#[allow(non_upper_case_globals, unused_attributes, unused_qualifications)]
const _: () = {
    #[allow(unused_extern_crates, clippy::useless_attribute)]
    extern crate serde as _serde;
    #[automatically_derived]
    impl _serde::Serialize for Person {
        fn serialize<__S>(
            &self,
            __serializer: __S,
        ) -> _serde::__private::Result<__S::Ok, __S::Error>
        where
            __S: _serde::Serializer,
        {
            let mut __serde_state = _serde::Serializer::serialize_struct(
                __serializer,
                "Person",
                false as usize + 1 + 1 + 1 + 1 + 1 + 1,
            )?;
            _serde::ser::SerializeStruct::serialize_field(
                &mut __serde_state,
                "id",
                &self.id,
            )?;
            _serde::ser::SerializeStruct::serialize_field(
                &mut __serde_state,
                "name",
                &self.name,
            )?;
            _serde::ser::SerializeStruct::serialize_field(
                &mut __serde_state,
                "lang",
                &self.lang,
            )?;
```

- 图 3-4　serde 为 Person 结构体生成的数据模型

在上述代码段中，serde_derive 使用 proc_macro_derive 属性定义了 Serialize 和 Deserialize trait 的派生宏。这两个派生宏接受一个 proc_macro::TokenStream 类型的参数 input，它表示派生宏调用的输入。在派生宏的处理逻辑中，Rust 编译器可以根据 input 对类型上的 trait 进行自动实现，并返回一个

proc_macro::TokenStream 作为输出。很明显，#[proc_macro_derive] 注解允许开发者通过 derive 属性为结构体、枚举等数据类型自动实现特定的 trait（Rust 在编译期间会自动为类型实现特征），在这里是 serde 库的 Serialize 和 Deserialize。上述两个派生宏会配合 serde_json 库提供的 to_string 和 from_str 等函数实现 JSON 的序列化和反序列化处理。serde 这种通用数据模型的机制，不仅减少了重复代码的编写，避免了手动实现每个 trait 的烦琐过程，还提高了代码的可读性和可维护性。

接下来，执行 cargo run 命令运行该 serde-json-demo 示例，效果如图 3-5 所示。

```
Compiling serde-json-demo v0.1.0 (/home/heige/web/rust/rust-in-action/part3/serde-json-demo)
 Finished `dev` profile [unoptimized + debuginfo] target(s) in 11.63s
  Running `target/debug/serde-json-demo`
p:Person { id: 2, name: "daheige", lang: "rust", is_married: true, hobbies: ["reading", "music"], address: Address { city: "shenzhen", street: "guangming", post_code: "518000" } }
person encode to str: {"id":2,"name":"daheige","lang":"rust","is_married":true,"hobbies":["reading","music"],"address":{"city":"shenzhen","street":"guangming","post_code":"518000"}}
person:Person { id: 1, name: "daheige", lang: "rust", is_married: true, hobbies: ["reading", "music"], address: Address { city: "shenzhen", street: "guangming", post_code: "518000" } }
person id:1,name:daheige hobbies:["reading", "music"]
```

● 图 3-5　serde-json-demo 运行效果

从图 3-5 中可以看出，结构体 Person 对象 p 序列化为 JSON 字符串已正常输出。同时，JSON 字符串 s 也成功反序列化为结构体 Person 对象 p。

▶▶ 3.3.2　serde_json 自定义序列化和反序列化

在实际项目开发中，某些字段按照一定的格式输出，需要自定义 JSON 序列化和反序列化。以下代码段是 serde 源码中的 Serialize 和 Deserialize trait 定义：

```rust
//…省略其他代码…
pub trait Serialize {
    fn serialize<S>(&self, serializer: S) -> Result<S::Ok, S::Error>
    where S: Serializer;
}

pub trait Deserialize<'de>: Sized {
    fn deserialize<D>(deserializer: D) -> Result<Self, D::Error>
    where
        D: Deserializer<'de>;
    #[doc(hidden)]
    fn deserialize_in_place<D>(deserializer: D, place: &mut Self) -> Result<(), D::Error>
    where
        D: Deserializer<'de>,
    {
        *place = tri!(Deserialize::deserialize(deserializer));
```

```
        Ok(())
    }
}
```

从 Serialize 和 Deserialize trait 定义可以看出,如果需要实现自定义 JSON 序列化和反序列化功能,只需要实现这两个特征即可。

接下来,将通过一个简单的示例,演示如何使用 serde 提供的 Serialize 和 Deserialize trait 自定义 JSON 序列化和反序列化。

首先,通过 cargo new serde-custom 命令创建一个二进制程序,并在 Cargo.toml 文件中添加如下依赖:

```
[dependencies]
serde = { version = "1.0.215", features = ["derive"] }
serde_json = "1.0.133"
```

接着,在 src/main.rs 文件中添加如下代码:

```rust
use serde::{Deserialize, Deserializer, Serialize, Serializer};

// 实现 hobbies 序列化处理,返回值是 Result 类型
fn serialize_hobbies<S>(hobbies: &Vec<String>, serializer: S) -> Result<S::Ok, S::Error>
where
    S: Serializer,
{
    // 将 hobbies 字段按照"hobbies": "reading,music"格式输出
    serializer.serialize_str(hobbies.join(",").as_str())
}

// 实现 hobbies 反序列化处理,返回 Vec<String>和对应的 Error
fn deserialize_hobbies<'de, D>(deserializer: D) -> Result<Vec<String>, D::Error>
where
    D: Deserializer<'de>,
{
    // 将"hobbies": "reading,music"格式反序列化为 Vec<String>
    let s = String::deserialize(deserializer)?;
    let v:Vec<&str> = s.split(",").collect();
    let mut arr = Vec::new();
    for val in v {
        arr.push(val.to_string())
    }
    Ok(arr)
}

// 用户信息
#[derive(Serialize,Deserialize, Debug)]
```

```rust
struct Person {
    id: i64,
    name: String,
    lang: String,
    is_married: bool,
    #[serde(
        serialize_with = "serialize_hobbies",
        deserialize_with = "deserialize_hobbies"
    )]
    hobbies:Vec<String>,
    address: Address,
}

// 地址信息
#[derive(Serialize,Deserialize, Debug)]
struct Address {
    city: String,
    street: String,
    post_code: String,
}

fn main() {
    // 创建一个 Person 结构体对象 p
    let p = Person {
        id: 1,
        name: "daheige".to_string(),
        lang: "rust".to_string(),
        is_married: true,
        hobbies:vec![ "reading".to_string(), "music".to_string()],
        address: Address {
            city: "shenzhen".to_string(),
            street: "guangming".to_string(),
            post_code: "518000".to_string(),
        },
    };

    // 将 p 序列化为 JSON 字符串
    let s = serde_json::to_string(&p).unwrap();
    println!("json encode person encode to str: {}", s);

    // 将 JSON 字符串反序列化为 Person 结构体对象 p
    let p: Person = serde_json::from_str(&s).unwrap();
    println!("json decode person:{:?}", p);
    println!("person id:{},name:{} hobbies:{:?}", p.id, p.name, p.hobbies);
}
```

在上述代码中，首先自定义了 serialize_hobbies 和 deserialize_hobbies 函数。这两个函数分别实现了 Person 结构体字段 hobbies 的序列化和反序列化操作。然后，使用#[serde(serialize_with)]注解的方式将这两个函数绑定到 Person 结构体字段 hobbies 上。最后，在 main 函数中，调用 serde_json::to_string 和 serde_json::from_str 函数实现 Person 结构体和 JSON 字符串的相互转换。当执行 cargo run 命令运行该示例时，效果如图 3-6 所示。

```
    Finished `dev` profile [unoptimized + debuginfo] target(s) in 0.19s
     Running `target/debug/serde-custom`
json encode person encode to str: {"id":1,"name":"daheige","lang":"rust","is_married":true,"hobbies":"reading,music","address":{"city":"shenzhen","street":"guangming","post_code":"518000"}}
json decode person:Person { id: 1, name: "daheige", lang: "rust", is_married: true, hobbies: ["reading", "music"], address: Address { city: "shenzhen", street: "guangming", post_code: "518000" } }
person id:1,name:daheige hobbies:["reading", "music"]
```

● 图 3-6　serde_json 自定义序列化和反序列化处理

从图 3-6 中可以看出，Person 结构体对象 p 的 hobbies 字段在序列化后，其结果以逗号分割的方式输出在终端中。同理，它也可以反序列化。

上述示例相对来说比较简单，并未涉及复杂的数据类型序列化和反序列化处理。如果在开发过程中，需要自定义实现其他数据类型的 JSON 序列化和反序列化，可以直接参考 serde 官方文档（https://serde.rs/examples.html），以获得更多的帮助。

3.3.3　serde_json 中的 json! 宏

除了使用 serde_json::to_string 函数将结构体、向量、HashMap 等数据结构转换为 JSON 字符串之外，还可以使用 serde_json 库提供的 json! 宏实现 JSON 序列化处理。以下是一个简单的示例，展示了 serde_json 中的 json! 宏基本用法。

```rust
use serde::{Deserialize, Serialize};
use serde_json::json;

#[derive(Serialize, Deserialize)]
struct User {
    id: u64,
    username: String,
    nick: String,
}

fn main() {
    let user = User {
        id: 1,
        username: "daheige".to_string(),
        nick: "alex".to_string(),
    };
```

```rust
// 使用json!宏序列化操作,返回值是serde_json::value对象
// 可以通过方括号索引方式来访问字段
let res = json!(user);
println!(
    "id:{} nick:{} name:{}",
    res["id"], res["nick"], res["username"],
);
// 在res上方调用to_string方法,将其转换为JSON字符串格式
println!("res json encode:{}\n", res.to_string());

println!("serialize using JSON literals");
// 下面的代码没有提前定义数据类型,而是通过JSON字面量方式序列化
// 返回值同样是serde_json::value对象
let id = 1;
let res = json!({
    "id":id, // 字段的值支持变量写法
    "username":"daheige",
    "nick":"alex",
});
println!(
    "id:{} nick:{} username:{}", res["id"], res["nick"], res["username"]
);
let id = res["id"].as_u64().unwrap(); // 类型转换
println!("id:{}", id);
// 在res上面调用to_string方法,将其转换为JSON字符串格式
println!("res json encode:{}", res.to_string());
}
```

在上述代码中,可以直接使用json!宏快速实现JSON字面量对象序列化操作。需要强调一点:如果一个JSON字面量对象中仅包含Rust基本数据类型,它是不需要单独自定义数据及使用#[derive(Serialize, Deserialize)]注解的。

由于该示例的User结构体是一个复合类型,并非简单数据类型,因此仍需要在结构体上方使用#[derive(Serialize, Deserialize)]注解,才可以使用json!宏实现JSON序列化。执行cargo run命令运行该示例,效果如图3-7所示。

```
→ serde-json-macro git:(master) x cargo run
    Finished `dev` profile [unoptimized + debuginfo] target(s) in 0.05s
     Running `target/debug/serde-json-macro`
id:1 nick:"alex" name:"daheige"
res json encode:{"id":1,"nick":"alex","username":"daheige"}

serialize using JSON literals
id:1 nick:"alex" username:"daheige"
id:1
res json encode:{"id":1,"nick":"alex","username":"daheige"}
```

● 图 3-7 使用json!宏实现JSON序列化运行效果

通常来说，使用 serde_json::json! 宏实现 JSON 字面量对象序列化，不需要开发者提前定义数据类型（除复杂的数据类型外），这使得序列化更加方便、简洁直观，特别是在一些 Rust Web 应用开发中非常有用。

▶▶ 3.3.4 serde_json 其他高级特性

在本章前述内容中，已经初步掌握了 serde 和 serde_json 基本用法。除了这些基本用法之外，serde 还为开发者提供了一系列实用的高级特性，以帮助开发者更好地实现 JSON 序列化和反序列化操作。当然，serde 的高级特性对其他协议的序列化和反序列化操作也同样适用。以下是 serde 的部分高级特性：

- 通过 #[serde(skip)] 注解跳过某个字段的序列化和反序列化处理。
- 通过 #[serde(rename)] 注解为字段重命名。
- 通过 #[serde(default)] 注解为字段设置默认值。
- 通过 #[serde(rename)] 注解将枚举序列化为字符串格式。
- 通过 serde_repr 库将枚举序列化为数字类型。
- 通过 #[serde(flatten)] 注解将结构体字段平铺。
- 通过 #[serde(rename_all = "camelCase")] 注解将字段序列化为驼峰命名。

接下来，将通过一个简单的示例演示上述高级特性的用法。首先，执行 cargo new serde-json-advanced 命令创建一个二进制程序，并在 Cargo.toml 文件中添加如下依赖：

```
[dependencies]
serde = { version = "1.0.215",features = ["derive"]}
serde_json = "1.0.133"
serde_repr = "0.1.19"
```

然后，在 src/main.rs 中添加如下代码：

```
// 定义 data 模块并引入 data 模块的数据结构
mod data;
use data::*;

fn main() {
    // 反序列化操作
    let resource_str =
            r##"{"name":"node1","hash":"xxx","password":"abc","version":"v1"}"##;
    let r: Resource =serde_json::from_str(&resource_str).unwrap();
    println!("resource:{:?}", r);

    // 将枚举序列化为数字
    let days =vec![
        Day::Monday,Day::Tuesday,
        Day::Wednesday,Day::Thursday,Day::Friday,
        Day::Saturday,Day::Sunday,
```

```rust
    ];
    let res = serde_json::to_string(&days).unwrap();
    println!("days json encode:{}", res);

    // 将枚举序列化为字符串格式
    let colors =vec![Color::Red, Color::Green, Color::Blue];
    let res = serde_json::to_string(&colors).unwrap();
    println!("colors json encode:{}", res);

    // 序列化时,pagination 字段平铺
    let users = Users {
        users:vec![User {
            username: "daheige".to_string(),
            nick: "hg".to_string(),
            password: "abc".to_string(),
        }],
        pagination: Pagination {
            limit: 10,
            offset: 0,
            total: 1,
        },
    };
    let res = serde_json::to_string(&users).unwrap();
    println!("users json encode:{}", res);

    // 将字段序列化为驼峰命名
    let p = Person {
        first_name: "Graydon".to_string(),
        last_name: "Hoare".to_string(),
    };
    let res = serde_json::to_string(&p).unwrap();
    println!("person json encode:{}", res);

    // 将字符串反序列化为 Person 对象
    let s = r##"{"firstName":"Graydon","lastName":"Hoare"}"##;
    let p: Person = serde_json::from_str(&s).unwrap();
    println!("person:{:?}", p);
}
```

接着,在 src 目录中新建 data.rs 文件,并添加如下代码:

```rust
use serde::{Deserialize, Serialize};
use serde_repr::{Deserialize_repr, Serialize_repr};

#[derive(Serialize,Deserialize, Debug)]
pub struct Resource {
```

```rust
    pub name: String,
    pub hash: String,
    // 通过 skip 属性跳过 password 字段序列化和反序列化处理
    #[serde(skip)]
    pub password: String,
    // 通过 rename 为字段重命名
    #[serde(rename = "version")]
    pub current_version: String,
    // 反序列化时,如果没有提供 weight 字段,默认为 0
    #[serde(default)]
    pub weight: i32,
    // 反序列化时,如果没有提供 path 字段,默认为字段调用 default_path 函数
    #[serde(default = "default_path")]
    pub path: String,
}

fn default_path() -> String {
    "./".to_string()
}

// 将枚举类型序列化为字符串格式
#[derive(Serialize, Deserialize)]
pub enum Color {
    #[serde(rename = "red")]
    Red,
    #[serde(rename = "green")]
    Green,
    #[serde(rename = "blue")]
    Blue,
}

// 定义一个分页参数的结构体
#[derive(Serialize, Deserialize)]
pub struct Pagination {
    pub limit: u64,
    pub offset: u64,
    pub total: u64,
}

#[derive(Serialize, Deserialize)]
pub struct User {
    pub username: String,
    pub nick: String,
    // 通过 skip 属性跳过 password 字段序列化和反序列化
    #[serde(skip)]
```

```rust
    pub password: String,
}

#[derive(Serialize, Deserialize)]
pub struct Users {
    pub users: Vec<User>,
    // 通过 flatten 属性将结构体字段平铺
    #[serde(flatten)]
    pub pagination: Pagination,
}

//#[repr(u8)]注解用于告诉 Rust 编译器使用 C 语言的内存模型,将枚举转换数字类型
#[derive(Serialize_repr, Deserialize_repr, PartialEq, Debug)]
#[repr(u8)]
pub enum Day {
    Monday = 1,
    Tuesday = 2,
    Wednesday = 3,
    Thursday = 4,
    Friday = 5,
    Saturday = 6,
    Sunday = 0,
}

// 通过#[serde(rename_all = "camelCase")]将字段序列化为驼峰命名风格
#[derive(Serialize, Deserialize, Debug)]
#[serde(rename_all = "camelCase")]
pub struct Person {
    pub first_name: String,
    pub last_name: String,
}
```

执行 cargo run 命令运行该示例,效果如图 3-8 所示。

```
    Finished `dev` profile [unoptimized + debuginfo] target(s) in 16.65s
     Running `target/debug/serde-json-advanced`
resource:Resource { name: "node1", hash: "xxx", password: "", current_version: "v1", weight: 0, pa
th: "./" }
days json encode:[1,2,3,4,5,6,0]
colors json encode:["red","green","blue"]
users json encode:{"users":[{"username":"daheige","nick":"hg"}],"limit":10,"offset":0,"total":1}
person json encode:{"firstName":"Graydon","lastName":"Hoare"}
person:Person { first_name: "Graydon", last_name: "Hoare" }
```

• 图 3-8　serde-json-advanced 运行效果

3.3.5 编写一个 JSON 配置文件读取案例

在 3.3.1~3.3.4 小节中，已经学习了如何在 Rust 语言中使用 serde_json 库实现 JSON 字符串和数据结构的相互转化。在本小节中，将使用 serde 和 serde_json 来编写一个简单的 JSON 配置文件读取案例。

首先，执行 cargo new json-config-demo 命令创建一个二进制程序，并在 Cargo.toml 文件中添加如下依赖：

```toml
[dependencies]
serde = { version = "1.0.215", features = ["derive"]}
serde_json = "1.0.133"
```

然后，在 src/main.rs 文件中添加如下代码：

```rust
// 定义 config 模块
mod config;
use config::{load_config, write_config}; // 引入 config 模块中的函数

fn main() {
    let path = "app.json";
    let app_config = load_config(path).expect("failed to read json config");
    // 输出读取到的内容
    println!(
        "app_debug:{} app_name:{} app_port:{}",
        app_config.app_debug, app_config.app_name, app_config.app_port
    );

    // 将 app_config 序列化为 JSON 字符串,并写入文件中
    let s = serde_json::to_string(&app_config).expect("failed to serialize app_config");
    let res = write_config("app2.json", s).expect("failed to write file");
    println!("res:{}", res);
}
```

在上述代码中，首先定义了 config 模块。然后，引入了 config 模块中的 load_config 和 write_config 函数。接着，在 main 函数中调用 load_config 函数读取配置文件内容并将其放入 app_config 变量中。随后，将读取到的配置内容打印到标准输出中。最后，将 app_config 序列化为 JSON 字符串，并调用 write_config 函数将其写入 app2.json 文件中。

接下来，在 src 目录中新建 config.rs 文件，它是 main.rs 文件中定义的 config 模块。在 config.rs 文件中添加如下代码：

```rust
use serde::{Deserialize, Serialize}; // 引入 serde 库
use std::path::Path;
use std::{fs, io};
```

```rust
// 读取文件内容
fn read_file<P:AsRef<Path>>(path: P) -> Result<String, io::Error> {
    let s = fs::read_to_string(path)?;
    println!("content:{}", s);
    Ok(s)
}

// 将内容写入文件中,返回值是标注库的 Result
pub fn write_config<P:AsRef<Path>>(path: P, content: String) -> Result<String, io::Error>
{
    fs::write(path, content)?;
    Ok("write success".to_string())
}

// 定义配置结构体
#[derive(Debug, PartialEq, Serialize, Deserialize, Default)]
pub struct AppConfig {
    // 调用 default_app_debug 函数设置默认值
    #[serde(default = "default_app_debug")]
    pub app_debug: bool,
    pub app_name: String,

    #[serde(default = "default_app_env")]
    pub app_env: String,

    // 调用 default_app_port 函数设置默认值
    #[serde(default = "default_app_port")]
    pub app_port: u16,

    // 设置默认值为空字符串
    #[serde(default)]
    pub token: String,
}

fn default_app_env() -> String {
    "development".to_string()
}

fn default_app_debug() -> bool {
    false
}

fn default_app_port() -> u16 {
    1338
}
```

```rust
// 从 JSON 配置文件中加载配置内容到 AppConfig 结构体对象中
pub fn load_config<P:AsRef<Path>>(path: P) -> Result<AppConfig, io::Error> {
    let content = read_file(path)?; // 读取文件
    // 解析 JSON 字符串内容到 AppConfig 结构体对象 app_config 中
    let app_config: AppConfig =
        serde_json::from_str(&content).expect("failed to deserialize content");
    println!("config:{:#?}", app_config);
    Ok(app_config)
}
```

在上述代码中，首先引入了 serde 库中的 Deserialize、Serialize 及 std 标准库中的 path、fs、io 等模块。然后，定义了 read_file 函数，用于配置文件内容。如果读取成功就会将读取的内容加载到字符串中，否则返回 io::Error，表示读取失败。随后，定义了一个 write_config 函数，用于将指定的内容写入文件中。接着，定义了配置文件所对应的结构体 AppConfig（在实际项目开发过程中，可以根据实际情况定义需要反序列化的数据类型）。在这个结构体中，通过#[serde(default)]注解设置了字段的默认值。如果配置文件中未配置这些字段，将使用默认函数运行结果或默认值替代。最后，定义了一个 load_config 函数加载 JSON 配置文件。

在这个函数中，首先调用了 read_file 读取文件内容。然后，调用 serde_json::from_str 函数将读取到的配置内容解析到 AppConfig 结构体对象 app_config 中，并将其作为函数的返回值。随后，通过 Rust 提供的 Debug 特征（调试输出）将 app_config 输出到标准输出中。

为了验证 JSON 配置文件读取功能，在 json-config 目录中新建一个 app.json 文件，配置如下：

```
{
  "app_debug": true,
  "app_name": "json-config-demo",
  "app_env": "test",
  "app_port": 3000,
  "token": "abc"
}
```

接着，执行 cargo run 命令运行该示例，效果如图 3-9 所示。

从图 3-9 中看出，app.json 配置文件中的内容已正常读取，并输出到了终端中。如果在 app.json 文件中只定义 app_name 字段，其他字段都没有配置，app.json 配置如下：

```
{
  "app_name": "json-config-demo"
}
```

接着，执行 cargo run 命令运行该示例，效果如图 3-10 所示。

从图 3-10 中可以看出，结构体 AppConfig 中的 app_debug、app_env、app_port、token 字段在反序列化时，都使用了#[serde(default)]注解中设置的默认值。

以上内容就是 serde 和 serde_json 基本操作。更多 serde 和 serde_json 用法，可以查阅 serde 官方文

档（https://serde.rs/）。

```
    Compiling json-config-demo v0.1.0 (/home/heige/web/rust/rust-in-action/part3/json-config-demo)
    Finished `dev` profile [unoptimized + debuginfo] target(s) in 9.03s
    Running `target/debug/json-config-demo`
content:{
  "app_debug": true,
  "app_name": "json-config-demo",
  "app_env": "test",
  "app_port": 3000,
  "token": "abc"
}


config:AppConfig {
    app_debug: true,
    app_name: "json-config-demo",
    app_env: "test",
    app_port: 3000,
    token: "abc",
}
app_debug:true app_name:json-config-demo app_port:3000
res:write success
```

● 图 3-9　JSON 配置文件读取效果

```
    Finished `dev` profile [unoptimized + debuginfo] target(s) in 0.06s
    Running `target/debug/json-config-demo`
content:{
  "app_name": "json-config-demo"
}


config:AppConfig {
    app_debug: false,
    app_name: "json-config-demo",
    app_env: "development",
    app_port: 1338,
    token: "",
}
app_debug:false app_name:json-config-demo app_port:1338
res:write success
```

● 图 3-10　在 app.json 中只定义 app_name 字段运行效果

第 4 章 Rust Web编程实战

尽管 Rust 语言设计之初，主要用于系统编程领域，但其异步编程模型、高性能、安全性等特性，也使得 Rust 在 Web 编程领域有了一席之地。Rust 社区中已经为开发者提供了很多高质量且优秀的 Web 工具和框架，例如，actix-web、tide、axum、warp 等 HTTP 框架，它们涵盖了构建 Web 应用程序所需的各种功能和工具，使开发者能快速开发各种 Web 系统、网站、API 接口等项目。

在本章中，将介绍以下主题：
- Web 编程简介，包括 TCP、HTTP 等基础知识。
- 使用 Rust 构建 Web Server 的方法。
- Rust Web 第三方库基本用法，包括 async-std 生态的 tide 库、tokio 生态的 axum 库的使用，以及如何使用 Rust Web axum 框架编写一个简单的短连接服务。

4.1 Web 编程简介

Web（World Wide Web），即全球广域网，也称为万维网，是一种基于超文本和 HTTP 的、全球性、动态交互的、跨平台的信息系统。它建立在 Internet 上，为浏览者在网络上查找和浏览信息提供了图形化、易于访问的直观界面，其中的超文本将 Internet 上的信息节点组成一个相互关联的网状结构。简单来说，Web 编程就是网络系统服务开发，主要作用就是让程序员开发的内容可以通过 HTTP 展示在不同客户端的浏览器上，如 PC 浏览器、手机浏览器等。以淘宝、京东商城等网站为例，用户不仅可以通过 PC 端浏览器、手机浏览器访问，还可以使用手机 APP 访问。

在本节中，将介绍 TCP 和 HTTP 是什么、这两种协议的特点及它们各自的使用场景有哪些。

4.1.1 TCP

TCP（Transmission Control Protocol）是一种面向连接的协议，它提供了一种可靠的、有序的和具备错误校验的数据传输方式。在 TCP 中，数据被分割成一系列的数据段，并在发送端和接收端之间建立一种特殊的连接。TCP 具有如下特点。
- 面向连接：TCP 是一种面向连接的协议，通信双方在传输数据之前需要先建立连接，再进行数据的传输。也就是说，在客户端和服务端彼此交换数据之前，必须先在双方之间建立一个 TCP 连接（建立连接需要三次握手机制，断开连接需要有四次挥手机制），之后才能传输数据。

- 可靠性：TCP 提供了可靠的数据传输，通过序列号、确认应答和重传机制来确保数据的完整性和顺序性。如果数据包在传输过程中丢失或损坏，TCP 会负责重新发送。
- 流控制：TCP 使用流控制机制来防止发送方发送速度过快，确保接收方能够接收并处理数据。通过滑动窗口大小的调整，这种机制有效避免了数据丢失的情况，提高了数据传输的可靠性和稳定性。
- 拥塞控制：TCP 具有拥塞控制机制，用于适应网络的拥塞情况，防止过多的数据注入网络导致性能下降。
- 面向字节流：TCP 将传输的数据视为字节流，而不是像 UDP 那样按照消息边界进行划分。这意味着发送方传输的数据流和接收方接收的数据流是连续的。
- 全双工通信：TCP 连接是全双工的，允许双方在同一时间内既能发送数据又能接收数据。

TCP 上述特点，使它具有广泛的应用场景，主要如下。

- Web 网页：HTTP/HTTPS 协议使用 TCP 作为传输层协议，确保可靠的数据传输，适用于 Web 页面的加载和数据传输。例如，Google Chrome、Firefox 浏览器使用 TCP 进行 Web 页面的数据传输，确保页面的正确加载和显示，保证了用户获得可靠的浏览体验。
- 电子邮件：SMTP 和 POP3 等电子邮件协议，使用 TCP 进行邮件的传输和接收。例如，Outlook、QQ 邮箱等通过 TCP 进行邮件传输和接收，确保邮件的可靠投递。
- 文件传输：FTP 是基于 TCP 的文件传输协议，用于在网络上进行文件的上传和下载。例如，FileZilla 作为一款开源的 FTP 客户端，它使用 TCP 来实现文件的上传和下载，确保文件传输的可靠性。
- 远程登录：SSH 协议使用 TCP 提供安全的远程登录功能，允许用户通过网络远程连接到其他计算机上。例如，iTern、xshell 软件使用 TCP 来支持远程登录，确保远程操作的安全性。
- 即时通讯：许多即时通讯应用，如微信、QQ、飞书等软件，使用 TCP 可以确保消息的可靠传输，防止消息的丢失或乱序。
- 数据库操作：数据库（如 MySQL、PostgreSQL）使用 TCP 来实现客户端与服务端之间的可靠数据传输，确保数据库操作的一致性和完整性。

总的来说，TCP 作为一种传输层协议，提供可靠的、有序性的数据传输，适用于对数据可靠性和顺序性要求比较高的场景。因此，深入理解它的工作原理和应用场景，可以帮助开发者更好地使用它来满足实际应用的需求。

▶▶ 4.1.2 HTTP

HTTP（Hyper Text Transfer Protocol）是一种基于 TCP/IP 实现的超文本传输协议，定义了客户端和服务端之间如何交换数据。也就是说，TCP 是传输层协议，主要解决数据如何在网络中传输，而 HTTP 是属于应用层面的，它主要解决如何包装数据。例如，可以把 TCP/IP 想象为一条高速公路，它允许其他协议在上面行驶，并能找到通往其他地方的出口。TCP 和 UDP 就像是高速上的货车，它们携带的货物就像是 HTTP。

HTTP 作为一种用于 Web 上进行数据通信的协议，具有如下特点。

- 无状态：HTTP 是无状态的协议，每个请求都是独立的，服务器不会保留之前请求的任何信息。这种模式简化了服务器的设计，但如果需要在多个请求之间保持状态，就需要借助 Cookie、Session、JWT 等机制。
- 灵活性好：HTTP 允许传输任意类型的数据对象，传输的内容类型由 Header 头中的 Content-Type 字段来区分。
- 基于客户端/服务端模型：HTTP 工作于客户端/服务端的架构之上，客户端通过 URL 向服务器发送请求，服务端接收请求后将响应结果发送给客户端。
- 简单快速：客户端向服务器请求服务时，只需要传输请求方法（Method）和路径（Path）、请求参数（Query）或请求体（Body）等基本信息。常见的请求方法有 GET、POST、HEAD、DELETE、PUT 等，每种请求方法规定了客户端和服务端的连接类型。由于 HTTP 简单，使得 HTTP 服务规模小、通信速度快。
- 可拓展性：HTTP 是可拓展的，可以通过自定义头字段和拓展协议来增加新的功能。
- 明文传输：默认情况下，HTTP 是明文传输的，这意味着传输的数据可以被中间人拦截和窃听。用户可以使用 HTTPS 协议（基于 SSL/TLS）来提供加密传输，保证数据的安全性。

HTTP 的上述特点，使它广泛用于 Web 应用开发、客户端和服务端之间数据交换等场景。例如，当当网、京东商城、淘宝等都使用 HTTPS 协议进行客户端和服务端之间的通信。

一个完整的 HTTP 请求报文的结构主要由请求行、请求 Header 头、请求 Body 等 3 部分组成。以 GET 请求为例，其结构大致如图 4-1 所示。

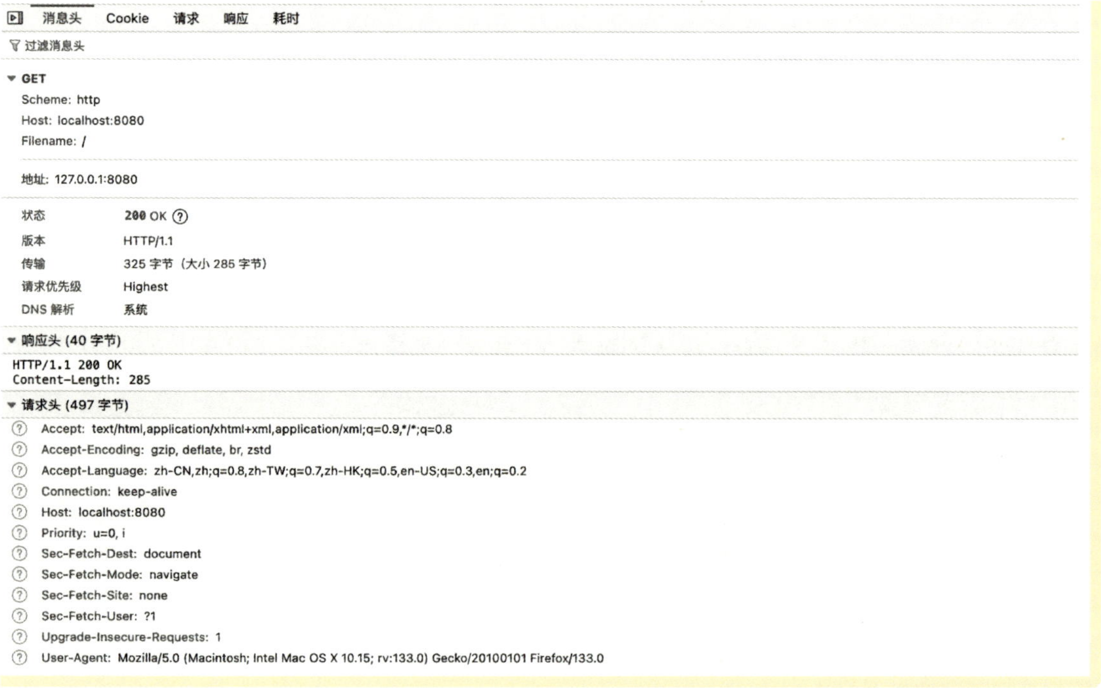

● 图 4-1　HTTP GET 请求的结构组成

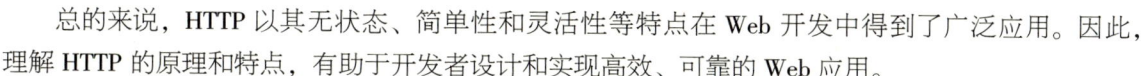

总的来说，HTTP 以其无状态、简单性和灵活性等特点在 Web 开发中得到了广泛应用。因此，理解 HTTP 的原理和特点，有助于开发者设计和实现高效、可靠的 Web 应用。

在本章接下来的内容中，将演示如何使用 Rust 语言构建一个简单的 Web Server，以及 Rust Web 编程第三方库的基本用法。

4.2 使用 Rust 构建 Web Server

在早些年，开发者使用弱类型的动态语言，如 PHP、Ruby、Node.js 等，编写 Web 服务端程序，随着应用规模不断扩大，这些动态语言的局限性很快就显现出来了。当需求变化后，开发者每次进行变动、更新和改造升级，都需要经过充分的自我测试、单元测试及测试人员一轮又一轮的功能测试之后，才可以正常上线。

Rust 语言的出现，不仅可以改善这种局面，而且它凭借极高的性能、零成本抽象机制和无需垃圾回收（GC）特性，提升了程序运行效率。同时，Rust 在编译时，可以对并发安全、类型安全、数据竞争、内存泄漏等问题进行严格的校验（Rust 将这些问题前置到编译阶段），减轻了 Web 开发人员的心智负担，最大程度保证了程序运行的稳定性和可靠性。因此，Rust 语言众多特性，使其特别适合 Web 编程。

在本节中，将使用 Rust 语言编写一个简单的 Web Server，一起感受 Rust 高性能、高效率的魅力所在。在开始编写 Rust Web Server 之前，先强调一点：本章的 Web Server 并非是创建 Web Server 最好的方式。可以在 crates.io 上找到更多 Rust Web 开发框架，如 tide、axum、warp 等。在 4.3 节中，将详细介绍 tide 和 axum 库的基本用法。

▶▶ 4.2.1 创建一个简单的单线程 Web Server

首先，通过 cargo new web-server 创建一个单线程的 Web Server。然后，在 src/main.rs 文件中添加如下代码：

```rust
use std::io::prelude::*;
use std::net::TcpListener;
use std::net::TcpStream;

fn main() {
    let address = "localhost:8080";
    println!("server run on: {}", address);
    // 通过 TcpListener::bind 方法,创建一个 tcp TcpListener 连接实例
    // 并绑定到对应的本地端口上
    let listener = TcpListener::bind(address).unwrap();
    // 监听 tcp 连接
    // 下面的 for 可以循环处理每个连接产生的流
    for stream in listener.incoming() {
        // 这里的 stream 表示客户端和服务端直接打开的连接,称为流
```

```rust
        let stream = stream.unwrap(); // 调用 unwrap 方法获得流信息
        handler_connection(stream);
    }
}

// 处理客户端请求
fn handler_connection(mut stream:TcpStream) {
    // 读取流到 buffer 变量中
    let mut buffer = [0; 1024];
    stream.read(&mut buffer).unwrap();

    // 响应体内容
    let content = r##"
        <!DOCTYPE html>
        <html lang="en">
          <head>
            <meta charset="utf-8">
            <title>web-server</title>
          </head>
          <body>
            <h1>Hello,web-server</h1>
            <p>this is a demo</p>
          </body>
        </html>
    "##;

    // 将 content 加入到响应体中,该响应体以写入流的方式返回
    let response = format!(
        "HTTP/1.1 200 OK\r\nContent-Length: {}\r\n\r\n{}",
        content.len(),
        content,
    );

    // 响应内容
    println!("Request: {}", String::from_utf8_lossy(&buffer[..]));
    stream.write(response.as_bytes()).unwrap();
    stream.flush().unwrap();
}
```

在上述代码中,首先引入了 Rust 标准库 net 模块中的 TcpListener 和 TcpStream,并通过 TcpListener::bind 创建了一个 listener 实例将服务端运行端口绑定到 8080 上。然后,通过 for 循环遍历客户端请求的流(stream),并通过 handler_connection 函数传递可变参数 stream。在函数 handler_connection 里面声明了一个可变变量 buffer 用于 stream.read 读取客户端请求信息。对于响应内容,函数中声明了一个 response 变量,它通过 format! 将 HTTP status、响应的 body 及其长度格式化到 response 中。最后,通过 stream.write 方法将它们以字节形式发送到连接流中,并调用 stream.flush 方法等待并阻塞程序执行

直到所有字节都被写入连接中。执行 cargo run 命令运行该示例，效果如图 4-2 所示。

```
→ web-server git:(master) x cargo run
   Compiling web-server v0.1.0 (/home/heige/web/rust/rust-in-action/part4/web-server)
    Finished `dev` profile [unoptimized + debuginfo] target(s) in 0.77s
     Running `target/debug/web-server`
server run on: localhost:8080
```

● 图 4-2　web-server 运行效果

在浏览器地址文本框中输入 localhost:8080，按〈Enter〉键后就返回相关的 body 内容，效果如图 4-3 所示。

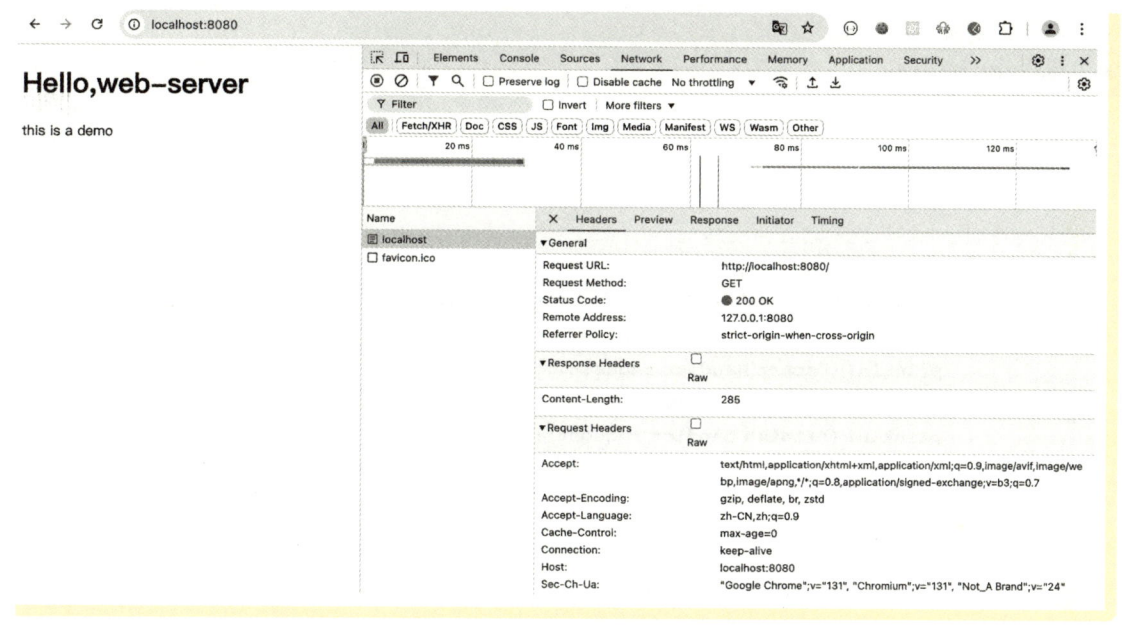

● 图 4-3　web-server 客户端运行

从图 4-3 中看出，这个单线程的 web-server 已正常运行。打开浏览器的检查模式查看 Network 网络请求，能够清晰地看到当前请求的请求地址、请求行、响应状态、响应长度等基本信息。

到这里，一个约 50 行代码的小且简单的单线程 Web Server 已经成功搭建好了。在接下来的 4.2.2 小节中，将通过 Rust 标准库 std::thread::spawn 函数将该示例重构为一个多线程的 Web Server，从而处理更多的 HTTP 请求，以提升该程序的吞吐量和效率。

▶▶ 4.2.2　将单线程 Web Server 重构为多线程 Web Server

虽然说 4.2.1 小节的单线程 Web Server 可以依次处理每个请求，但在上一个请求完成之前，程序不会处理第二个请求。也就是说，如果请求的数量逐渐增多，此时服务器串行处理的性能就会越来越差。假设一个请求需要花费很长的时间处理,那后续的请求不得不等待这个长耗时的请求结束,才可以被处理。即便是这些新请求能够在短时间内完成,对于服务端的性能来说,也是个问题。因此,在本小节中,将通过 Rust 标准库 std 提供的 thread 模块并发处理客户端请求的连接,从而提升服务器的吞吐量和效率。

首先,在 4.2.1 小节的 web-server 中的 Cargo.toml 文件中添加如下配置:

```
[[bin]]
name = "web-server-thread" # 多线程的 Web Server
path = "src/server.rs"
```

其中,[[bin]] 下的 name 表示二进制程序的名字,path 是该二进制程序入口文件路径。

然后,在 src 目录中新建 server.rs 文件,并添加如下代码:

```rust
// …省略其他代码…
use std::thread;

fn main() {
    // …省略其他代码…
    let listener = TcpListener::bind(address).unwrap();
    for stream in listener.incoming() {
        let stream = stream.unwrap();
        // 通过 spawn 创建一个线程,让每个请求都使用单独的线程处理
        thread::spawn(|| {
            println!("start handler request...");
            handler_connection(stream);
            println!("finish handler request");
        });
    }
}

// 处理客户端请求
fn handler_connection(mut stream:TcpStream) {
    let mut buffer = [0; 1024];

    // 通过读取流到 buffer 变量中
    stream.read(&mut buffer).unwrap();
    let long_page = b"GET /long HTTP/1.1 \r\n";
    // 响应的 body 内容,这里通过 mut 关键字将 content 声明为可变类型,
    // 它会根据请求路径的不同,返回不同内容
    let mut content = r##"
        <!DOCTYPE html>
        <html lang="en">
          <head>
            <meta charset="utf-8">
            <title>web-server</title>
```

```
                </head>
                <body>
                    <h1>Hello,web-server</h1>
                    <p>this is a demo</p>
                </body>
            </html>
        "##;

        if buffer.starts_with(long_page) { // 判断请求路径是否为 long_page
            // 模拟耗时比较长的请求
            println!("sleep 3s...");
            thread::sleep(Duration::from_secs(3));
            content = r##"
                <!DOCTYPE html>
                <html lang="en">
                    <head>
                        <meta charset="utf-8">
                        <title>web-server-long</title>
                    </head>
                    <body>
                        <h1>web-server-thread</h1>
                        <p>This is a long page</p>
                    </body>
                </html>
            "##
        }

        // 响应请求
        let response = format!(
            "HTTP/1.1 200 OK\r\nContent-Length: {}\r\n\r\n{}",
            content.len(),
            content,
        );
        println!("Request: {}", String::from_utf8_lossy(&buffer[..]));
        stream.write(response.as_bytes()).unwrap();
        stream.flush().unwrap();
    }
```

在上述代码中，通过 Rust 标准库 std 中的 thread::spawn 函数为每个请求都创建了一个新的线程来进行处理。这样做的好处是，下一个请求不需要等待上一个请求处理完毕后再处理。在处理客户端请求 handler_connection 函数中，模拟了一个耗时比较长的请求（它通过标准库 std::thread::sleep 函数实现）。也就是说，用户请求 /long 路由地址时，服务端会先停顿 3s，然后将 body 内容返回给客户端。

接下来，执行 cargo run --bin web-server-thread 命令启动该服务。然后，在浏览器中访问 localhost：

8080/long 地址，回车后就会看到服务端的响应结果，效果如图 4-4 所示。

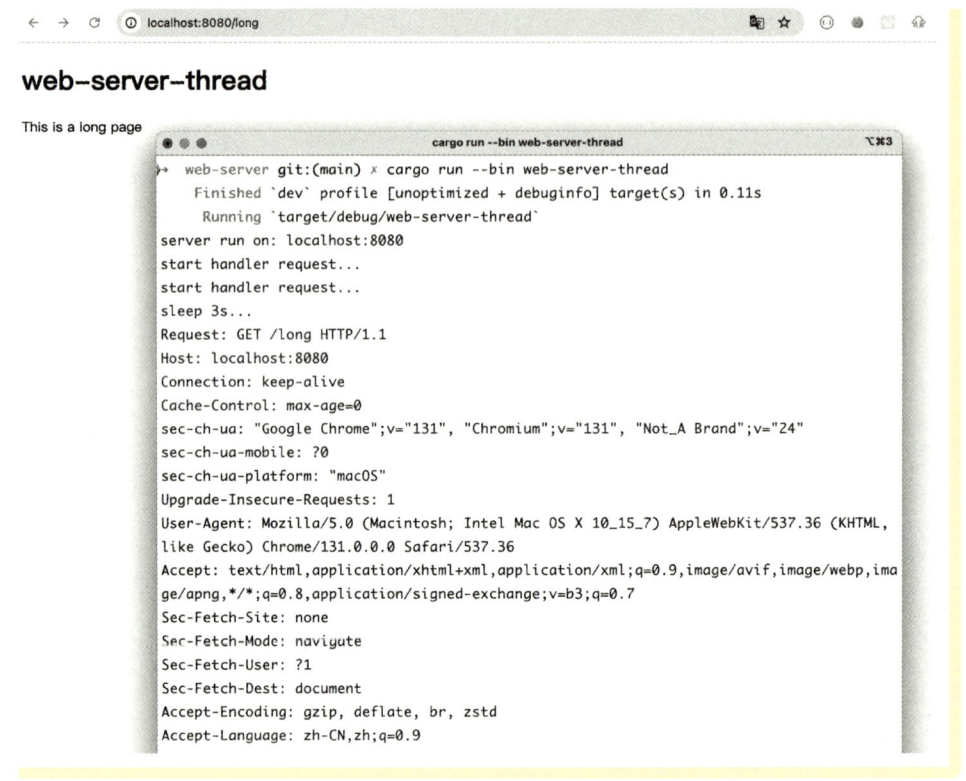

● 图 4-4　web-server-thread 运行效果

从图 4-4 中可以看出，耗时比较长的 /long 请求能够正常返回响应结果。到这里，已成功将单线程 Web Server 重构为多线程的 Web Server。当然，还可以使用第三方库 threadpool 库（具体用法参考 https://crates.io/crates/threadpool 文档），以线程池的方式来处理每个请求，从而更好地提升该 Web Server 的吞吐量和效率。

▶▶ 4.2.3　Web 服务平滑退出

有时候，一个 Web Server 可能会因为某些请求在处理一些比较重要的事情，而无法在程序结束时立即退出程序，例如，有些业务场景下需要将数据批量插入到 MySQL 数据库中进行持久化存储，或者有些请求需要异步将数据刷新到 Redis 缓存等。这些重要的操作可能需要全部执行完毕后，服务端程序才可以正常退出。

在 Go 语言中，可以通过 signal 信号量的方式实现平滑退出。也就是说向正在运行的服务发送中断信号量 signal 实现服务平滑退出，代码段如下：

```go
// Server 平滑重启
ch := make(chan os.Signal, 1)
```

```go
// We'll accept graceful shutdowns when quit via SIGINT (Ctrl+C),
// receive signal to exit maingoroutine.
// Windows signal
// signal.Notify(ch,syscall.SIGINT, syscall.SIGTERM, syscall.SIGHUP)

// Linux signal
signal.Notify(ch,syscall.SIGINT, syscall.SIGTERM, syscall.SIGUSR2,
syscall.SIGHUP)

// Block until we receive our signal.
sig := <-ch
log.Println("exit signal: ", sig.String())
// Create a deadline to wait for.
ctx, cancel := context.WithTimeout(context.Background(), wait)
defer cancel()

// Doesn't block if no connections, but will otherwise wait
// until the timeout deadline.
done := make(chan struct{}, 1)
go func() { // 在独立线程中平滑退出
    defer close(done)
    server.Shutdown(ctx)
}()

<-done
<-ctx.Done()
log.Println("server shutting down")
```

同样，在 Rust 语言中也可以通过 signal 信号量的方式让服务平滑退出。接下来，在 Cargo.toml 文件中添加如下依赖：

```toml
[dependencies]
ctrlc = "3.4.5"
```

然后，将 src/server.rs 文件修改为如下代码：

```rust
// 引入 ctrlc 包实现平滑退出功能
use ctrlc;
// 引入 io 及 net 模块相关的包
use std::io::prelude::*;
use std::net::TcpListener;
use std::net::TcpStream;
use std::process;
use std::sync::mpsc;
use std::thread;
use std::time::Duration;
```

```rust
fn main() {
    let address = "localhost:8080";
    println!("server run on: {}", address);

    // 在单独的线程中实现服务平滑退出机制
    let shutdown_handler = thread::spawn(||{
        graceful_shutdown();
    });

    let handler = thread::spawn(move ||{
        // …省略其他代码…
    });
    handler.join().unwrap();

    // 等待平滑退出机制执行完毕
    shutdown_handler.join().unwrap();
}

// …省略 handler_connection 函数代码…
// 使用 ctrlc 包实现服务平滑退出
fn graceful_shutdown() {
    let (tx, rx) = mpsc::channel();
    ctrlc::set_handler(move ||tx.send(())
        .expect("Could not send signal on channel."))
        .expect("Error setting Ctrl-C handler");

    // 等待 signal 信号量到来
    println!("Waiting for Ctrl-C...");
    rx.recv().expect("Could not receive from channel.");

    // 当接收到退出信号量时,做一些退出之前的操作
    println!("Got it! Exiting...");
    thread::sleep(Duration::from_secs(5));

    // 正常退出程序
    process::exit(0);
}
```

在上述代码 main 函数中,通过 thread :: spawn 开启了一个线程,并在线程中执行 graceful_shutdown 函数实现服务平滑退出。在 graceful_shutdown 函数中,首先通过 Rust 标准库中的 std :: sync :: mpsc :: channel 函数创建了一个通道(channel)。其中 tx 表示发送者,rx 表示接收者。然后,通过 ctrlc :: set_handler 函数接收信号量(这里是将发送者 tx.send 方法作为 ctrlc :: set_handler 函数的参数,它是一个回调处理函数)。也就是说,如果程序接收到退出信号量,就会使用 tx.send 方法将退出信号量的值发送到通道中。一旦 rx.recv 方法接收信号量的到来,程序就会执行退出逻辑。在 main 函数

最后一行，对 shutdown_handler 变量调用 join( ).unwrap( ) 等待线程执行完毕。

接下来，执行 cargo run --bin web-server-thread 命令运行该示例。然后，在浏览器中请求 localhost：8080 地址等待请求返回后，按下 Ctrl-C 快捷键退出程序。此时，程序将会接收到退出信号量，实现平滑退出，效果如图 4-5 所示。

- 图 4-5　使用 ctrlc 实现平滑退出

实际上，对于 Rust Web 服务来说，ctrlc 包基本够用了。但如果想要更细粒度的控制资源的释放，或者说需要保证事务的完整性，就需要使用其他的 signal 信号量包。例如，Web axum 框架平滑退出是基于 tokio::signal 方式来处理的，开发者可以将更多的操作放在平滑退出函数 with_graceful_shutdown 中处理。当程序接收到退出信号量 signal 后，它会等待程序把正在做的事情做完，释放掉所有的资源之后再退出程序。关于 axum 平滑退出机制，将在 4.3.2 小节中详细说明。

4.3　Rust Web 编程第三方库操作

随着 Rust 在 Web 编程领域的兴起和流行，Rust 社区各种 Web 框架层出不穷，其中比较流行的框架有 tide、axum、actix-web、warp、salvo 等，这些框架是基于 Rust 社区中不同的异步运行时实现的。

在实际项目开发过程中,可以根据实际情况选择合适的 Web 框架开发应用程序。

在 4.2 节中,已经使用 Rust 内置的 net 模块实现了一个简单的 Web Server。在本节中,将结合具体示例介绍 tide、axum 库的基本用法。

4.3.1 tide 库使用

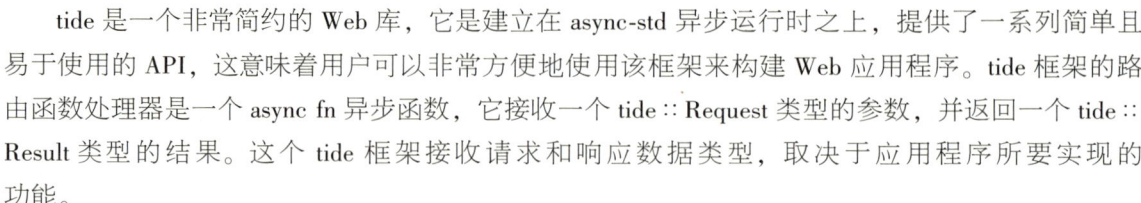

tide 是一个非常简约的 Web 库,它是建立在 async-std 异步运行时之上,提供了一系列简单且易于使用的 API,这意味着用户可以非常方便地使用该框架来构建 Web 应用程序。tide 框架的路由函数处理器是一个 async fn 异步函数,它接收一个 tide::Request 类型的参数,并返回一个 tide::Result 类型的结果。这个 tide 框架接收请求和响应数据类型,取决于应用程序所要实现的功能。

接下来,使用 tide 库实现一个简单的程序:当用户在浏览器中输入 localhost:8080/hello 地址时,该程序返回 "hello,world" 字符串。

首先,执行 cargo new hello-echo 命令创建二进制应用程序。然后,在 Cargo.toml 文件中添加如下依赖:

```
[dependencies]
tide = "0.16.0"
async-std = { version = "1.13.0", features = ["attributes"] }
```

接着,在 src/main.rs 文件中添加如下代码:

```rust
// 引入 tide 库中的相关模块
use tide::Request;
use tide::log;

// 指定 async_std 异步运行时
#[async_std::main]
async fn main() -> tide::Result<()>{
    // 启动日志组件
    log::start();

    // 创建 app 实例
    let address = "127.0.0.1:8080";
    println!("server run on:{}",address);
    let mut app = tide::new();

    // 设置请求的日志中间件
    app.with(log::LogMiddleware::new());

    // 绑定路由
    app.at("/").get(home);
```

```
    app.at("/hello/:name").get(hello);


    // 启动 Web 服务
    app.listen(address).await?;
    Ok(())
}

// 该路由处理器函数的请求参数是 tide::Request 类型,返回结果是 tide::Result 类型
async fn hello(req: Request<()>) -> tide::Result {
    println!("request method:{:?}", req.header("user-agent"));
    // 接收 URI 上面的参数 name
    let name = req.param("name").unwrap_or("world");
    Ok(format!("hello,{}", name).into())
}

// 由于不需要接收请求参数,所以这个 Request 提取数据为空元组
async fn home(_req: Request<()>) -> tide::Result {
    Ok("hello,tide".into())
}
```

在上述代码中,首先引入了 tide::Request 和 tide::log 模块。然后,在 main 函数上方使用 #[async_std::main]注解,它表示使用 async_std 异步运行时运行 main 函数。同时,在 main 函数前使用 async 关键字将其标记为异步函数。随后,通过 tide::new 函数创建一个 app 实例,并调用 with 方法设置日志中间件。接着,调用 app.at 方法添加 home 和 hello 路由处理函数。最后,通过 app.listen(address).await? 启动服务。执行 cargo run 命令运行该示例,效果如图 4-6 所示。

```
↳ hello-echo git:(main) × cargo run
    Finished `dev` profile [unoptimized + debuginfo] target(s) in 0.57s
     Running `target/debug/hello-echo`
tide::log Logger started
    level Info
server run on:127.0.0.1:8080
tide::server Server listening on http://127.0.0.1:8080
```

● 图 4-6 hello-echo 服务启动

在浏览器地址栏中分别请求 localhost:8080/hello/rust 和 localhost:8080 时,页面将会输出 "hello, rust" 和 "hello,tide" 字符串。同时,在服务端将接收该请求,并输出请求日志,效果如图 4-7 所示。

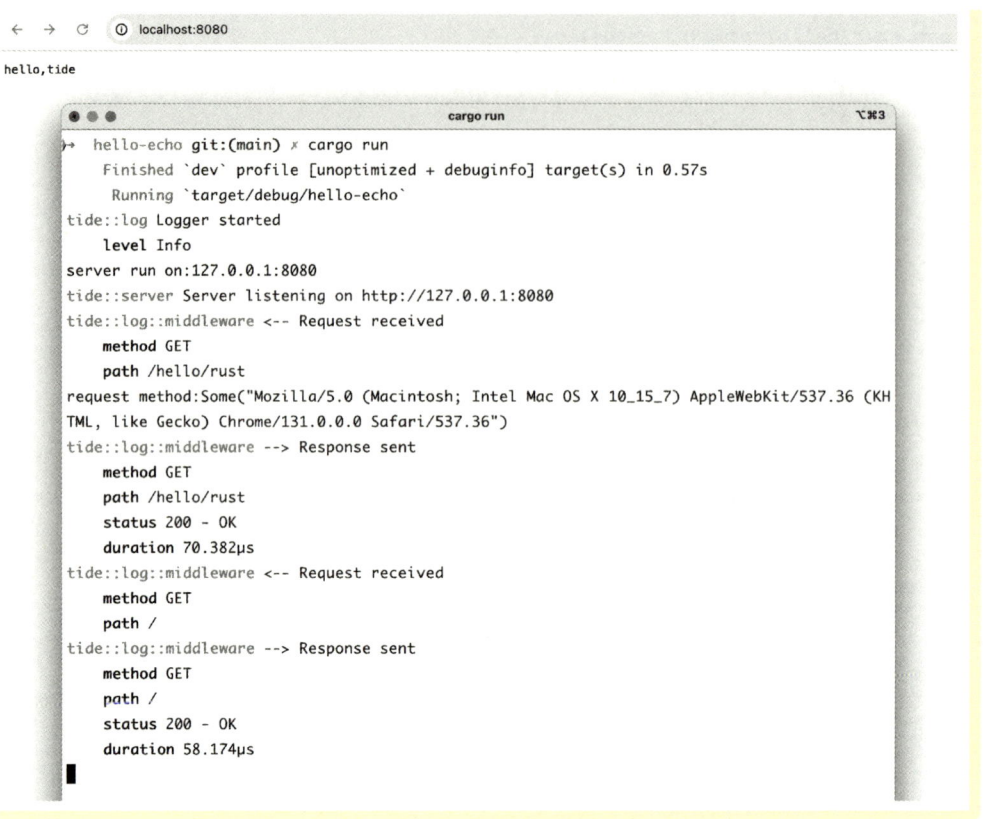

● 图 4-7 hello-echo 客户端请求和服务端运行效果

4.3.2　axum 库使用

axum 是一个基于 tokio 异步运行时的 web 库，具有高效、快速和轻量等特性，它的设计灵感来源于 Erlang 编程语言，为开发人员提供了高效的并发性，非常适合开发 Web 应用程序、API 服务和低延迟的项目。此外，axum 是一个专注于人体工程学和模块化的 Web 应用程序框架，它使用无宏的方式将用户请求地址绑定到对应的路由函数上。这种方式对于开发者（特别是使用 Node.js、PHP、Go 等语言的开发人员），非常友好，能够让他们在短时间内快速上手 axum 框架，从而开发出高性能、高质量的 Web 应用程序。

接下来，执行 cargo new hello-axum 命令创建一个简单的 Web 应用。然后，在 Cargo.toml 文件中添加如下依赖：

```
[dependencies]
axum = "0.7.9"
serde = { version = "1.0.215", features = ["derive"] }
serde_json = "1.0.133"
tokio = { version = "1.41.1", features = ["full"] }
```

接着,在 hello-axum/src/main.rs 中添加如下代码:

```rust
// 引入 axum 库中的相关包
use axum::{
    http::StatusCode,
    response::IntoResponse,
    routing::{get, post},
    Json, Router,
};
use std::net::SocketAddr;

// JSON 序列化处理
use serde::{Deserialize, Serialize};
use std::process;
use std::time::Duration;
use tokio::signal; //signal 平滑退出

#[tokio::main]
async fn main() {
    // HTTP 服务运行地址
    let address = "127.0.0.1:8080";
    println!("server run on:{}", address);
    println!("server pid:{}", process::id()); // 服务启动的进程 id

    // 创建 axum 路由
    let router = Router::new()
        .route("/hello", get(hello))
        .route("/foo", post(foo))
        .fallback(not_found_handler);

    // 创建一个 listener 对象,并启动 HTTP 服务
    let addr: SocketAddr = address.parse().unwrap();
    let listener = tokio::net::TcpListener::bind(addr).await.unwrap();
    axum::serve(listener, router)
        .with_graceful_shutdown(graceful_shutdown()) // 设置平滑退出函数
        .await
        .unwrap();
}

async fn hello() -> &'static str {
    println!("hello");
    "hello,world"
}

// 处理路由找不到的情况
```

```rust
async fn not_found_handler() -> impl IntoResponse {
    (StatusCode::NOT_FOUND, "this page not found")
}

// 通过注解实现 JSON 序列化处理
#[derive(Deserialize, Serialize)]
struct Cat {
    name: String,
    id: i64,
}

// 返回 JSON 格式
async fn foo() -> impl IntoResponse {
    let cat = Cat {
        id: 1,
        name: "xiaoming".to_string(),
    };

    // JSON 在 axum 底层实际类型:pub struct Json<T>(pub T);
    // 它实现了 IntoResponse trait,所以这里可以直接使用 Json(cat) 返回结果
    Json(cat)
}

// 接收 signal 信号量并平滑退出
async fn graceful_shutdown() {
    let ctrl_c = async {
        signal::ctrl_c()
            .await
            .expect("failed to install ctrl+c handler");
    };

    #[cfg(unix)]
    let terminate = async {
        signal::unix::signal(signal::unix::SignalKind::terminate())
            .expect("failed to install signal handler")
            .recv()
            .await;
    };

    let graceful_wait_time = Duration::from_secs(5); // 平滑退出等待时间
    // 对于非 UNIX 平台,通过 cfg 标记属性来定义 terminate 退出机制
    #[cfg(not(unix))]
    let terminate = std::future::pending::<()>();
    tokio::select! {
        _ = ctrl_c =>{
```

```
            println!("received ctrl_c signal,server will exist...");
            tokio::time::sleep(graceful_wait_time).await;
        },
        _ = terminate => {
            println!("received terminate signal,server will exist...");
            tokio::time::sleep(graceful_wait_time).await;
        },
    }

    println!("signal received,starting graceful shutdown");
}
```

在上述代码中，首先引入 axum、std::net::SocketAddr 及 serde 相关的包。然后，在 main 函数上方通过#［tokio::main］注解让 main 函数成为一个 tokio 异步运行时的函数。接着，在 main 函数中通过 Router::new 创建 axum router 对象，并将 hello 和 foo 函数绑定到了对应的路由地址上。最后，调用 tokio::net 包提供的 TcpListener::bind 函数创建一个 listener 对象，并将 listener 对象和 router 对象传递给 axum::serve 函数以启动 HTTP 服务，同时还指定了程序平滑退出和路由找不到时的处理函数。

接下来，执行 cargo run 命令运行该示例。然后，在浏览器地址栏中输入 localhost:8080/hello，按下〈Enter〉键就会看到响应结果，效果如图 4-8 所示。

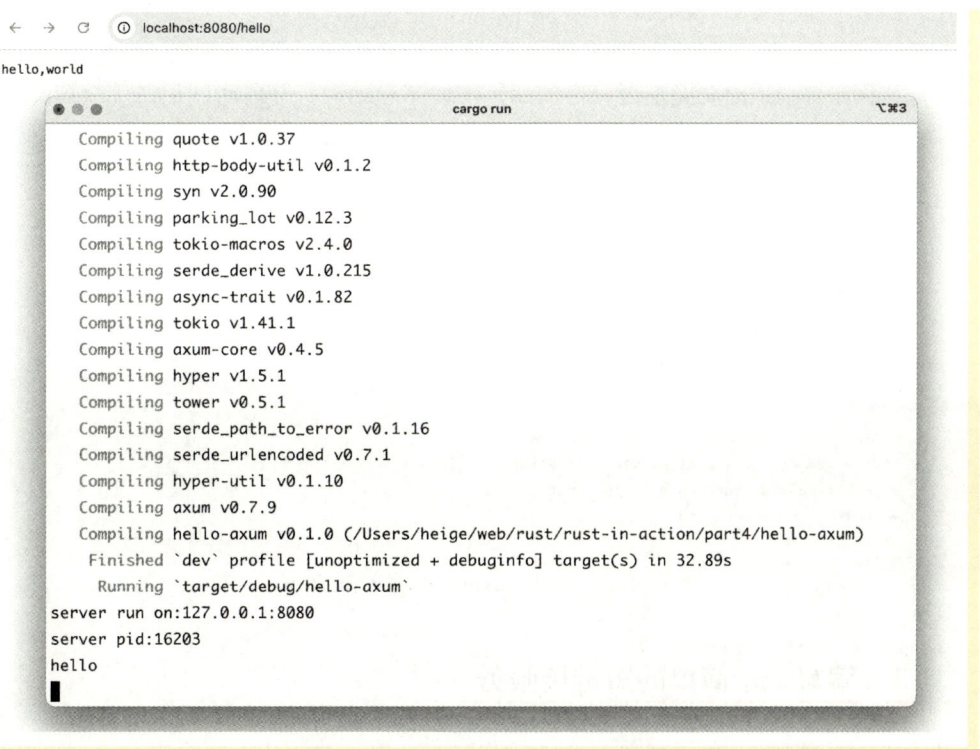

● 图 4-8　hello-axum 运行和响应请求

当然，还可以在 postman 软件中通过 POST 请求 localhost：8080/foo，运行效果如图 4-9 所示。

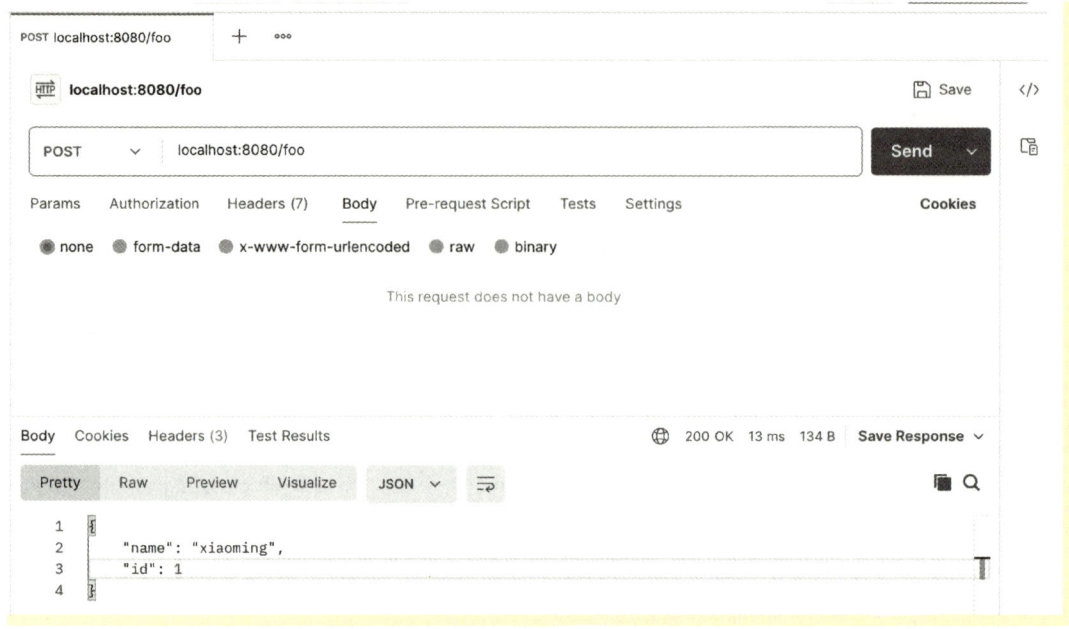

● 图 4-9　使用 postman 请求 foo 接口

为了验证该程序平滑退出功能是否符合预期，在程序启动运行一段时间后按下〈Ctrl+C〉组合键。此时，程序就会接收到退出信号量。等待 5s 后，该程序就会平滑退出，运行效果如图 4-10 所示。

```
   Compiling hyper-util v0.1.10
   Compiling axum v0.7.9
   Compiling hello-axum v0.1.0 (/Users/heige/web/rust/rust-in-action/part4/hello-axum)
    Finished `dev` profile [unoptimized + debuginfo] target(s) in 32.89s
     Running `target/debug/hello-axum`
server run on:127.0.0.1:8080
server pid:16203
hello
hello
^Creceived ctrl_c signal,server will exist...
signal received,starting graceful shutdown
➜  hello-axum git:(main) ✗
```

● 图 4-10　hello-axum 平滑退出效果

4.3.3　编写一个简单的短链接服务

通过 4.3.2 小节的内容，已经掌握了 axum 基本用法。在本小节中，将使用 axum 库来编写一个简单的 URL 短链接服务，其整体架构如图 4-11 所示。

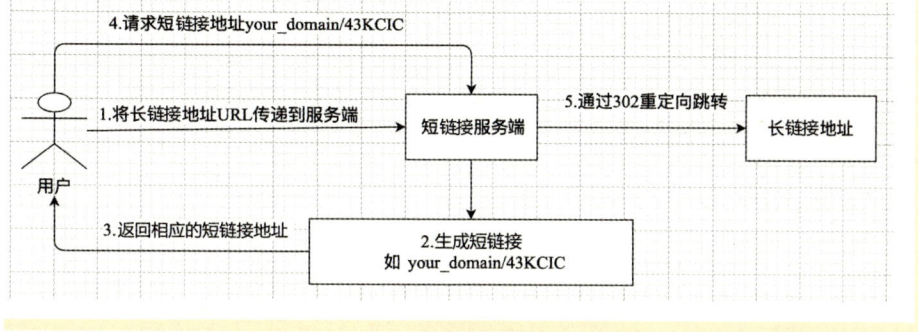

• 图 4-11　短链接服务架构设计

从图 4-11 中可以看出，该短链接服务的功能是将原始较长的 URL 地址转换为较短且唯一的 URL 地址，如 your_domain/43KCIC。当用户请求这个短链接地址时，服务端将会解析并查询该短链接对应的长链接地址。如果匹配长链接地址成功，程序将 302 重定向跳转到原始的长链接地址上面去。

接下来，通过 cargo new short-url 创建一个二进制应用程序。然后，在 Cargo.toml 文件中添加如下依赖：

```toml
[dependencies]
# murmurhash 和 base62 用于生成短链接字符串
murmurhash32 = "0.3.1"
base62 = "2.0.3"
# HTTP Web 框架的相关依赖
axum = "0.7.9"
serde = { version = "1.0.215", features = ["derive"] }
serde_json = "1.0.133"
tokio = { version = "1.42.0", features = ["full"] }
```

接着，在 main.rs 中添加如下代码：

```rust
//引入 axum 库中的包
use axum::{
    routing::{get, post},
    Router,
};
use std::net::SocketAddr;
use std::process;
use std::sync::Arc;

// 定义处理器函数对应的模块
mod handlers;

#[tokio::main]
async fn main() {
```

```rust
    // HTTP 服务运行地址
    let address = "127.0.0.1:8080";
    println!("server run on:{}", address);
    println!("server pid:{}", process::id()); // 服务启动的进程 id

    // with_state 共享数据
    let shared_state = Arc::new(handlers::AppState::default());
    // 创建 axum 路由
    let router = Router::new()
        .route("/:key", get(handlers::short_url))
        .route("/create-short-url", post(handlers::create_short_url))
        .with_state(shared_state) // 通过 with_state 方式传递共享数据 shared_state
        .fallback(handlers::not_found_handler);

    // 创建一个 listener 对象,并启动 HTTP 服务
    let addr: SocketAddr = address.parse().unwrap();
    let listener = tokio::net::TcpListener::bind(addr).await.unwrap();
    axum::serve(listener, router)
        .with_graceful_shutdown(handlers::graceful_shutdown()) // 设置平滑退出函数
        .await
        .unwrap();
}
```

在上述代码中,首先引入了 axum 库中的 routing 和 Router 包,并定义了 mod handlers,这个 handlers 模块用于声明路由对应的处理器函数。然后,在 main 函数中通过 Router::new 函数创建了 router 对象,并在上面绑定了/:key 和/create-short-url 两个路由规则。这两个路由规则,分别用 axum 提供的 get 和 post 函数将其绑定到对应的处理器函数,并通过 with_state 将共享变量 shared_state 传递给处理器函数。最后,调用 tokio::net 包提供的 TcpListener::bind 函数创建一个 listener 对象,并将 listener 对象和 router 对象传递给 axum::serve 函数以启动 HTTP 服务,同时还指定了程序平滑退出函数。

该示例中的 handlers 模块核心代码如下:

```rust
// …省略其他代码…
// short_url 函数,根据短链接 URL 获取原始的长链接 URL。
// 例如,请求 your_domain/43KC1C 格式的短链接请求后,就会返回具体的长链接地址
pub async fn short_url(Path(key): Path<String>, State(state): State<Arc<AppState>>) -> Response
{
    println!("request short url:{}", key);
    // 解析 base62 字符串为 murmurhash32 u128 类型
    let res = base62::decode(key);
    if res.is_err() {
        return (
            StatusCode::OK,
            Json(Reply::<EmptyObject> {
```

```rust
                code: 0,
                message: "short url invalid".to_string(),
                data: None,
            }),
        )
            .into_response();
    }

    // 从 AppState db 中读取 key 对应的原始长链接地址
    let key = res.unwrap().to_string();
    let db = &state.db.read().unwrap();
    if let Some(origin_url) = db.get(&key) {
        // 通过 302 重定向跳转到对应的原始长链接地址
        Redirect::to(origin_url).into_response()
    } else {
        return (
            StatusCode::NOT_FOUND,
            Json(Reply::<EmptyObject> {
                code: 0,
                message: "short url not found".to_string(),
                data: None,
            }),
        )
            .into_response();
    }
}

// …省略其他代码…
#[derive(Default)]
pub struct AppState {
    // 为了模拟数据存储,这里采用 Hash Map 结构。
    // 使用 RwLock 读写锁,然后使用 Arc 原子计数包装,
    // 可以跨线程共享读写数据
    db: Arc<RwLock<HashMap<String, String>>>,
}

// 创建短链接 URL
pub async fn create_short_url(
    State(state): State<Arc<AppState>>,
    Json(payload): Json<ShortUrlRequest>,
) -> impl IntoResponse {
    println!("request origin url:{}", payload.url);
    // murmurhash 算法生成出来的数字是 u32 类型的,重复的概率非常小
    // 如果有重复,在实际业务中可以在 URL 后追加随机字符串,
    // 或者采用 MySQL 唯一索引的方式处理
```

```rust
    let num =murmurhash32::murmurhash3(payload.url.as_bytes());
    let key = num.to_string();
    println!("murmurhash32 key:{}", key);
    let mut db = state.db.write().unwrap();
    db.insert(key, payload.url);

    let flag = base62::encode(num);
    // 这里可以根据实际情况修改 domain 地址
    let domain = "localhost:8080";
    let short_url = format!("{}/{}", domain, flag);
    let reply =ShortUrlReply { short_url };
    (
        StatusCode::OK,
        Json(Reply {
            code: 0,
            message: "ok".to_string(),
            data: Some(reply),
        }),
    )
}
// …省略其他代码…
```

在上述 handlers 模块中，主要定义了 AppState 结构体，里面包含 db 字段，其类型是 Arc<RwLock<HashMap<String, String>>>，用于存储短链接 murmurhash32 值对应的字符串和原始长 URL 映射关系。在 short_url 函数中，首先通过 base62::decode 函数将 key 字符串转换为 murmurhash32 值。然后，从 AppState db 中读取 key 对应的原始 URL，并判断是否存在 key。这个 key 是一个 u128 类型，它通过 to_string 方法将其转换为字符串，对应的值是原始的 URL。

从上述代码可知，create_short_url 函数中首先通过 murmurhash32::murmurhash3 函数将原始较长 URL 转换为 u32 类型的变量 num。然后，调用 to_string 方法将 num 转换为字符串。接着，对这个 db 字段通过 write 方法获得 mut db 可修改的可变引用，将原始较长的 URL 字符串插入到 db 中。最后，通过 base62::encode 方法将 num 转换为 62 进制的字符串拼接到 domain 上，返回生成后的短链接 URL。

执行 cargo run 命令运行该程序，效果如图 4-12 所示。

```
   Compiling axum v0.7.9
   Compiling short-url v0.1.0 (/Users/heige/web/rust/rust-in-action/part4/short-url)
    Finished `dev` profile [unoptimized + debuginfo] target(s) in 28.96s
     Running `target/debug/short-url`
server run on:127.0.0.1:8080
server pid:28484
```

● 图 4-12　short-url 服务端运行

此时，可以使用 postman 软件通过 POST 方式携带如下 Body 内容（该请求内容是一个 JSON 字符串）请求 localhost:8080/create-short-url 地址生成短链接 URL，效果如图 4-13 所示。

```
{"url":"https://github.com/daheige? tab=repositories"}
```

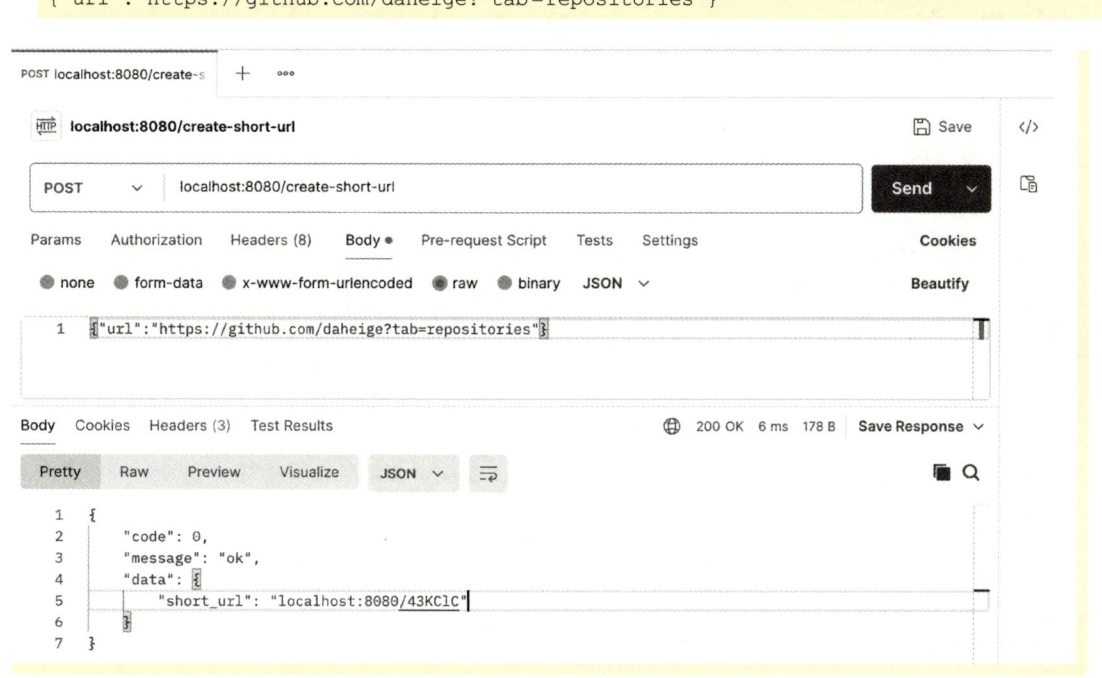

• 图 4-13　short-url 短链接生成

接下来，将 localhost:8080/43KClC 复制到浏览器地址栏中访问时，该短链接地址就会 302 重定向到长链接地址 https://github.com/daheige?tab=repositories 上。

到这里，一个简单的短链接服务编写成功。更多 axum 框架的使用方法，可以查看 axum 官方文档（https://docs.rs/axum/latest/axum/）。

第 5 章　Rust命令行界面实战

命令行界面（CLI）工具因其简洁、高效、灵活和自动化的特性，在系统管理、软件开发和日常任务管理中发挥着重要角色。Rust 语言以其高效出色的性能、安全性和并发性，成为开发 CLI 工具的理想选择。

在本章中，将介绍以下主题：
- CLI 简介，包括 CLI 是什么、CLI 使用场景有哪些。
- Rust 命令行参数解析，包括如何从终端获取 CLI 参数、CLI 参数类型转换。
- Rust 第三方 CLI 库操作，包括使用 structopt 库及 clap 库处理 CLI 参数，编写一个图片压缩、裁剪和旋转的 CLI 工具，以及编写一个 MySQL 表结构转换为 Rust 结构体的 CLI 工具。

5.1　CLI 简介

在图形用户界面得到普及之前，CLI 是使用最为广泛的用户界面。一般来说，CLI 通常不支持鼠标操作，当用户通过键盘输入指令后，计算机机会接收到对应的指令并执行。在本节的内容中，将详细介绍 CLI 是什么及 CLI 的使用场景。

5.1.1　什么是 CLI

CLI 是 Command Line Interface 的缩写，即命令行接口，或者说是命令行界面。它是计算机用户界面的一种类型，它允许用户输入文本命令来与计算机进行交互。对于传统的 Linux 或类 UNIX 环境的 CLI，用户在命令行下输入命令，执行想要的操作。这种方式执行起来更快，功能也更强，不足之处是用户需要了解相关操作的命令。早期的计算机操作系统都只有命令行操作模式，没有当前主流的 GUI（图形化用户界面）操作。也就是说，CLI 在图形化用户界面（GUI）普及之前是常用的用户界面类型，它完全基于文本，用户需要输入命令字符串来执行相关操作。

通常来说，CLI 的使用会涉及命令、参数、选项等基本元素。其中命令是基本的元素，参数是命令的附加选项用于修改命令的行为，而选项则提供更多的命令控制。CLI 不仅在 Linux 系统中广泛应用，而且在其他类 UNIX 系统及日志服务等领域中扮演着重要角色，为开发者或运维人员提供了对系统的直接和精细控制。CLI 命令行具有众多优点。

- 简洁高效性：由于不需要处理图形和鼠标交互，CLI 通常比 GUI 更节省系统资源，操作速度

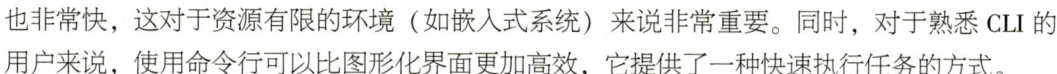

也非常快，这对于资源有限的环境（如嵌入式系统）来说非常重要。同时，对于熟悉 CLI 的用户来说，使用命令行可以比图形化界面更加高效，它提供了一种快速执行任务的方式。
- 灵活性：CLI 提供了丰富的命令选项，允许用户以多种方式执行任务，并且支持复杂的批处理任务，非常适合需要同时操作多个文件或系统服务的场景。
- 脚本支持：用户可以编写脚本来自动化执行比较复杂的任务，在处理重复性任务的场景中非常有用。
- 跨平台一致性：虽然说 CLI 主要与 Linux、类 UNIX 系统相关（用户使用 bash、sh、zsh 等工具执行命令），但许多其他操作操作系统也提供了类似的命令行工具（如 Windows 系统的 PowerShell 工具），使用户可以在不同的系统之间轻松迁移。
- 多用户支持：在 Linux 或 UNIX 操作系统中，CLI 支持多用户登录和操作。
- 交互性：用户在输入命令后，系统会立即响应并执行相应的操作。
- 文本基础：CLI 命令完全基于文本形式，用户需要输入命令字符串来执行相关的任务操作。
- 可访问性：CLI 以其高效、灵活和资源友好的特性，使其成为系统管理、系统配置、文件管理和自动化任务的理想选择。
- 重定向和管道功能：CLI 允许用户将命令的输出重定向到文件或其他命令，或将一个命令的输出作为另一个命令的输入，从而实现了命令的串联和复杂任务的自动化处理。
- 远程交互：与 GUI 程序相比，CLI 应用程序占用的网络资源通常更少。这使得 CLI 适用于硬件功能有限的系统或远程服务器环境。也就是说，即使连接带宽较低的环境，也能通过安全的 Shell 提交命令来执行远程管理服务器，尤其在没有图形化界面的云服务器环境中，CLI 是首选方式。
- 故障排查：当线上服务出现故障时，CLI 命令行可以帮助开发者或运维人员在短时间内查看系统日志，找到全面的错误信息和程序调试信息，快速定位并修复问题。

总之，CLI 以其高效、简洁、灵活等特点，成为系统管理和自动化任务的首选。

▶▶ 5.1.2 CLI 使用场景

尽管图形化用户界面（GUI）在很多场景中更为直观和用户友好，但是 CLI 仍然在很多特定领域和应用中发挥着重要的作用。下面是 CLI 的一些常见的使用场景。
- 系统管理：系统管理员经常使用 CLI 来配置服务、安装软件、系统监控、管理网络、检查系统配置、修复系统问题及更改或更新远程计算机上的配置等。通过 CLI 工具，管理员可以大规模运行相关命令并控制系统，提升了系统管理的效率。
- 软件开发：开发人员经常使用 CLI 工具节省时间，简化工作流程。例如，在软件开发过程中，他们经常会用到 git、npm、pip、cargo、go 等命令来构建项目、测试软件、打包、分发和部署应用程序等。这种方式不仅为开发人员及未来与系统交互的用户大幅度节省了时间，还提升了开发体验和效率。
- 脚本自动化：使用 CLI 编写自动化脚本成为可能，开发人员或运维可以执行重复性的脚本任务，如 MySQL 数据库备份、日志分析和切割、磁盘文件自动清理。通过 CLI 自动化执行任务，不仅减少了手动操作导致的误操作问题，同时也节省了维护成本，提升了生产力。

- 日志服务：在日志服务领域中，CLI 工具提供了命令行接口，支持大部分的日志服务 REST 接口，如 Logstore 和 LogRote 日志分割服务、机器组、消费组和 Logtail 配置。这满足了自动化日志服务配置的需求，使得跨地区操作日志、基本查询和拉取日志等任务变得更加便捷高效。
- 网络管理：运维人员或网络工程师可以使用 CLI 工具配置路由器、网络代理、交换机、防火墙等端口。例如，他们经常使用 ping、traceroute、ssh、scp、ifconfig、telnet 等命令来诊断网络问题，以及远程连接服务器和管理网络设备。
- 数据处理：在数据分析和科学计算领域，如 Python 命令行工具、R 语言的 Rscript 等，允许开发人员能够快速分析并处理数据。
- 容器化和云原生：开发人员或运维人员可使用 Docker 和 Kubernetes 等容器技术提供的 CLI 工具，管理容器的生命周期，包含容器的创建、运行、停止和删除、应用程序容器化管理，以及虚拟化处理等操作。
- 数据库管理：专业的 DBA 可使用 MySQL 的命令行客户端来执行数据库的创建、查询、容灾、备份和数据恢复等操作。
- 文件和目录操作：CLI 提供了丰富的文件系统操作命令，如 cd、cp、mv、rm 等，以及权限管理命令 chmod、chown 等。
- 编程语言交互：常见的编程语言，如 Python、Node.js、Ruby、PHP、Haskell 等都提供了交互式的 CLI 环境，允许用户直接在命令行中编写和执行代码。
- 云计算：在云原生环境中，CLI 是管理虚拟机、容器、云服务和服务器配置的关键工具。开发人员或运维人员可以使用 CLI 与云服务商的 API 进行交互、部署应用程序、自动预置资源、进行服务监控、SLA 监控及可观测性建设等。例如，运维人员可以将 git 命令与 CI/CD 结合，实现应用程序的自动 DevOps 运维，从而节约手动操作的人力成本。

以上使用场景充分展示了 CLI 的灵活性和强大功能。虽然说，CLI 有时不如 GUI 直观，但它在效率、自动化处理等方面具有很明显的优势，实际上，CLI 已成为软件开发过程中不可缺少的一部分。

5.2 Rust 命令行参数解析

命令行参数是用户运行 CLI 程序时输入的参数，它们为程序运行时提供了配置和数据的灵活性。对于需要用户交互或自动化执行脚本的 Rust 应用程序来说，正确地解析命令行参数至关重要。在本节中，将介绍在 Rust 中如何从终端获取 CLI 参数，以及如何对 CLI 参数进行类型转换。

5.2.1 从终端获取 CLI 参数

在 Rust 中，std::env::args 函数是一个非常实用的函数，用于获取并返回一个迭代器，它包含了程序运行时从命令行传入的所有参数，包括程序名本身。开发者可调用 collect 方法将这个迭代器转换为 Vec<String> 类型，方便程序后续处理。

接下来，执行 cargo new params-demo 命令创建一个应用程序。然后，在 src/main.rs 文件中添加如下代码：

```rust
use std::env;

fn main() {
    // 将输入的参数放入一个 String vec 中
    let args:Vec<String> = env::args().collect();
    // 打印 args 每个参数
    for (index, arg) in args.iter().enumerate() {
        println!("index:{} arg:{}", index, arg);
    }
}
```

在上述代码中，首先引入 std::env 模块。然后，在 main 函数中通过 env::args 函数来获取命令行所有参数（这个函数返回的结果是一个迭代器）。接着，在该迭代器上调用 collect 方法将每个参数解析到 Vec<String> 集合中。最后，通过 for in 和 iter 函数迭代 args 每个参数，并将其打印到标准输出中。

当执行 cargo build 命令构建程序后，就会在 target/debug 目录中生成一个二进制文件 params-demo。此时，可以执行 ./target/debug/params-demo abc 12 12.1 命令运行该程序，效果如图 5-1 所示。

```
→ params-demo git:(main) ✗ cargo build
  Compiling params-demo v0.1.0 (/Users/heige/web/rust/rust-in-action/part5/params-demo)
   Finished `dev` profile [unoptimized + debuginfo] target(s) in 0.69s
→ params-demo git:(main) ✗ ./target/debug/params-demo abc 12 12.1
index:0 arg:./target/debug/params-demo
index:1 arg:abc
index:2 arg:12
index:3 arg:12.1
```

● 图 5-1　params-demo 运行效果

从图 5-1 中看出，程序运行的第一个参数是 ./target/debug/params-demo，它是该程序对应的可执行文件路径。若想跳过第一个参数，只需要在 env::args 返回的迭代器上调用 skip 方法即可，修改后的代码如下所示：

```rust
use std::env;

fn main() {
    // 使用 skip 方法跳过第一个参数,它是程序可执行文件的路径
    let args: Vec<String> = env::args().skip(1).collect();
    // 使用 for in 遍历迭代器,打印 args 每个参数
    for (index, arg) in args.iter().enumerate() {
```

```rust
        println!("index:{} arg:{}", index, arg);
    }

    // 这里通过下标获取 args 每个参数
    if args.len() >= 3 {
        let name: String = args[0].parse().unwrap();
        println!("name: {}", name);
        let first_num_str: String = args[1].parse().unwrap();
        println!("first_num_str: {}", first_num_str);
        let second_num_str: String = args[2].parse().unwrap();
        println!("second_num_str: {}", second_num_str);
    }
}
```

接着，再次执行 cargo build 命令编译构建该示例，并执行 target/debug/params-demo abc 12 12.1 命令，效果如图 5-2 所示。

```
▶ params-demo git:(main) × cargo build
    Compiling params-demo v0.1.0 (/Users/heige/web/rust/rust-in-action/part5/params-demo)
     Finished `dev` profile [unoptimized + debuginfo] target(s) in 0.67s
▶ params-demo git:(main) × ./target/debug/params-demo abc 12 12.1
index:0 arg:abc
index:1 arg:12
index:2 arg:12.1
name: abc
first_num_str: 12
second_num_str: 12.1
▶ params-demo git:(main) ×
```

- 图 5-2　使用 skip 方法跳过命令行第一个参数运行效果

在实际项目开发过程中，如果没有对命令行参数做类型转换，程序在运行过程中可能会发生错误或 panic（恐慌）导致程序退出。在接下来的 5.2.2 小节中，将演示如何对命令行输入的参数做类型转换，从而确保程序运行的正确性和稳定性。

5.2.2　CLI 参数类型转换

在介绍 CLI 参数类型转换之前，将演示在 Rust 语言中如何实现类型转换。以下代码是一个基本数据类型转换示例：

```rust
// part5/base-type-convert/src/main.rs 文件
fn main() {
    // 使用 as 关键字显式转换
    // 字符类型转换为整数类型
    let c = 'A';
```

```rust
    let c_num = c as u8; // 使用 as 将字符类型转换为 u8 类型
    println!("A char to u8 = {}", c_num);

    // 整数类型转换为字符类型
    let num: u8 = 65;
    let c2 = num as char;
    println!("65 to char = {}", c2);

    // 布尔类型转换为整数类型
    let b = true;
    let b2 = false;
    let b_num = b as i32;
    let b2_num = b2 as i32;
    println!("true to i32 = {}", b_num);
    println!("false to i32 = {}", b2_num);

    // 将浮点数类型转换为无符号的整数类型,使用 as 显式转换
    let f: f32 = 12.3;
    let num = f as u32;
    println!("f32 12.3 to u32 = {}", num);

    // 整数类型转换为浮点数类型,会发生隐式强制转换
    let i: i32 = 12;
    let f = i as f64; // 隐式转换
    println!("12 to f64 = {}", f);

    let n: i32 = 11;
    let f: f64 = 11.0;
    // 使用 as 将 n 强制转换为 f64 后,
    // 再比较这两个数字
    if n as f64 == f {
        println!("two number is same");
    }
}
```

在上述示例代码中,使用 as 关键字实现了字符类型和整数类型的相互转换、布尔类型转换为整数类型,以及整数类型和浮点数类型相互转换。该示例运行效果如图 5-3 所示。

一般来说,Rust 中的基本数据类型做类型转换时,需要注意如下几点:

- 在 Rust 中,字符型在底层默认存储为 Unicode 的标量值,Unicode 标量值只是 Unicode 标准中字符的数字表示形式。因此,上述示例的字符 A 的 Unicode 标量值是整型的 65。
- 整数类型转换为字符类型是有限制的,只有 8 位(i8 和 u8)的整数类型可以跟字符类型互转,32 位(i32 和 u32)或其他长度的整数类型不能和字符类型相互转换。因为字符类型的数据范围与 8 位的整型数据范围是一致的,字符类型与其他数据类型(如 f32、f64、i64 和 u64 等)的数据范围不一致。

```
➜ base-type-convert git:(main) ✗ cargo run
    Compiling params-type-convert v0.1.0 (/Users/heige/web/rust/rust-in-action/part5/base-type-convert)
    Finished `dev` profile [unoptimized + debuginfo] target(s) in 0.99s
    Running `target/debug/params-type-convert`
A char to u8 = 65
65 to char = A
true to i32 = 1
false to i32 = 0
f32 12.3 to u32 = 12
12 to f64 = 12
two number is same
➜ base-type-convert git:(main) ✗
```

- 图 5-3 基本数据类型使用 as 关键字转换

- 在使用 as 关键字进行基本数据类型转换时，可能会发生数据溢出或精度丢失的问题。接下来，尝试将一个 i32 类型的数字转换为字符类型，代码如下：

```
let n: i32 = 65;
let c = n as char;
println!("i32 type 65 to char = {}", c);
```

执行 cargo run 命令运行上述代码时，程序将无法正常运行，错误信息如图 5-4 所示。

```
error[E0604]: only `u8` can be cast as `char`, not `i32`
  --> src/main.rs:43:13
   |
43 |     let c = n as char;
   |             ^^^^^^^^^ invalid cast
   |
help: try `char::from_u32` instead (via a `u32`)
  --> src/main.rs:43:13
   |
43 |     let c = n as char;
   |             ^^^^^^^^^

For more information about this error, try `rustc --explain E0604`.
```

- 图 5-4 i32 类型转换为字符类型运行报错

除了使用 as 关键字实现类型转换之外，还可以手动实现 From trait 和 Into trait 将一种数据类型转换为另一种数据类型。下面是一个简单的代码示例：

```
// part5/from-into-convert/src/main.rs 文件
// 自定义数据类型 Number
#[derive(Debug)]
struct Number {
    value: i32,
}
```

```rust
// 实现 From trait 的 from 方法,将 i32 类型转换为 Number 结构体类型
impl From<i32> for Number {
    fn from(value: i32) -> Self {
        Self { value }
    }
}

fn main() {
    let num = Number::from(12);
    println!("num is {:?}", num);

    let n: Number = 13.into();
    println!("n is {:?}", n);
    println!("n inner value:{}", n.value);
}
```

在上述示例中,首先,自定义了 Number 结构体类型,内部只有一个字段 value,其类型是 i32。然后,使用 impl 实现了 From trait。main 函数中,通过 Number::from 关联函数创建了 Number 实例,并将其打印出来。接着,将数字 13 调用 into 函数将其转换为 Number 结构体实例。该示例代码运行效果如图 5-5 所示。

```
↳ from-into-convert git:(main) x cargo run
    Compiling from-into-convert v0.1.0 (/Users/heige/web/rust/rust-in-action/part5/from-into-convert)
     Finished `dev` profile [unoptimized + debuginfo] target(s) in 1.05s
      Running `target/debug/from-into-convert`
num is Number { value: 12 }
n is Number { value: 13 }
n inner value:13
↳ from-into-convert git:(main) x
```

● 图 5-5　通过 From 和 Into trait 实现自定义数据类型转换

该示例之所以能够正常运行,是因为在 Rust 语言中 From 和 Into 两个 trait 是内部相关联的。From trait 允许一种类型定义(根据另一种数据类型生成),它提供了一种类型转换的简单机制。在 Rust 标准库中有很多数据类型都实现了 From trait,用于原生类型及其他常见类型的转换功能。例如,可以使用 String::from 关联函数实现 str 转换为 String。然而,Into trait 刚好与 From trait 相反。例如,上述示例中数字 13 调用 into 方法就可以转换为 Number 结构体类型。也就是说,如果某个数据类型实现了 From,那么该数据类型就自动实现了 Into trait。这里需要注意一点:在使用 Into trait 时,通常需要指明要转换的数据类型,这与 Rust 编译器不能推断出需要转换的数据类型有关系。

在掌握了 Rust 类型转换后,接下来将 5.2.1 节中通过终端获取的用户输入的参数进行类型转换,具体实现代码如下:

```rust
// …省略其他代码…
// 参数类型转换,使用 parse 函数实现
// 在 Rust 底层调用 FromStr::from_str 函数实现类型转换
let name: String = args[0].parse().unwrap();
println!("name: {}", name);
let first_num: i32 = args[1].parse().unwrap();
println!("first num:{}", first_num);
let second_num: f64 = args[2].parse().unwrap();
println!("second num:{}", second_num);

// 在下面的代码中,通过::<T>方式(它是 Rust turbofish 语法糖)调用 parse 方法时,
// Rust 编译器无法确定需要转换的数据类型是 f32 还是 f64 类型,
// 因此,这里需要手动指定转换后的类型为 f64 类型
let second_num = args[2].parse::<f64>().unwrap();
println!("second num:{}", second_num);
```

执行 cargo build 命令编译构建该程序后,执行 ./target/debug/params-demo abc 12 12.1 命令,效果如图 5-6 所示。

```
→ params-demo git:(main) × cargo build
    Finished `dev` profile [unoptimized + debuginfo] target(s) in 0.00s
→ params-demo git:(main) × ./target/debug/params-demo abc 12 12.1
index:0 arg:abc
index:1 arg:12
index:2 arg:12.1
name: abc
first num:12
second num:12.1
second num:12.1
```

● 图 5-6 params-demo 参数转换后的运行效果

从图 5-6 中看出,对于字符串类型来说,只要目标类型实现了 From trait,就可以使用 parse 方法把字符串类型转换为目标类型。实际上,在 Rust 标准库中已经有很多种类型实现了 FromStr trait。如果希望转换自定义类型,只需要实现 From trait 即可。

5.3 第三方 CLI 库操作

在处理 CLI 参数时,通常需要定义一组选项和参数,这些选项和参数可以通过命令行传递给程序。随着需求不停迭代,CLI 应用程序接收的参数也许会越来越多,参数校验将变得更加复杂。很明显,5.2 节中参数接收和参数校验会非常耗时且麻烦。幸运的是,Rust 社区提供了一些比较好用的开源库,以帮助开发者快速且高效地实现 CLI 命令行选项和参数解析。

在本节中，将通过实际示例演示 Rust 第三方 CLI 库 structopt 和 clap 的基本用法。

▶▶ 5.3.1 使用 structopt 库处理 CLI 参数

structopt 库提供了一种定义命令行选项和参数的方式，并自动生成解析代码的方法。它通过 #[derive] 注解来自动生成解析代码，这使得 CLI 命令行参数解析和参数校验变得非常简单。

首先，执行 cargo new params-opt 命令创建一个二进制应用程序。然后，在 Cargo.toml 文件中添加如下依赖：

```
[dependencies]
structopt = "0.3.26"
```

接下来，在 src/main.rs 中添加如下代码：

```rust
use std::path;
use structopt::StructOpt;

// 使用 StructOpt 派生宏
#[derive(StructOpt, Debug)]
struct ParamsOpt {
    // short 属性可以设置单命名方式,long 设置长命名方式,
    // default_value 可以设置默认值
    #[structopt(short = "n", long, default_value = "")]
    name: String,

    // 文件路径格式,如/tmp/test.md
    #[structopt(short = "i", long, parse(from_os_str), default_value = "./")]
    input: path::PathBuf,

    #[structopt(short = "f", long, default_value = "0")]
    first_num: i32,

    #[structopt(short = "s", long, default_value = "0.0")]
    second_num: f64,
}

fn main() {
    let opt = ParamsOpt::from_args();
    println!("{:#?}", opt);
    println!(
        "name:{} first_num:{} second_num:{} filename:{:?}",
        opt.name, opt.first_num, opt.second_num, opt.input
    );
}
```

在上述代码中，首先定义了 ParamsOpt 结构体，它有 4 个字段。其中 name 是一个字符串类型，input 是 path∷PathBuf 类型（它通过 from_os_str 函数解析文件路径），first_num 是 i32 类型，second_num 是 f64 类型。然后，在 ParamsOpt 结构体上方添加了#[derive(StructOpt)]注解。接着，为 ParamsOpt 结构体中的字段绑定了 structopt 属性。该属性支持 short、long、default_value 等配置。最后，在 main 函数中调用 ParamsOpt∷from_args 函数解析并获取命令行参数，输出到标准输出中。

以下是 structopt 库中 StructOpt 派生宏核心代码实现：

```
/// …省略其他代码…
/// Generates the `StructOpt` impl.
#[proc_macro_derive(StructOpt, attributes(structopt))]
#[proc_macro_error]
pub fnstructopt(input: proc_macro∷TokenStream) -> proc_macro∷TokenStream {
    let input:DeriveInput = syn∷parse(input).unwrap();
    let gen =impl_structopt(&input);
    gen.into()
}
```

从上述代码可以看出，structopt 库会自动为 Rust 数据类型生成解析代码的相关方法。也就是说，在结构体 ParamsOpt 字段上方使用 structopt 属性时，该库将自动为结构体字段实现参数解析和获取的相关方法。例如，ParamsOpt 结构体中的 first_num 字段在使用 structopt 属性时，实际上生成的代码等价于如下代码：

```
impl ParamsOpt {
    // …省略其他代码…
    pub fn gen_first_num(&self,s:String) -> i32 {
        let i:i32 = s.parse().unwrap();
        i
    }
}
```

执行 cargo build 命令编译该程序后，再执行 target/debug/params-opt -n＝abc -f＝12 -s＝12.1 -i＝/tmp/test.md 命令运行程序，效果如图 5-7 所示。

从图 5-7 中看出，在 params-opt 程序编译好后，执行 target/debug/params-opt --help 命令将输出程序参数选项的帮助信息。从该程序运行结果可以看出，在 CLI 输入的每个参数都已正常解析到 ParamsOpt 结构体对象 opt 中。

如果运行该程序，未输入 input 字段和 first_num 字段值，也就是直接执行 target/debug/params-opt -n＝abc -s＝12.1 命令，程序将使用默认值填充结构体字段，效果如图 5-8 所示。

如果想使用长命令参数选项的风格获取 name 参数，那么就需要使用--name＝abc 格式，才可以让程序正常运行。更多 structopt 用法，可以参考 structopt 官方文档（https://docs.rs/structopt/latest/structopt/）。

```
    Compiling structopt-derive v0.4.18
    Compiling structopt v0.3.26
    Compiling params-opt v0.1.0 (/Users/heige/web/rust/rust-in-action/part5/params-opt)
     Finished `dev` profile [unoptimized + debuginfo] target(s) in 7.95s
→ params-opt git:(main) x target/debug/params-opt --help
params-opt 0.1.0

USAGE:
    params-opt [OPTIONS]

FLAGS:
    -h, --help       Prints help information
    -V, --version    Prints version information

OPTIONS:
    -f, --first-num <first-num>       [default: 0]
    -i, --input <input>               [default: ./]
    -n, --name <name>                 [default: ]
    -s, --second-num <second-num>     [default: 0.0]
→ params-opt git:(main) x target/debug/params-opt -n=abc -f=12 -s=12.1 -i=/tmp/test.md
ParamsOpt {
    name: "abc",
    input: "/tmp/test.md",
    first_num: 12,
    second_num: 12.1,
}
name:abc first_num:12 second_num:12.1 filename:"/tmp/test.md"
→ params-opt git:(main) x
```

- 图 5-7　params-opt 运行效果

```
→ params-opt git:(main) x target/debug/params-opt -n=abc -s=12.1
ParamsOpt {
    name: "abc",
    input: "./",
    first_num: 0,
    second_num: 12.1,
}
name:abc first_num:0 second_num:12.1 filename:"./"
```

- 图 5-8　使用默认值填充 ParamsOpt 结构体运行效果

▶▶ 5.3.2　使用 clap 库处理 CLI 参数

在 5.3.1 小节中，已使用 structopt 库实现了 CLI 参数接收和解析。当然，Rust 社区中还有另一个库 clap 也能快速获取和解析 CLI 参数。clap 是一个简单易用、功能强大的命令行参数解析库，支持常规的 Rust 方法调用、宏处理或 yaml 配置，同时也支持子命令的运行方式。接下来，将通过一个简单的示例演示 clap 库的基本用法。

首先，执行 cargo new clap-demo 命令创建一个二进制应用程序。然后，在 Cargo.toml 文件中添加如下依赖：

```toml
[dependencies]
clap = { version = "4.5.23", features = ["derive"] }
```

接着在 src/main.rs 文件中添加如下代码：

```rust
use clap::Parser; // 用于获取和解析 CLI 命令行参数

// 通过#[derive]注解的方式实现参数获取与解析
#[derive(Parser, Debug)]
#[command(version, about, long_about = None)]
struct ParamsOpt {
    // short 表示单命名的方式,long 是长命名方式,
    // default_value_t 可指定默认值
    #[arg(short, long, default_value_t = String::from(""))]
    name: String,

    #[arg(short, long, default_value_t = 0)]
    first_num: i32,

    #[arg(short, long, default_value_t = 0.0)]
    second_num: f64,
}

fn main() {
    // 在 ParamsOpt 前调用 parse 函数实现 CLI 参数获取和参数解析
    let opt = ParamsOpt::parse();
    println!("{:#?}", opt);

    // 输出 opt 结构体字段
    println!(
        "name:{} first_num:{} second_num:{}",
        opt.name, opt.first_num, opt.second_num
    );
}
```

执行 cargo build 命令编译构建该示例，再执行 target/debug/clap-demo -n = abc -f = 12 -s = 12.1 命令，运行效果如图 5-9 所示。

```
➜ clap-demo git:(main) x cargo build
   Compiling clap_lex v0.7.4
   Compiling clap_builder v4.5.23
   Compiling clap v4.5.23
   Compiling clap-demo v0.1.0 (/Users/heige/web/rust/rust-in-action/part5/clap-demo)
    Finished `dev` profile [unoptimized + debuginfo] target(s) in 5.38s
➜ clap-demo git:(main) x target/debug/clap-demo -n=abc -f=12 -s=12.1
ParamsOpt {
    name: "abc",
    first_num: 12,
    second_num: 12.1,
}
name:abc first_num:12 second_num:12.1
```

• 图 5-9 clap-demo 运行效果

5.3.3 编写一个图片压缩、裁剪和旋转的 CLI 工具

在编写该工具之前，首先需要了解 image-rs 库。该库是 Rust 社区中广泛使用的开源库，提供了丰富的图像编码和解码功能，支持多种图片格式，包括 PNG、JPEG、GIF、BMP、WEBP 等。它不仅可以用于图像的编码和解码（一般来说，将内存中的图像数据结构转换为特定格式的文件称作编码，将图像文件转换为应用程序能够理解并操作的数据结构称作解码），还可以处理图像的基本操作，如图片压缩、裁剪、旋转等。接下来，使用 structopt 库和 image-rs 库编写一个简单的图片压缩、裁剪和旋转的 CLI 工具。

首先，执行 cargo new imgtool 命令创建一个二进制应用程序。然后，在 Cargo.toml 文件中添加如下依赖：

```
[dependencies]
image = "0.25.5"
structopt = "0.3.26"
```

接着，在 src/main.rs 文件中添加如下代码：

```
// 定义 utils 模块，用于图片压缩、裁剪和旋转操作
mod utils;
use structopt::StructOpt;

// 定义 CLI 参数
#[derive(StructOpt, Debug)]
struct Params {
    // 原图片文件路径
    #[structopt(
        short = "i",
        long,
```

```
        default_value = "test.jpeg",
        help = "original picture path"
    )]
    input_path: String,

    // 图片处理后的路径
    #[structopt(
        short = "o",
        long,
        default_value = "output.png",
        help = "converted picture path"
    )]
    out_path: String,

    // 图片压缩、裁剪、旋转 3 种操作,分别对应 0、1、2,默认压缩图片
    #[structopt(
        short = "a",
        long,
        default_value = "0",
        help = "executed action,eg:0=compress,1=crop,2=rotate90"
    )]
    action: u8,

    // 压缩百分比数字,如 60
    #[structopt(
        short = "q",
        long,
        default_value = "60",
        help = "the picture compression percentage number,eg:60"
    )]
    quality: u8,

    // 图片裁剪的起始位置(x,y),单位为 px
    #[structopt(
        short = "x",
        long,
        default_value = "0",
        help = "the starting coordinate point x of the picture crop"
    )]
    x: u32,
    #[structopt(
        short = "y",
        long,
        default_value = "0",
        help = "the starting coordinate point x of the picture crop"
```

```rust
    )]
    y: u32,

    // 图片裁剪的宽度和高度,单位为 px
    #[structopt(short = "w", long, default_value = "100", help = "crop width")]
    width: u32,
    #[structopt(short = "h", long, default_value = "100", help = "crop height")]
    height: u32,

    // 图片旋转的角度
    #[structopt(
        short = "r",
        long,
        default_value = "90",
        help = "the degrees of clockwise rotation,eg:90,180,270"
    )]
    rotate_degrees: u16,
}

fn main() {
    // 获取 CLI 参数,并解析到结构体 Params 对象 p 中
    let p = Params::from_args();
    println!("params:{:#?}", p);
    match p.action {
        0 => {
            // 图片压缩
            println!("compress image begin");
            utils::compress_image(p.input_path, p.out_path, p.quality);
            println!("compress image end");
        }
        1 => {
            // 图片裁剪
            println!("crop image begin");
            utils::crop_image(p.input_path, p.out_path, (p.x, p.y), p.width, p.height);
            println!("crop image end");
        }
        2 => {
            // 图片顺时针旋转
            println!("rotate image begin");
            utils::rotate_image(p.input_path, p.out_path, p.rotate_degrees);
            println!("rotate image end");
        }
        _ => {
            // 不支持的 action
```

```
            println!("action invalid");
        }
    }
}
```

在上述代码中，首先定义了 utils 模块并引入了 structopt 库，用于图片压缩、裁剪和旋转等操作。然后，定义了图片压缩、裁剪、旋转所需要的结构体 Params。该结构体的每个字段通过 structopt 属性来获取和解析 CLI 参数。其中 action 字段表示具体需要执行的操作，0 表示图片压缩，1 表示图片裁剪，2 表示图片旋转。接着，在 main 函数中调用 Params::from_args 函数（这个 from_args 函数是 structopt 库在程序编译时为 Params 结构体自动生成的关联函数）获取和解析 CLI 参数到 Params 结构体对象 p 中。最后，通过 match 关键字对 p.action 进行模式匹配，它会根据 p.action 来处理对应的图片操作。

由于篇幅问题，该程序的 utils 模块代码并未逐一列举，具体实现见如下链接：

https://github.com/daheige/rust-in-action/blob/main/part5/imgtool/src/utils.rs。

为了验证该工具是否能正常实现图片压缩、裁剪、旋转等功能。首先执行 cargo build 命令编译构建该程序。此时，在 ./target/debug 目录中就会生成一个 imgtool 可执行文件，效果如图 5-10 所示。

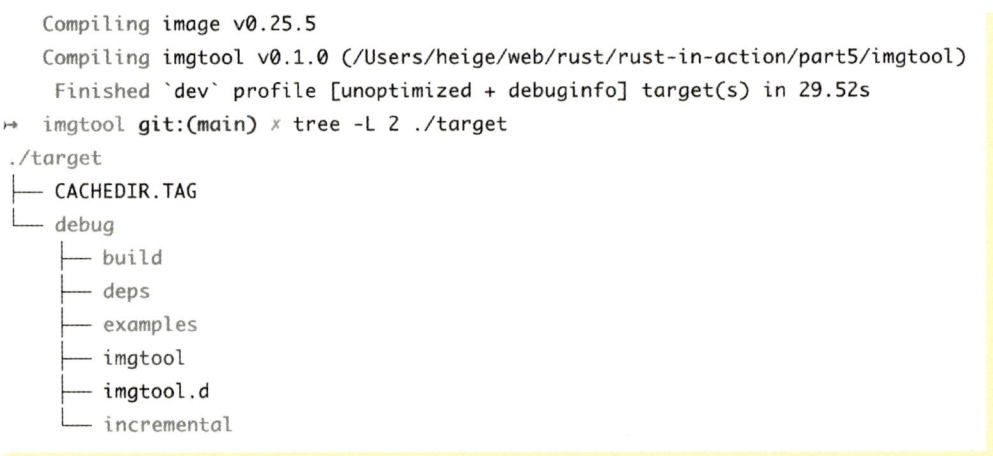

- 图 5-10　通过 cargo build 编译构建 imgtool 程序

当程序构建好后，就可以执行 target/debug/imgtool --help 命令查看该命令行工具所支持的参数选项、参数说明及默认值等帮助信息了，效果如图 5-11 所示。

接着，在 imgtool 根目录中添加一张 test.jpeg 图片，其宽度是 1198px，高度是 674px。图片链接地址为 https://github.com/daheige/rust-in-action/blob/main/part5/imgtool/test.jpeg。

最后，依次执行如下命令实现该图片压缩、裁剪和顺时针旋转等操作。

```
# 图片压缩,运行效果如图 5-12 所示
target/debug/imgtool -a=0 -i=test.jpeg -o=test_compress.jpeg -q=60
```

第 5 章
Rust 命令行界面实战

```
➜ imgtool git:(main) ✗ target/debug/imgtool --help
imgtool 0.1.0

USAGE:
    imgtool [OPTIONS]

FLAGS:
        --help       Prints help information
    -V, --version    Prints version information

OPTIONS:
    -a, --action <action>                          executed action,eg:0=compress,1=crop,2=rotate90 [default: 0]
    -h, --height <height>                          crop height [default: 100]
    -i, --input-path <input-path>                  original picture path [default: test.jpeg]
    -o, --out-path <out-path>                      converted picture path [default: output.png]
    -q, --quality <quality>                        the picture compression percentage number,eg:60 [default: 60]
    -r, --rotate-degrees <rotate-degrees>          the degrees of clockwise rotation,eg:90,180,270 [default: 90]
    -w, --width <width>                            crop width [default: 100]
    -x, --x <x>                                    the starting coordinate point x of the picture crop [default: 0]
    -y, --y <y>                                    the starting coordinate point x of the picture crop [default: 0]
➜ imgtool git:(main) ✗
```

● 图 5-11 imgtool 程序编译构建和查看帮助信息

```
➜ imgtool git:(main) ✗ target/debug/imgtool -a=0 -i=test.jpeg -o=test_compress.jpeg -q=60
params:Params {
    input_path: "test.jpeg",
    out_path: "test_compress.jpeg",
    action: 0,
    quality: 60,
    x: 0,
    y: 0,
    width: 100,
    height: 100,
    rotate_degrees: 90,
}
compress image begin
input_path:"test.jpeg" image type:Jpeg
compress_factor:0.6
src_width:1198 src_height:674 compress width:718 height:404
compress image end
```

● 图 5-12 imgtool 工具实现图片压缩功能

从图 5-12 中可以看出，test.jpeg 图片压缩后宽度变为 718px，高度变为 404px。

```
# 图片裁剪,效果如图 5-13 所示
target/debug/imgtool -a=1 -i=test.jpeg -o=test_crop.jpeg -x=100 -y=20 -w=500 -h=318
```

. 121

```
➜ imgtool git:(main) ✗ target/debug/imgtool -a=1 -i=test.jpeg -o=test_crop.jpeg -x=100 -y=20 -w=500 -h=318
params:Params {
    input_path: "test.jpeg",
    out_path: "test_crop.jpeg",
    action: 1,
    quality: 60,
    x: 100,
    y: 20,
    width: 500,
    height: 318,
    rotate_degrees: 90,
}
crop image begin
input_path:"test.jpeg" image type:Jpeg
src_width:1198 src_height:674 crop image point(100,20) width:500 height:318
crop image end
```

- 图 5-13 imgtool 工具实现图片裁剪功能

从图 5-13 中可以看出，test.jpeg 图片裁剪的起始坐标点为（100,20），裁剪后的宽度为 500px，高度为 318px。

```
# 图片旋转,运行效果如图 5-14 所示
target/debug/imgtool -a=2 -r=90 -i=test.jpeg -o=test_rotate90.jpeg
```

```
➜ imgtool git:(main) ✗ target/debug/imgtool -a=2 -r=90 -i=test.jpeg -o=test_rotate90.jpeg
params:Params {
    input_path: "test.jpeg",
    out_path: "test_rotate90.jpeg",
    action: 2,
    quality: 60,
    x: 0,
    y: 0,
    width: 100,
    height: 100,
    rotate_degrees: 90,
}
rotate image begin
input_path:"test.jpeg" image type:Jpeg
rotate90 success
rotate image end
```

- 图 5-14 imgtool 工具实现图片旋转功能

图片 test.jpeg 经过顺时针旋转 90°后的效果如图 5-15 所示。

到这里，已经成功实现了一个简单的图片压缩、裁剪和旋转的 CLI 工具。从上述 imgtool 工具实现可以看出，structopt 库不仅免去了开发者手动实现 CLI 参数获取和解析的复杂流程，还进一步提升了开发效率和用户体验。

- 图 5-15　图片 test.jpeg 顺时针旋转 90° 后的效果

▶▶ 5.3.4　编写一个 MySQL 表结构转换为 Rust 结构体的 CLI 工具

在 5.3.2 小节中，已经掌握了 clap 库基本用法。为了进一步巩固和加深 Rust CLI 的基本用法。在本小节中，将通过 clap 库实现一个将 MySQL 表结构转换为 Rust 语言结构体的 CLI 工具，以辅助 Rust MySQL 应用程序的开发。

首先，执行 cargo new gen-table 命令创建一个二进制应用程序，并在 Cargo.toml 文件中添加如下依赖：

```toml
[dependencies]
once_cell = "1.20.2"
sqlx = { version = "0.8.2", features = [ "runtime-tokio", "tls-native-tls", "mysql", "chrono","time"] }
tokio = { version = "1.42.0", features = ["full"] }
futures = "0.3.31"
# 引入 clap 库
clap = "4.5.23"
serde = { version = "1.0.215",features = ["derive"]}
```

然后，在 src/main.rs 中添加如下代码：

```rust
// 定义 engine 和 sql_type 模块
mod engine;
mod sql_type;
use clap::{Arg,ArgAction, Command};

#[tokio::main]
async fn main() -> Result<(), sqlx::Error> {
    println!("Hello, welcome to gen-table");
    let matches = Command::new("clap demo")
        .version("0.1.0")
```

```rust
        .author("gen-table bydaheige")
        .about("gen-table for mysql table structures convert to rust code")
        .arg(
            Arg::new("dsn")
                .short('d')
                .long("dsn")
                .action(ArgAction::Set)
                .help("mysql dsn,eg:mysql://root:root1234@ localhost/test")
                .required(true),
        )
        .arg(
            Arg::new("out_dir")
                .short('o')
                .long("out_dir")
                .help("gen code output dir")
                .default_value("src/model"),
        )
        .arg(
            Arg::new("table")
                .short('t')
                .long("table")
                .help("tables eg:orders,users")
                .required(true)
                .action(ArgAction::Set),
        ).get_matches();
// …省略其他代码…
// 生成表结构相对应的 Rust 结构体类型
let tables:Vec<&str> = table.split(",").collect();
let mut entry = engine::Engine::new(&dsn, &out_dir)
    .with_enable_tab_name(enable_table_name)
    .with_no_null_field(no_null_field)
    .with_serde(is_serde);
entry.gen_code(tables).await;

    Ok(())
}
// …省略其他代码…
```

在上述代码中，首先定义了 engine 和 sql_type 两个模块以及引入了 clap 包中的 Arg、ArgAction、Command 等模块。然后，在 main 函数中，通过 Command::new 创建了一个 CLI 对象。接着，通过 arg 方法定义了 dsn、out_dir、table 等命令行参数（这些参数支持长命名和单命名的方式）。随后，通过 engine::Engine::new 函数创建一个 entry 实例对象。最后，在这个 entry 对象上调用 gen_code 方法实现了 Rust 代码自动生成。

由于篇幅问题，上述代码中的 engine、sql_type 模块并未逐一列举，具体实现见 https://github.com/daheige/rust-in-action/part5/gen-table 项目源码。

为了演示 MySQL 表结构生成 Rust 结构体代码，首先在 MySQL 数据库中执行如下 SQL 命令，创建 test 数据库和 user 数据表，在 MySQL 交互窗口中创建 user 数据表效果如图 5-16 所示。

```sql
--如果 test 数据库不存在,需要先创建 test 数据库
CREATE DATABASE `test` DEFAULT CHARACTER SET utf8mb4 COLLATE
utf8mb4_general_ci;
--创建 user 表
CREATE TABLE `user` (
    `id` int unsigned NOT NULL AUTO_INCREMENT COMMENT '自增id',
    `user` varchar(50) CHARACTER SET utf8mb4 COLLATE utf8mb4_general_ci NOT
NULL DEFAULT '' COMMENT '用户',
    `name` varchar(50) CHARACTER SET utf8mb4 COLLATE utf8mb4_general_ci NOT
NULL COMMENT '名字',
    PRIMARY KEY (`id`)
) ENGINE=InnoDB DEFAULT CHARSET=utf8mb4 COLLATE=utf8mb4_general_ci;
```

```
mysql> CREATE TABLE `user` (
    ->     `id` int unsigned NOT NULL AUTO_INCREMENT COMMENT '自增id',
    ->     `user` varchar(50) CHARACTER SET utf8mb4 COLLATE utf8mb4_general_ci NOT NULL DEFAULT '' COMMENT '用户',
    ->     `name` varchar(50) CHARACTER SET utf8mb4 COLLATE utf8mb4_general_ci NOT NULL COMMENT '名字',
    ->     PRIMARY KEY (`id`)
    -> ) ENGINE=InnoDB DEFAULT CHARSET=utf8mb4 COLLATE=utf8mb4_general_ci;
Query OK, 0 rows affected (0.14 sec)

mysql> desc user;
+-------+--------------+------+-----+---------+----------------+
| Field | Type         | Null | Key | Default | Extra          |
+-------+--------------+------+-----+---------+----------------+
| id    | int unsigned | NO   | PRI | NULL    | auto_increment |
| user  | varchar(50)  | NO   |     |         |                |
| name  | varchar(50)  | NO   |     | NULL    |                |
+-------+--------------+------+-----+---------+----------------+
3 rows in set (0.00 sec)
```

● 图 5-16 在 MySQL 交互窗口中创建 user 数据表

接下来，先执行 cargo build 命令编译构建该程序。此时，在 target/debug 目录中就会生成一个 gen-table 可执行文件。然后，执行如下命令生成与 user 表相对应的 Rust 结构体代码（在实际项目中，可以根据实际情况更改 gen-table 后面的参数），效果如图 5-17 所示。

```
target/debug/gen-table -d=mysql://root:root123456@ localhost/test -t=user -o=src/model
```

```
↪ gen-table git:(main) × target/debug/gen-table -d=mysql://root:root123456@localhost/test -t=user -o=src/model
Hello, welcome to gen-table
tables:user enable_table_name:true no_null_field:false is_serde:false
gen tables:["user"] rust code
gen code for table:user begin
gen code for table:user finish
```

● 图 5-17 gen-table 运行效果

执行上述命令后,生成的 src/model/user.rs 代码如下:

```rust
// code generated by gen-table. DO NOT EDIT!!!
// gen code for user table.
// USER_TABLE for user table
const USER_TABLE: &str = "user";

// UserEntity for user table
#[derive(Debug, Default)]
pub struct UserEntity {
    pub id: i64,
    pub user: String,
    pub name: String,
}

// impl table_name method for UserEntity
impl UserEntity {
    pub fn table_name(&self) -> String {
        USER_TABLE.to_string()
    }
}
```

很明显,使用 gen-table 工具可以帮助开发者快速生成 Rust 结构体代码,不仅节省了开发人员的时间成本,还提升了开发体验和生产力。在实际开发过程中,可以根据实际情况修改该程序的相关代码,以实现更加灵活地 Rust 结构体代码生成。

总之,Rust 语言凭借其安全性、高效率和易用性等特性,为广大开发者提供了强大且丰富的工具和库支持,使得用 Rust 开发的 CLI 工具不仅具有良好的可维护性、可拓展性、安全性等特点,还进一步提升了开发效率和用户体验。

第 6 章 Rust crontab实战

crontab 常见于 Linux 和类 UNIX 的操作系统中非常重要的定时任务工具，它提供了一种简单且强大的方式来自动化执行重复性的任务，减轻了开发人员或运维人员的工作负担。通过 crontab 定时任务，开发人员或运维人员可以轻松地设置计划任务，而无须手动执行，提高了工作效率和系统稳定性。无论是系统维护、数据备份还是任务定时，crontab 都能够胜任。

在本章中，将介绍以下主题：
- crontab 简介，包括 crontab 是什么，以及 crontab 基本用法。
- crontab 使用时的注意事项，包括 crontab 执行路径和读取环境变量的问题该如何解决。
- Rust 中第三方 cron 库基本操作，包括第三方 rcron 库的使用，编写一个日志文件切割的工具，以及编写一个轻量级的 MySQL 数据库定时备份工具。

6.1 crontab 简介

crontab 命令及其相关功能为开发者提供了一个强大且灵活的工具集，使用户能够轻松地管理和自动化各种定时任务。在本节中，将介绍 crontab 是什么，以及 crontab 基本用法。

6.1.1 什么是 crontab

crontab（cron table 的缩写）是一个在 Linux 和 UNIX 操作系统上用于定时执行任务的工具。它允许用户创建和管理计划任务，以便在特定的时间间隔或时间点自动运行命令或脚本。

crontab 命令工作流程如图 6-1 所示。

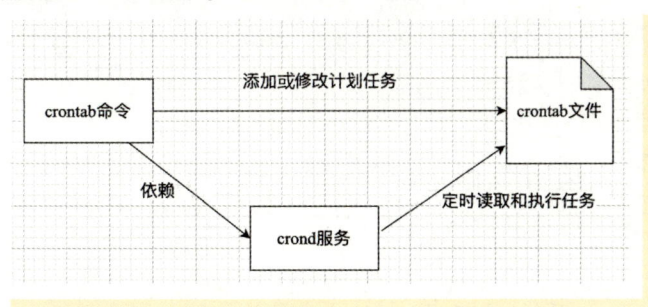

- 图 6-1 crontab 命令工作流程

从图6-1中可以看出，crontab 配置的每个任务都存储在 crontab 文件中。该文件包含了一系列计划任务条目，每个条目都定义了一个任务执行时间和需要执行的命令或脚本。这些任务可以按照分、时、日、月和星期等时间单位进行安排。通常，crontab 在 Linux 或 UNIX 操作系统安装之后，系统默认启动了 crond 服务，它以守护进程的方式在后台运行，用于周期性执行预定的计划任务。crond 服务会定期检查是否有需要执行的计划任务，如果有需要执行的任务，crond 就会自动执行该任务。

crontab 定时任务在 Linux 系统下分为两类：系统任务调度和用户调度。其中系统任务调度表示系统周期性所要执行的工作，如周期性调整系统时间、磁盘文件清理、备份文件等。系统任务调度在/etc 目录下有一个 crontab 文件，这个文件是系统任务调度的配置文件。/etc/crontab 文件包含下面几行内容：

```
SHELL=/bin/bash
PATH=/sbin:/bin:/usr/sbin:/usr/bin
MAILTO=root
HOME=/
# * * * * * user-name command to be executed
```

上述 crontab 文件前 4 行用来配置 crontab 任务运行的环境变量。其中第 1 行 SHELL 变量指定了系统需要使用的 shell，这里使用的是 bash。第 2 行 PATH 变量指定了系统执行命令的路径。第 3 行 MAILTO 变量指定了 crontab 任务执行信息将通过电子邮件发送给 root 用户。如果 MAILTO 变量为空，则表示不发送任务执行信息给 root 用户。第 4 行的 HOME 变量指定了在执行命令或脚本时使用的主目录位置。最后一行表示 crontab 命令的条目配置，基本格式如下：

```
* * * * * user-name command to be executed
```

上述条目通过设置 crontab 文件中的 5 个 * 来确定任务的执行时间，其中 user-name 是执行任务的用户，command to be executed 表示要执行的命令或脚本任务。这 5 个 * 所代表的具体含义，将在 6.1.2 小节中详细介绍，包括 crontab 不同时间单位的含义及 crontab 命令基本用法。

对于用户任务调度来说，crontab 是用户自定义的定期需要执行的任务。每个用户都可以使用 crontab 工具来定制自己的计划任务，所有用户的自定义 crontab 文件都被保存在/var/spool/cron 目录中。其文件名称和用户名一致，例如，alex 用户设置了一个定时任务，那么其对应的 crontab 文件就是/var/spool/cron/alex。这里需要注意的一点：用户可以通过 crontab -e 命令编辑 crontab 定时任务，其对应的 crontab 会自动保存在/var/spool/cron 目录中。完成 crontab -e 命令后，crond 服务就会自动运行用户自定义的 crontab 定时任务。

crontab 作为一个定时执行任务的工具，其常见的使用场景如下。

- 周期性的备份操作：使用 crontab 可以轻松实现周期性备份，例如，每天凌晨 2 点需要对线上的 MySQL 数据做备份处理，这时使用 crontab 就特别方便，它能够保证数据的稳定性和安全性。
- 监控系统资源：在日常的开发过程中，有时需要定期监控系统资源的使用情况，以便开发人员或运维人员能够及时发现线上问题并在第一时间内采取相应的措施，保证系统的可用性和稳定性。例如，每 5 分钟记录一次系统服务集群中所有机器的 CPU、内存利用率等指标。
- 定期清理日志文件或磁盘：在大多数系统服务中都有记录操作日志的业务场景，日志文件占用磁盘空间过多就会影响系统性能，这时就可以使用 crontab 来帮助开发人员或运维人员定期清理过期的日志文件，以节约磁盘空间。
- 定时发送数据报表：在一些系统中，定时给相关人员发送报表是一个非常常见的需求，可以使用 crontab 来定时执行发送报表的脚本，例如，每周发送系统的 SLA 质量报告给开发人员，以便开发人员能够快速了解服务的可用性和稳定性。
- 定期同步服务器的时间：在一些系统服务中，有时需要定期对服务器的时间做校对，这个时候就可以使用 crontab 命令来实现时间的同步，比如说每 5 分钟执行一次 ntp 服务器时间同步，从而保证当前服务器时间的正确性。

除了上面提到的使用场景之外，crontab 还有很多用途，如定时关机或重启系统服务、定时更新数据缓存、定时发送邮件等。当然，更多 crontab 使用场景需要根据实际业务场景而设计。

6.1.2 crontab 基本用法

在学习 crontab 基本用法之前，先通过一个简单的示例来体验一下 crontab 基本用法。
首先，通过 crontab -e 打开 crontab 任务列表配置文件，添加如下命令进行配置：

```
*/1 * * * * date >> /tmp/time.log
```

通过:wq 保存退出后，再执行 tail -f /tmp/time.log 命令等待几分钟，终端就会输出当前时间，效果如图 6-2 所示。

从图 6-2 中看出，按分执行 date 命令的结果已成功输出到/tmp/time.log 文件中。
crontab 命令常用的选项如下。

- -e 选项：表示打开当前用户的 crontab 任务列表配置文件。当然也可以直接打开。在 Linux 系统下，crontab 配置文件的路径通常在/var/spool/cron/下，文件以用户名命名，如/var/spool/cron/root。同时，crontab 的-e 选项可以帮助用户自动检查任务配置是否符合规则。

● 图 6-2　每分钟执行一次 date 命令效果

- -u 选项：为某个用户添加 crontab 定时任务。例如，root 用户可通过 crontab -u xiaoming -e 命令切换到 xiaoming 用户添加 crontab 定时任务。
- -l 选项：列出某个用户的所有任务列表。
- -r 选项：删除某个用户的所有 crontab 命令。执行该操作需要特别谨慎，防止发生异常情况。

crontab 命令的选项主要是以上几个，相对来说比较简单。crontab 定时任务的配置有 6 列，其中前 5 列是执行时间配置，最后 1 列是具体需要执行的命令，如图 6-3 所示。

crontab 命令每一列的具体含义如下：
- 第 1 列单位为分，表示每时第几分钟，范围为 0~59。
- 第 2 列单位为时，表示每天第几小时，范围为 0~23。

```
Example of job definition:
.---------------- minute (0 - 59)
|  .------------- hour (0 - 23)
|  |  .---------- day of month (1 - 31)
|  |  |  .------- month (1 - 12) OR jan,feb,mar,apr ...
|  |  |  |  .---- day of week (0 - 7) (Sunday=0 or 7) OR sun,mon,tue,wed,thu,fri,sat
|  |  |  |  |
*  *  *  *  *  user-name   command to be executed
```

● 图 6-3 crontab 命令配置格式

- 第 3 列单位为日，表示每月第几天，范围为 1～31。
- 第 4 列单位为月，表示每年第几月，范围为 1～12。
- 第 5 列单位为星期，表示每星期第几天，范围为 0～7，其中 0 与 7 表示星期日，其他分别为星期一到星期六。
- 第 6 列表示需要执行的命令或脚本，它紧跟在时间字段后面，并且以换行符或分号分割。

除此之外，crontab 命令从第 1～5 列中还有一些特殊字符用于表示特殊的含义，以便更灵活地定义任务的执行时间规则。这些特殊字符所代表的含义如下：

- 星号（*）：表示通配符，代表任意值。当某个时间字段使用星号时，表示该字段的取值范围是不限制的，即每分、每时、每天、每月或每星期第几天都执行任务。
- 逗号（,）：表示枚举，可以指定多个值。用逗号将多个取值分隔开，表示任务在这些值对应的时间点执行。
- 中线（-）：表示范围，可以指定一个范围内的值。用中线将两个值连接起来，表示任务在这个范围内的所有时间点执行。
- 斜杠（/）：表示步长，用于指定时间的间隔。在时间字段后面加斜杠和一个数字，表示以指定的间隔执行任务。例如，*/5 表示每隔 5 单位时间执行一次任务。

掌握了上述 crontab 基本配置，就能根据项目的需求灵活地设置定时任务。也就是说，开发者可以根据 crontab 时间配置来执行不同的计划任务，从而满足不同业务场景的需求开发。例如，如果用户需要每月 1 日 0 时 0 分执行某个定时任务，那么 crontab 配置格式为 0 0 1 * * command。

接下来，使用 Rust 语言实现一个简单定时任务。该定时任务的功能是每分钟在终端输出一次当前时间。

首先，通过 cargo new time-output 命令创建一个应用程序，并在 Cargo.toml 文件中添加如下依赖：

```
[dependencies]
chrono = "0.4.38"
```

然后，在 src/main.rs 中添加如下代码：

```
use chrono::Local;
fn main() {
    // 按照"年-月-日 时:分:秒"格式输出
```

```
    let fmt = "%Y-%m-%d %H:%M:%S";
    let current_time = Local::now().format(fmt).to_string();
    println!("current_time:{}", current_time);
}
```

然后，执行 cargo build --release 命令编译构建程序，并将编译好的 time-output 文件复制到/tmp/time-output 中。随后，执行 crontab -e 命令添加如下 crontab 命令配置：

```
*/1 * * * * /tmp/time-output >> /tmp/time-output.log
```

通过:wq 保存退出后，执行 tail -f /tmp/time-output.log 命令等待几分钟，终端就会输出上述定时任务的运行结果，效果如图 6-4 所示。

```
▶ time-output git:(main) cargo build --release
    Compiling autocfg v1.3.0
    Compiling core-foundation-sys v0.8.7
    Compiling iana-time-zone v0.1.60
    Compiling num-traits v0.2.19
    Compiling chrono v0.4.38
    Compiling time-output v0.1.0 (/Users/heige/web/rust/rust-in-action/part6/time-output)
     Finished `release` profile [optimized] target(s) in 6.68s
▶ time-output git:(main) cp target/release/time-output /tmp/time-output
▶ time-output git:(main) crontab -e
crontab: installing new crontab
▶ time-output git:(main) tail -f /tmp/time-output.log
current_time:2024-12-01 19:24:01
current_time:2024-12-01 19:25:00
current_time:2024-12-01 19:26:00
```

● 图 6-4 time-output 定时任务运行结果

6.2 crontab 使用时的注意事项

在执行 crontab 命令时，可能会遇到各种不同的问题。这些问题可能导致 crontab 命令无法按照预设的方式执行。其中比较常见的有两类：crontab 执行路径问题和读取环境变量问题。在本节中，将通过实例演示该如何解决这两类问题。

6.2.1 crontab 执行路径问题

如果在 crontab 文件中设置定时任务而没有指定完整的执行路径，crontab 可能无法找到需要执行的脚本或命令。例如，在 Linux 操作系统中，使用相对路径可以正常运行 shell 脚本，但通过 crontab 命令运行该 shell 脚本，它可能无法正常运行。

下面是一个简单的 shell 脚本 date.sh，其代码如下：

```bash
#!/bin/bash
#定义日志文件路径,这里使用相对路径
log_file="./test.log"

#输出当前时间
current_time=`date +%Y-%m-%d\%H:%M:%S`
echo "current_time:"$current_time >> $log_file
echo "exec ok"
exit 0
```

在上述 shell 脚本中,通过 date 命令获取当前系统时间,并将其输出到日志文件 test.log 文件中。接下来,执行 crontab -e 命令添加如下 crontab 命令配置:

```
*/1 * * * * sh $HOME/web/rust/rust-in-action/part6/date.sh
```

执行 :wq 命令保存,等待几分钟后,通过 tail -f test.log 查看终端输出,却看不到任何输出,如图 6-5 所示。

如果将上述 date.sh 脚本中的 log_file 变量的路径修改为如下代码:

```
#定义日志文件路径,使用绝对路径
log_file=$(cd "$(dirname "$0")";pwd)"/test.log"
```

在保存 date.sh 后,再次通过 tail -f test.log 查看日志输出。等待几分钟后,就可以看到当前时间已正常输出到 test.log 文件中,效果如图 6-6 所示。

```
↳ part6 git:(main) × touch test.log
↳ part6 git:(main) × crontab -e
crontab: installing new crontab
↳ part6 git:(main) × tail -f test.log
```

```
↳ part6 git:(main) × tail -f test.log
current_time:2024-12-01 19:39:00
current_time:2024-12-01 19:40:00
```

- 图 6-5　date.sh 执行效果
- 图 6-6　date.sh 正常执行效果

从图 6-6 中可以看出,在执行 crontab 命令运行 shell 脚本时,需要注意一点:shell 脚本中的命令或变量路径尽量使用绝对路径,这样可以有效地避免 crontab 计划任务执行过程中找不到路径的问题。

6.2.2　crontab 读取环境变量问题

在使用 crontab 执行定时任务时,有时会遇到环境变量无法正确读取的问题,从而导致 crontab 执行不成功或发生错误。这是因为 crontab 中的定时任务并不会加载用户的 profile 或 brash_profile 中的环境变量配置。也就是说,执行 crontab 定时任务时,crontab 默认不会自动加载用户的环境变量。

接下来,以 Linux CentOS 系统为例编写一个简单的 Rust 应用程序,用于输出 Rust 工具链的环境变量。

第 6 章
Rust crontab 实战

首先，执行 vim ~/.bash_profile 命令，在文件中添加以下两个环境变量（如果这两个环境变量已经设置过，可以直接跳过）：

```
export RUSTUP_DIST_SERVER=https://mirrors.ustc.edu.cn/rust-static
export RUSTUP_UPDATE_ROOT=https://mirrors.ustc.edu.cn/rust-static/rustup
```

使用 :wq 保存退出后，执行 source ~/.bash_profile 命令生效。

然后，执行 cargo new env-output 命令创建一个二进制应用程序，并在 Cargo.toml 文件添加如下依赖：

```
[dependencies]
chrono = "0.4.38"
```

接着，在 src/main.rs 中添加如下代码：

```rust
use chrono::Local;
use std::env;

fn main() {
    // 输出当前时间
    let current_time = Local::now().format("%Y-%m-%d %H:%M:%S").to_string();
    println!("current_time:{}", current_time);

    println!("output rustup updates the environment variable");
    // 获取环境变量 RUSTUP_DIST_SERVER,并输出到标准输出中
    let dist_server = env::var("RUSTUP_DIST_SERVER").unwrap_or("".to_string());
    println!("RUSTUP_DIST_SERVER:{}", dist_server);

    // 获取环境变量和 RUSTUP_UPDATE_ROOT,并输出到标准输出中
    let update_root = env::var("RUSTUP_UPDATE_ROOT").unwrap_or("".to_string());
    println!("RUSTUP_UPDATE_ROOT:{}", update_root);
}
```

接着，执行 cargo build --release 命令编译构建程序，并将二进制文件 env-output 复制到 $HOME 目录中。随后，执行 crontab -e 命令编辑 crontab 文件，添加如下 crontab 配置：

```
# 每分钟执行一次
*/1 * * * * $HOME/env-output >> /tmp/env-output.log
```

使用 :wq 保存并退出，等待几分钟后，再执行 tail -f /tmp/env-output.log 命令查看终端日志，发现并没有获取到上述两个环境变量的值，效果如图 6-7 所示。

为了解决上述环境变量加载不成功的问题，需要使用 source 命令将对应的环境变量加载到当前 shell 执行环境中才可以生效。再次执行 crontab -e 命令将定时任务修改为如下内容：

```
*/1 * * * * source $HOME/.bash_profile && $HOME/env-output >> /tmp/env-output.log
```

通过 :wq 保存退出，等待几分钟后，再执行 tail -f /tmp/env-output.log 命令查看终端日志输出，效果如图 6-8 所示。

```
➜ env-output git:(master) ✗ cargo build --release
   Compiling autocfg v1.4.0
   Compiling iana-time-zone v0.1.61
   Compiling num-traits v0.2.19
   Compiling chrono v0.4.38
   Compiling env-output v0.1.0 (/home/heige/web/rust/rust-in-action/part6/env-output)
    Finished `release` profile [optimized] target(s) in 4.50s
➜ env-output git:(master) ✗ cp target/release/env-output $HOME/
➜ env-output git:(master) ✗ crontab -e
crontab: installing new crontab
➜ env-output git:(master) ✗ touch /tmp/env-output.log
➜ env-output git:(master) ✗ tail -f /tmp/env-output.log
current_time:2024-12-01 17:31:01
output rustup updates the environment variable
RUSTUP_DIST_SERVER:
RUSTUP_UPDATE_ROOT:
```

● 图 6-7　env-output 定时任务输出无内容

```
current_time:2024-12-01 17:35:01
output rustup updates the environment variable
RUSTUP_DIST_SERVER:https://mirrors.ustc.edu.cn/rust-static
RUSTUP_UPDATE_ROOT:https://mirrors.ustc.edu.cn/rust-static/rustup
```

● 图 6-8　env-output 定时任务正常执行效果

从图 6-8 中可以看出，$RUSTUP_DIST_SERVER 和 $RUSTUP_UPDATE_ROOT 环境变量的值都已成功输出到日志文件中。

总之，如果在执行 crontab 命令遇到环境变量无法读取的问题时，可以先使用 source 命令将对应的环境变量加载后，再执行 crontab 命令。

6.3　Rust 中第三方 cron 库的基本操作

在 6.1.2 小节中，使用 Rust 语言和 crontab 命令编写了一个简单的时间输出的示例。除了采用 crontab 执行定时任务之外，还可以使用 Rust 社区中的第三方库执行定时任务。

本节中，将演示 Rust 第三方库 rcron 基本操作及 rcron 和 crontab 在使用上的区别。最后，通过 rcron 库来编写一个日志文件自动切割的工具。

▶▶ 6.3.1　第三方库 rcron 的使用

rcron 库是一个基于 Rust 语言开发的高效 cron 表达式解析库。该库的核心优势在于它对 cron 字符串的精确解析和执行能力，通过 Rust 的类型安全性和并发性，确保了定时任务执行的可靠性和稳定性,同时它与另一个知名库 chrono 无缝对接。rcron 能够处理与日期和时间相关的所有操作,支持秒级别的定时任务执行,让开发者能够灵活地定义任务触发条件。在本小节的内容中,将通过一个简单的示例演示 rcron 的基本用法。

首先,执行 cargo new cron-demo 命令创建一个简单的应用程序。然后,在 Cargo.toml 添加如下依赖:

```
[dependencies]
rcron = "1.2.3"
chrono = "0.4.38"
```

接下来在 src/main.rs 中添加如下代码:

```
// 引入 chrono 时间相关的包
use chrono::{DateTime, Local};
// 引入 rcron 相关的包
use rcron::{Job, JobScheduler};
use std::thread;
use std::time::Duration;

fn main() {
    let mut sched = JobScheduler::new();
    sched.add(Job::new("*/3 * * * * *".parse().unwrap(), || {
        print_current_time();
    }));

    // 启动 Job Scheduler
    loop {
        // 调用 tick 方法执行待处理的定时任务
        // 建议至少停顿 500ms
        sched.tick();
        thread::sleep(Duration::from_millis(500));
    }
}

// 获取当前时间并输出到终端
fn print_current_time() {
    // 时间格式,例如,2024-01-01 09:09:09
    let fmt = "%Y-%m-%d %H:%M:%S";
    // 获取当前时间
    let now: DateTime<Local> = Local::now();
    let time = now.format(fmt);
    let str_date = time.to_string();
    println!("当前时间: {}", str_date);
}
```

在上述 main.rs 代码中,print_current_time 函数通过 chrono::{DateTime, Local} 获取当前时间,然

后按照"%Y-%m-%d %H:%M:%S"格式化处理并输出到终端。在 main 函数使用 JobScheduler :: new 创建了一个 JobScheduler 对象,该对象是一个可变变量 sched,接着调用 add 方法添加对应的 cron 任务。这个 add 方法的参数是 Job 类型,该 Job 类型的第 1 个参数是 cron 任务的时间配置,该时间配置规则如图 6-9 所示。这个 Job 类型的第 2 个参数是一个 FnMut 闭包,其定义是 FnMut( ) -> ( )。

```
# Example of rcron definition:
.--------------- second (0 - 59)
| .------------- minute (0 - 59)
| | .----------- hour (0 - 23)
| | | .--------- day of month (1 - 31)
| | | | .------- month (1 - 12)
| | | | | .----- day of week (0 - 6) (Sunday=0 or 7)
| | | | | |
* * * * * *
```

- 图 6-9　rcron 库所支持的时间配置规则

从图 6-9 中看出,cron 任务的时间配置在 crontab 基础上的多了一列,第 1 列单位为秒,表示每分第几秒,范围为 0~59。cron-demo 代码中的" */3 * * * * *"表示每 3 秒执行一次,对应的操作是获取当前时间并输出到终端。

执行 cargo run 命令,等待几秒后,在终端中就会输出当前系统时间,效果如图 6-10 所示。

```
→ cron-demo git:(master) ✗ cargo run
   Compiling cron-demo v0.1.0 (/home/heige/web/rust/rust-in-action/part6/cron-demo)
    Finished `dev` profile [unoptimized + debuginfo] target(s) in 0.48s
     Running `target/debug/cron-demo`
当前时间: 2024-12-01 20:30:06
当前时间: 2024-12-01 20:30:09
当前时间: 2024-12-01 20:30:12
当前时间: 2024-12-01 20:30:15
```

- 图 6-10　cron-demo 定时任务运行效果

从图 6-10 中的执行效果可以看出,当前时间每 3s 输出一次,定时任务已正常运行。

接下来,观察第三方库 rcron 和 crontab 定时任务两者之间的区别。在 6.1.2 小节中,已经掌握了 crontab 基本用法,它主要由 6 列组成,其中前 5 列表示 crontab 定时任务执行的时间配置,最后一列表示 crontab 定时任务需要运行的命令或脚本文件。然而,rcron 库的时间配置格式是 6 列,只不过 rcron 的第 1 列变成了秒单位配置,第 2~6 列单位依次是分、时、日、月、星期,在时间配置后面的是 rcron 库所支持的调度 Job 任务。

此外,crontab 定时任务的触发机制由操作系统的 crond 服务守护进程在后台运行,然而 rcron 库编写的定时任务程序触发机制是通过 rcron 库创建一个 JobScheduler 实例对象,然后通过 add 方法添加对应的时间配置和 Rust FnMut 闭包就可以快速创建一个作业任务,并在 loop 循环中调用 tick 方法将其定时执行。也就是说,使用 rcron 库实现的定时任务,不需要开发者手动配置 crontab。当定时任务程序构建后,可以将其放在任意目录中执行。它不仅具有灵活的可控度,还能使时间配置的粒度更细化、更精准,非常适用于某些对时间精度比较高的业务场景开发。

如果想深入学习 rcron::JobScheduler 的调度机制、rcron::Job 类型定义及具体技术实现,可以访问 https://crates.io/crates/rcron。在这里,由于篇幅问题,就不逐一列举 rcron 库的具体实现。

▶▶ 6.3.2 编写一个日志文件自动切割的工具

对于一些在线系统服务,如电商平台、技术社区、行业咨询等,它们每天都会产生大量的用户请求日志。通常来说,这些日志主要记录用户请求行为、业务发生了什么、运行过程中执行了哪些操作、系统运行时是否发生错误或异常等信息。随着业务需求长期不停地迭代,日志记录会不断积累,日志文件就会越来越大。此时,巨大的日志文件将会带来如下两个问题:

- 当用户请求源源不断地到来,日志文件所占用的磁盘空间越来越大,它可能影响整个系统服务的正常执行。
- 当日志文件大小达到 GB 级别后,开发人员或运维人员查看日志内容比较费时,追踪错误和定位问题非常不方便,增加了人力成本和时间成本。

为了解决上述两个问题,可以编写自定义脚本定期将大的日志文件切割为小文件,然后将这些小文件归档处理,以释放磁盘空间。

接下来,执行 cargo new logrote-service 命令创建一个二进制应用程序。然后,在 Cargo.toml 文件中添加如下依赖:

```toml
[dependencies]
rcron = "1.2.3"
chrono = "0.4.38"
filesize = "0.2.0"
```

接着,在 src/main.rs 中添加如下代码:

```rust
// 引入 chrono、rcron 库及标准库 std 中的相关模块
use chrono::{DateTime, Local};
use filesize::PathExt; // filesize 库用于获取文件大小
use rcron::{Job, JobScheduler};
use std::fs::{copy, OpenOptions};
use std::path::{Path, PathBuf};
use std::thread;
use std::time::Duration;

fn main() {
    // 启动一个 rcron JobScheduler 实现日志切割功能
    let mut sched = JobScheduler::new();
    sched.add(Job::new("*/30 * * * * *".parse().unwrap(), ||{
```

```rust
        let file_path = Path::new("./test.log"); // 日志文件
        rote_file(file_path).unwrap(); // 日志切割操作
    }));

    // 启动 Job Scheduler
    loop {
        // tick 方法为 JobScheduler 增加时间中断并执行待处理的任务
        sched.tick();

        // 这里建议至少停顿 500ms
        thread::sleep(Duration::from_millis(500));
    }
}

// 日志备份文件的路径获取逻辑
fn log_bak_path(file_path: &Path) -> PathBuf {
    let file_dir = file_path.parent().unwrap(); // 获取当前文件的根目录
    let filename = file_path.file_name().unwrap().to_str().unwrap(); // 文件名称

    // 当前文件的扩展名,不包含点
    let ext = file_path.extension().unwrap().to_str().unwrap();

    // 生成备份文件的路径
    let fmt = "%Y%m%d-%H%M%S";
    let now: DateTime<Local> = Local::now(); // 获取当前时间
    let dist_file_name = filename.replace(
        &(".".to_string() + ext),
        format!("-{}.{}", now.format(fmt).to_string(), ext).as_str(),
    );
    let bak_path = file_dir.join(dist_file_name);
    println!("bak_path: {:?}", bak_path);
    bak_path
}

// 根据日志文件大小进行切割
fn rote_file(file_path: &Path) -> Result<(), Box<dyn std::error::Error>> {
    // 获取日志文件的大小
    let metadata = file_path.symlink_metadata()?; // 日志文件的元信息
    let real_size = file_path.size_on_disk_fast(&metadata)?; // 文件大小,单位为 bytes

    // 如果文件大小超过 500MB,就对文件进行备份切割操作,再清空文件
    if real_size >= 500 * 1024 * 1024 {
        let dist_path = log_bak_path(file_path); // 备份文件目标路径
        println!("copy {:?} to {:?} begin", file_path, dist_path);
        // 先备份后清空文件内容
```

```
        copy(file_path, dist_path)?;
        // 如果文件存在,就清空文件;如果不存在则创建该文件
        OpenOptions::new()
            .write(true)
            .truncate(true)
            .create(true)
            .open(file_path)?
            .set_len(0)?;
        println!("finish truncate file:{:?}", file_path);
    } else {
        println!("the test.log file size less than 500MB")
    }

    Ok(())
}
```

在上述 main.rs 代码中,通过 rcron 库启动了一个定时任务,该任务每隔 30s 执行一次 rote_file 任务来实现日志文件切割。在 rote_file 函数中,首先通过 fs∷path 包提供的 Path 结构体方法 symlink_metadata 获取文件的大小,然后判断文件大小是否超过 500MB。如果超过了指定的大小,就先对日志文件进行切割操作(切割后的日志文件命名方式为 test-20241201-201400.log),然后将原有日志文件进行清空处理。在实际业务中,开发人员可以根据实际情况定期归档或删除,以节约磁盘空间。

执行 cargo build 命令编译构建该程序时,在 target/debug 目录中会生成一个可执行文件 logrote-service,效果如图 6-11 所示。

```
   Compiling filesize v0.2.0
   Compiling rcron v1.2.3
   Compiling logrote-service v0.1.0 (/home/heige/web/rust/rust-in-action/part6/logrote-service)
    Finished `dev` profile [unoptimized + debuginfo] target(s) in 10.74s
→ logrote-service git:(master) x tree -L 2 ./target/
./target/
├── CACHEDIR.TAG
└── debug
    ├── build
    ├── deps
    ├── examples
    ├── incremental
    ├── logrote-service
    └── logrote-service.d
```

● 图 6-11　logrote-service 程序编译构建

为了验证日志文件切割是否能够按照预期执行,首先在 logrote-service/src 目录中新建一个 systime-output.rs 文件(模拟用户请求日志输出),并添加如下代码:

```
// 引入 chrono 时间相关的包
use chrono::{DateTime, Local};
```

```rust
use rcron::{Job, JobScheduler};
use std::thread;
use std::time::Duration;

fn main() {
    let mut sched = JobScheduler::new();
    // 每 1s 输出一次"hello,world"字符串和当前系统时间到标准输出中
    sched.add(Job::new("*/1 * * * * *".parse().unwrap(), || {
        mock_user_request()
    }));

    // 启动 Job Scheduler
    loop {
        sched.tick();
        thread::sleep(Duration::from_millis(500));
    }
}

// 模拟用户请求
fn mock_user_request() {
    for _i in 1..=10000 {
        println!("{}", "hello,world");
        // 时间格式,eg:2024-12-01 09:09:09
        let fmt = "%Y-%m-%d %H:%M:%S";
        // 获取当前时间
        let now: DateTime<Local> = Local::now();
        let time = now.format(fmt);
        let str_date = time.to_string();
        println!("current sys time: {}", str_date);
    }
}
```

在上述代码中，先通过 rcron 库每 1s 将一批"hello,world"字符串和当前系统时间输出到标准输出中。然后，在 Cargo.toml 文件中添加如下配置：

```
[[bin]]
name = "systime-output"
path = "src/systime-output.rs"
```

接着，执行 cargo build --bin systime-output 命令编译构建上述代码。此时，在 target/debug 目录中就会存在 systime-output 可执行文件。

随后，创建一个空的 test.log 文件，并执行 target/debug/logrote-service 命令启动该日志切割程序（在实际项目中，建议以守护进程的方式在后台运行，例如，可以使用 nohup 命令启动该程序），效果如图 6-12 所示。

```
→ logrote-service git:(master) × touch test.log
→ logrote-service git:(master) × target/debug/logrote-service
the test.log file size less than 500MB
the test.log file size less than 500MB
the test.log file size less than 500MB
```

● 图 6-12　logrote-service 程序运行效果

接着，执行 target/debug/systime-output >> test.log 命令启动该 systime-output 程序，效果如图 6-13 所示。

```
→ logrote-service git:(master) × cargo build --bin systime-output
   Compiling logrote-service v0.1.0 (/home/heige/web/rust/rust-in-action/part6/logrote-service)
    Finished `dev` profile [unoptimized + debuginfo] target(s) in 1.05s
→ logrote-service git:(master) × target/debug/systime-output >> test.log
```

● 图 6-13　编译构建 systime-output 和运行 systime-output 程序

在这里，使用 >> 操作符将程序运行结果重定向到了 test.log 文件中。为了查看 test.log 文件是否在源源不断地写入上述重定向的日志内容，打开另一个终端窗口并进入 logrote-service 目录中执行 tail -f test.log 命令查看，效果如图 6-14 所示。

```
current sys time: 2024-12-01 22:50:11
hello,world
current sys time: 2024-12-01 22:50:11
hello,world
current sys time: 2024-12-01 22:50:11
```

● 图 6-14　通过 tail 命令查看 test.log 日志文件

在 systime-output 程序运行一段时间后，可以查看 logrote-service 程序运行效果，如图 6-15 所示。

```
bak_path: "./test-20241201-212400.log"
copy "./test.log" to "./test-20241201-212400.log" begin
finish truncate file:"./test.log"
```

● 图 6-15　logrote-service 对日志文件进行切割的效果

很明显，从图 6-15 中可以看出，logrote-service 程序已经将超过 500MB 的日志文件 test.log 切割为 test-20241201-212400.log 文件。此时，执行 du -h test.log 命令查看原有日志文件大小为 82MB，如

图 6-16 所示。

```
→ logrote-service git:(master) × du -h *.log
506M    test-20241201-212400.log
515M    test-20241201-222423.log
597M    test-20241201-225300.log
508M    test-20241201-225430.log
82M     test.log
```

● 图 6-16 通过 du 命令查看 test.log 文件大小

在 logrote-service 程序运行一段时间后，发现切割后的日志文件大小可能超过 500MB，这是因为日志文件切割 logrote-service 定期执行的时间间隔过长。在实际项目中，可以根据实际情况对上述 logrote-service/src/main.rs 的代码进行更改，以满足业务需求开发。

6.3.3 编写一个 MySQL 数据库定时备份的工具

MySQL 数据库作为当下最流行的关系型数据库管理系统之一，现如今绝大多数的企业和应用程序越来越依赖 MySQL 来管理关键数据。MySQL 数据库备份在保护数据完整性，防止线上各种不可预测的灾难、异常、硬件故障、数据损坏和数据丢失及数据误删除等方面发挥着关键作用。因此，开发人员或运维人员需要定期对 MySQL 数据库进行备份。当线上数据由于某种原因发生这些问题时，他们可以在第一时间通过备份的数据安全恢复，将线上影响和风险降低到最小，确保数据的可靠性、可用性、业务连续性。

在本小节中，将通过一个简单的示例演示如何定期对 MySQL 数据库进行备份操作。

首先，执行 cargo new mysql-dump-cron 命令创建一个二进制应用程序。然后，在 Cargo.toml 文件中添加如下依赖：

```
[dependencies]
dotenv = "0.15.0" # dotenv 用于读取 .env 配置文件
rcron = "1.2.3" # rcron 用于定时任务处理
chrono = "0.4.38" # chrono 用于时间相关的操作
# anyhow 用于错误处理，它具备灵活的、具体的错误处理能力
anyhow = "1.0.93"
```

接着，在 src/main.rs 文件中添加如下代码：

```
mod mysql;

use dotenv::dotenv;
use rcron::{Job, JobScheduler};
use std::thread;
use std::time::Duration;

fn main() {
```

```rust
    println!("backup mysql database...");
    // 读取.env 配置文件
    dotenv();
    // mysql::backup_database();

    // 创建一个 rcron Job 实例
    let mut sched = JobScheduler::new();
    // 每天凌晨 1 点执行数据库备份操作
    sched.add(Job::new("0 0 1 * * *".parse().unwrap(), || {
        mysql::backup_database();
    }));

    // 启动 Job Scheduler
    loop {
        // tick 方法为 JobScheduler 执行待处理的任务
        sched.tick();
        // 建议至少停顿 500ms
        thread::sleep(Duration::from_millis(500));
    }
}
```

在上述代码中，首先定义了一个 MySQL 模块，用于数据库备份操作。然后，通过 use 关键字引入了 dotenv、rcron 等模块。在 main 函数中调用 dotenv 函数将.env 配置文件的项加载到环境变量中（在 dotenv 库底层会读取当前项目中的.env 文件中的配置，并调用 std::env::set_var 函数将其设置为环境变量）。随后，通过 rcron 提供的 JobScheduler::new 函数创建了一个 Job 调度对象 sched。接着，在这个 sched 对象上调用 add 方法添加了一个定时任务，它会在每天凌晨 1 点执行指定数据库的备份操作。这个定时任务通过 Job::new 函数创建，第 1 个参数是定时任务的时间配置，第 2 个参数是一个闭包函数。在该闭包函数中，调用 mysql::backup_database 函数执行数据库备份。最后，在 loop 循环中调用 sched.tick 方法触发该定时任务执行。

该程序中的 MySQL 模块具体实现的核心代码如下：

```rust
// part6/mysql-dump-cron/src/mysql.rs 文件
// …省略其他代码…
// 数据库备份操作
pub fn backup_database() {
    // 数据库备份操作的基本信息
    let db_username = env::var("MYSQL_USER").expect("mysql user invalid");
    let db_password = env::var("MYSQL_PASSWORD").expect("mysql pwd invalid");
    let db_host = env::var("MYSQL_HOST").expect("mysql host invalid");
    let db_port = env::var("MYSQL_PORT").expect("mysql host invalid");
    let db_name = env::var("MYSQL_DATABASE").expect("mysql host invalid");
    let backup_dir = env::var("BACKUP_DIR").expect("backup_dir invalid");
    let expired_days: u64 = env::var("EXPIRED_DAYS")
        .expect("expired_days invalid")
```

```rust
        .parse()
        .unwrap_or(3);

    // 创建备份目录
    fs::create_dir_all(&backup_dir).expect("failed to create backup dir");
    // 清理过期的文件
    let res = clear_expired_files(&backup_dir, expired_days);
    if let Err(err) = res {
        println!("failed to clear expired sql file,error:{}", err);
    }

    // 定义备份文件名称
    let fmt = "%Y%m%d%H%M%S";
    let timestamp = Local::now().format(fmt).to_string();
    let backup_file = format!("{}_{}.sql", &db_name, timestamp);
    let backup_path = Path::new(&backup_dir).join(&backup_file);
    // 创建数据库备份文件
    fs::File::create(&backup_path).expect("failed to create mysql backup file");

    // 定义mysqldump命令执行的参数选项
    let mut cmd = Command::new("mysqldump");
    cmd.arg("--opt")
        .arg("-h").arg(db_host)
        .arg("--port").arg(db_port)
        .arg("-u").arg(db_username)
        .arg("--single-transaction")
        .arg("--set-gtid-purged=OFF")
        .arg(format!("-p{}", db_password))
        .arg(&db_name).arg("-r").arg(&backup_path); // 输出到备份文件中

    // println!("cmd:{:?}", cmd);
    // 执行MySQL备份命令
    let res = cmd.output();
    match res { // 通过match 关键字匹配命令执行结果
        Err(err) => {
            println!("failed to exec mysql dump,error:{}", err);
        }
        Ok(output) => {
            if output.status.success() {
                println!("backup database {} to {:?} success", &db_name, &backup_path);
                // 这里可以根据实际情况发送邮件或短信通知…
                // mock_send_email(&db_name, &backup_file);
            }
        }
    }
}
```

```rust
}

fn clear_expired_files<P:AsRef<Path> + Debug>(dir: P, expired_days: u64) -> 
anyhow::Result<()> {
    // 尝试读取目录中的文件,将过期的文件删除
    let entries = fs::read_dir(dir)?;
    for entry in entries {
        let path = entry?.path(); // 获取文件的路径
        // 判断 path 是否是文件
        if path.is_file() {
            let ext = path.extension().unwrap();
            if ext.ne("sql") {
                println!("file:{:?} ext:{:?}", path, ext);
                continue;
            }

            // 删除过期的备份文件
            let metadata = path.metadata()?; // 获取文件的元信息
            let created = metadata.created()?; // 文件创建时间
            let now = SystemTime::now();
            let interval = now.duration_since(created)?;
            println!("interval:{:?}", interval);
            if interval > Duration::from_secs(expired_days * 86400) {
                println!("remove expired file:{:?} begin", path);
                // 尝试删除文件
                fs::remove_file(&path)?;
                println!("remove expired file:{:?} success", path);
            }
        }
    }

    Ok(())
}
```

在上述代码中,定义了 backup_database、clear_expired_files 两个函数。第 1 个函数用于数据库备份操作,第 2 个函数用于删除过期的备份文件。在 backup_database 函数主体中,首先通过 std::env 模块提供的 var 函数依次获取了 MySQL 数据库的基本配置,这些配置包括数据库 host、username、password、port、database 等字段。其中,backup_dir 变量用于存储数据库备份的文件,expired_days 变量用于数据库备份文件保留的天数。如果备份的数据创建实际超过了指定的天数,程序将自动删除备份文件。然后,通过 fs 模块的 create_dir_all 函数将 backup_dir 变量的不可变引用作为参数传入,创建了备份目录。接着,调用 clear_expired_files 函数将过期的备份文件进行清理。随后,通过 Rust 标准库 std::process::Command 模块提供的 new 函数创建了一个 cmd 实例对象。在这个 cmd 对象上通过 arg 方法绑定了 MySQL 数据库 mysqldump 命令执行的相关参数。最后,通过 match 关键字对 cmd.

output 方法执行结果进行模式匹配。如果 mysqldump 命令成功执行，就输出对应的提示信息并执行相关业务逻辑。

在 clear_expired_files 函数主体中，首先将函数参数 dir 传递给 fs∷read_dir 函数读取备份目录中的所有以 sql 结尾的文件（fs∷read_dir 函数返回结果是备份文件组成的列表）。然后，通过 for in 迭代 entries 对象的每个元素。在迭代每个元素 entry 时，先在 entry 上通过 ? 操作符获取 entry 对象，再调用 path 方法获取文件的路径。接着，在 path 变量上调用 is_file 方法判断 path 是否是一个文件。如果它是一个文件，就继续调用 extension 方法获取文件扩展名，判断是否是以 sql 结尾的文件。如果它是以 sql 结尾的文件，就在 path 上调用 metadata 获取该文件的元数据。最后，在 metadata 变量上调用 created 方法获取文件的创建时间。如果备份文件的创建时间超过了指定的 expired_days 天数时，通过 fs∷remove_file 函数将该备份文件删除。

执行 cargo build 命令编译构建该示例，在 target/debug 目录中就会生成一个 mysql-dump-cron 可执行文件，效果如图 6-17 所示。

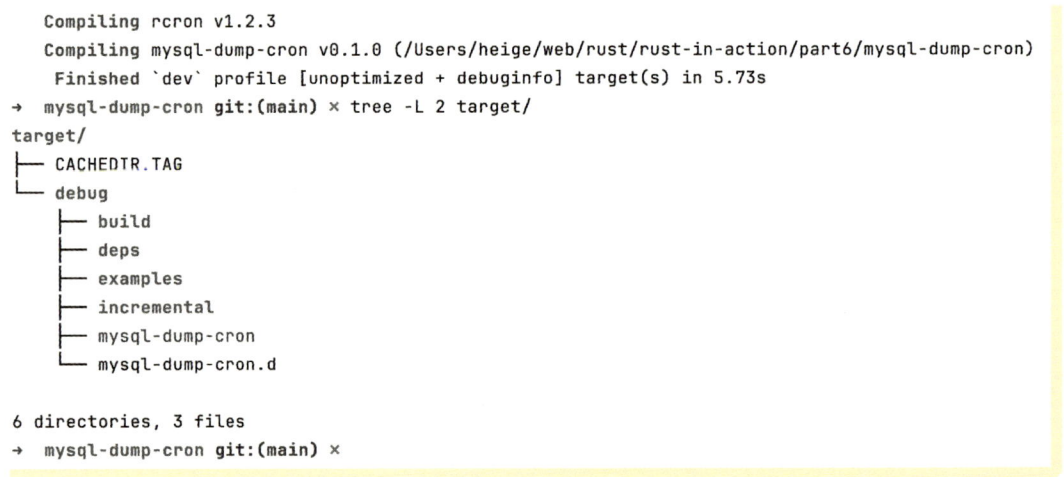

● 图 6-17　编译构建 mysql-dump-cron 程序

由于该程序是依赖于 MySQL mysqldump 命令实现的。因此，在运行该程序之前，请确保机器上已经安装对应的 MySQL 客户端程序。在这里，在本地已经安装了 MySQL 客户端程序。

为了验证该程序是否可以正常运行，首先在 mysql-dump-cron 程序的根目录下新建一个 .env 文件，并添加如下配置：

```
# MySQL 配置信息,在实际项目中可以自行更改这些配置
MYSQL_HOST=localhost
MYSQL_USER=root
MYSQL_PASSWORD=root123456
MYSQL_DATABASE=test
MYSQL_PORT=3306
```

第 6 章
Rust crontab 实战

```
# 备份的目录
BACKUP_DIR=./backup
# 备份的文件保留的天数,过期将自动删除
EXPIRED_DAYS=3
```

然后，进入 MySQL 交互窗口添加如下链接中的 SQL 语句，效果如图 6-18 所示。

https://github.com/daheige/rust-in-action/tree/main/part6/mysql-dump-cron/test.sql

```
mysql> create database if not exists test default character set utf8mb4;
Query OK, 1 row affected, 1 warning (0.00 sec)

mysql> use test;
Reading table information for completion of table and column names
You can turn off this feature to get a quicker startup with -A

Database changed
mysql> CREATE TABLE `articles` (
    ->   `id` bigint unsigned NOT NULL AUTO_INCREMENT COMMENT '自增id',
    ->   `title` varchar(1000) CHARACTER SET utf8mb4 COLLATE utf8mb4_general_ci NOT NULL DEFAULT '' COMMENT '文章标题',
    ->   `read_count` bigint unsigned NOT NULL DEFAULT '0' COMMENT '文章阅读数',
    ->   `content` text CHARACTER SET utf8mb4 COLLATE utf8mb4_general_ci NOT NULL COMMENT '文章内容',
    ->   `author` varchar(50) CHARACTER SET utf8mb4 COLLATE utf8mb4_general_ci NOT NULL DEFAULT '' COMMENT '文章创建者',
    ->   `created_at` datetime NOT NULL COMMENT '文章创建时间',
    ->   `updated_at` datetime DEFAULT NULL COMMENT '文章更新时间',
    ->   `is_deleted` tinyint unsigned NOT NULL DEFAULT '0' COMMENT '是否删除，1已删除，0正常',
    ->   PRIMARY KEY (`id`),
    ->   KEY `idx_created_at` (`created_at`),
    ->   KEY `idx_author_created_at` (`author`,`created_at`)
    -> ) ENGINE=InnoDB DEFAULT CHARSET=utf8mb4 COLLATE=utf8mb4_general_ci;
Query OK, 0 rows affected (0.05 sec)

mysql> insert into articles (title,content,author,created_at) values
    -> ("Rust程序设计基本介绍","这是一篇讲解Rust基础知识的文章","daheige","2024-12-01 23:24:01"),
    -> ("Rust项目实战","Rust项目实战的文章","daheige","2024-12-01 23:24:10");
Query OK, 2 rows affected (0.01 sec)
Records: 2  Duplicates: 0  Warnings: 0
```

● 图 6-18 创建 test 数据库和数据库表

此时，就可以通过 mysql-dump-cron 程序实现 MySQL 备份操作了。在这里，为了更好地演示 mysql-dump-cron 程序执行，将 main.rs 文件中的代码修改如下：

```
// …省略其他代码…
fn main() {
    println!("backup mysql database...");
    // 读取.env 配置文件
    dotenv();
    // 这里旨在演示,在实际执行该定时任务时,需要注释下面的代码
    mysql::backup_database();

    // …省略其他代码…
}
```

随后，执行 cargo build 命令编译构建该程序，并执行 target/debug/mysql-dump-cron 命令进行 MySQL 备份操作，效果如图 6-19 所示。

```
➜  mysql-dump-cron git:(main) x target/debug/mysql-dump-cron
backup mysql database...
interval:75.437543249s
backup database test to "./backup/test_20241201233131.sql" success
backup db:test to test_20241201233131.sql
backup mysql database action...
```

- 图 6-19　通过 mysql-dump-cron 工具实现 MySQL 数据库备份

从图 6-19 中可以看出，当 mysql-dump-cron 程序正常运行后，test 数据库已经成功备份到了 ./backup 目录中。如果想备份其他的数据库，只需要将该程序对应的 mysql-dump-cron 复制到对应的机器上并配置好 .env 文件中的数据库就可以快速实现数据库的备份操作。

在该程序中，仅使用了 Rust 语言标准库中的 std∷process∷Command、fs 等模块及第三方 rcron 库实现了一个轻量级的数据库备份工具。当然，也可以使用其他工具（如 shell 脚本或第三方工具）实现 MySQL 数据库的逻辑备份或物理备份。

以上就是 Rust cron 实战的基本内容，在实际项目开发中，可以根据具体业务场景对本章的示例代码进行更改。在本书接下来的章节中，将继续使用 rcron 库处理实际项目中的定时任务。

第 7 章 Rust中的数据库和缓存实战

数据库是软件开发过程中至关重要的组成部分，可以用于满足各种应用程序和业务需求。经过几十年的技术迭代与更新，它已经形成了较为成熟的理论基础与行业实践。然而，在一些高并发环境下的系统服务中，如果每个请求频繁地访问数据库，那数据库很容易出现性能瓶颈。当数据库因为负载过高而崩溃时，整个系统服务将无法正常运行。此时，开发者可以根据实际情况选择合适的缓存技术，以减少对数据库的频繁访问，达到降低数据库负载压力的目的，从而提升整个系统服务的处理能力和响应速度。

在本章中，将介绍以下主题：
- 数据库和缓存简介，包括数据库和缓存基本概念、区别、使用场景等。
- 关系型数据库 MySQL，包括 MySQL 下载和安装、MySQL 基本用法。
- 分布式缓存 Redis，包括 Redis 下载和安装、Redis 基本数据类型。
- 在 Rust 语言中如何使用第三方库操作 MySQL 和 Redis。

7.1 数据库和缓存简介

数据库和缓存是两种不同的数据存储和处理技术，它们各具特点且使用场景不同。

首先，数据库是一种用于存储、管理和检索数据的系统，它是计算机科学与技术的一个重要分支，自 20 世纪 60 年代末开始发展，并在 70 年代得到迅猛发展。数据库技术和系统已经成为信息基础设施的核心技术和重要基石，极大地促进了计算机应用的发展。数据库技术主要解决数据处理的非数值计算问题，包括数据的存储、查询、修改、删除、排序和统计等功能。数据库的应用场景非常广泛，包括但不限于如下几个方面。

- 企业管理：用于管理企业的各种业务数据，如人事管理、财务管理等。
- 电子商务：用于存储商品信息、用户信息、订单信息和物流信息等。
- 学术研究：用于存储科研数据、实验数据等。
- 社交网络：用于存储用户信息、好友信息、社交动态等数据。

其次，数据库根据类型的不同，可分为关系型数据库（RDBMS）和非关系型数据库（NoSQL）两大类。其中，关系型数据库是一种建立在关系模型基础上的数据库，通过表来表示关系。当前主流的关系型数据库有 Oracle、MySQL、SQL Server、SQLite 等，它们通过 SQL 语言进行操作，支持数据的查询、修改、删除等操作。

此外，关系型数据库的特点包括高安全性、支持事务、结构灵活、查询能力强、数据库设计灵活、良好的可拓展性及高可用性。这些特点使得关系型数据库在处理结构化数据时表现出色，能够满足各种业务需求。

相比之下，缓存是一种在速度相差较大的两种硬件或软件之间，用于协调数据传输速度差异的结构，旨在提升系统性能。通常，缓存的基本作用是在应用程序和数据库之间建立一个中间层，用于存储暂时性数据，尤其是那些读取频繁但更新较少的数据。它的主要作用是减轻应用程序和数据库之间的负担，通过存储和快速访问这些数据，从而提高应用程序的响应速度和性能。缓存适用于对即时性、数据一致性要求不高的场景，或者访问量大且更新频率不高的数据。也就是说，缓存的使用场景非常广泛，包括但不限于如下几个方面。

- Web 服务器数据缓存：对于网站访问频繁的静态资源文件，如图片、CSS、JavaScript 等，可以将这些文件缓存到内存中或分发到 CDN（内存分发网络）上，减少磁盘 I/O 操作，提高访问速度。
- 减少数据库负载：对于频繁查询的数据、读多写少的热点数据，开发者可以将它们缓存到内存中（如 Redis 分布式缓存）。相比从数据库中获取数据，从缓存中获取数据的速度要快得多。
- 文件服务器：对于大量访问的文件，如共享文件、日志文件等，可以将这些文件缓存到内存中，减少磁盘 I/O 操作，提高传输速度。

在实际项目开发过程中，适当地使用缓存可以提高数据访问速度、减少数据库负载、提升系统性能及增强用户体验，具体体现如下。

- 提高数据访问速度：数据库和缓存配合主要是为了提高数据访问速度。当一个系统需要频繁访问数据库时，如果将这些数据存储在缓存中就可以显著减少每次访问的时间。缓存数据一般存储在内存中，而内存的读取速度远快于磁盘读取速度。数据库查询需要经过多次处理，包括数据解析、索引查找、查询优化、磁盘读取等操作，而缓存读取则可以直接读取内存数据，省去了很多中间步骤，从而大幅度加快了数据的访问速度。例如，一个电商平台的会员系统访问量每天都很高，特别是用户注册和登录模块，如果每次都从数据库中读取用户信息，将会非常耗时。然而，通过缓存，可以将这些频繁访问的数据适当缓存起来，当用户访问时可以直接从缓存中读取和操作，极大地提高了访问速度。
- 减少数据库负载：使用缓存的另一个重要作用是减少数据库负载。特别是在高并发环境下，数据库承载的压力非常大，容易导致数据库崩溃或响应延迟。此时，通过缓存可以减少数据库负载，提高系统的响应速度和稳定性。对于一些读多写少的业务，缓存尤为有效。例如，一个知识管理平台的文章热榜数据展示，文章标题、分类、作者、访问链接等基本信息变化比较少，但它们的访问频率非常高，如果每次都从数据库中查询，不仅消耗了大量的数据库资源，还会增加数据库的负载。而通过缓存，可以有效降低数据库的压力。
- 提升系统性能：缓存可以存储系统中热点数据，使得系统在处理大量请求时能够更加高效、更快地响应用户请求。例如，在一个论坛系统中，热门帖子的访问量非常高，如果每次都从数据库中查询，数据库的负载会非常大。而使用缓存，可以将热门帖子信息缓存起来，使得每次访问热门帖子时都能快速响应，提升了系统的整体性能。

- 增强用户体验：系统访问速度的提升和系统性能的优化最终都会反映到用户体验上。用户在访问网站或应用服务时，如果能快速获取所需的信息，体验会更好。缓存的使用不仅可以减少页面加载或接口访问的时间，还可以提高用户的满意度和留存率。例如，在一个知识付费平台上，视频课程的访问量非常高。如果每次都从数据库中读取视频基本信息，可能会导致页面加载的时间变长，影响用户体验。而通过缓存，可以将用户浏览的视频基本信息缓存起来，用户打开视频时能快速加载，提高了用户体验效果。

通常来说，数据库是现代信息社会中不可或缺的基础设施，它通过有效的数据管理和查询功能，支持着多个领域的应用需求。数据库和缓存配合使用可以显著提高数据访问速度、减少数据库负载、增强用户体验等。至于选择数据库还是缓存，需要根据应用场景、业务需求、系统性能等多个因素综合考虑，选择最合适的方案。对于开发者来说，数据库和缓存是基本上每天都在使用的工具。因此，掌握 MySQL 和 Redis 的使用，非常有必要。

在本章接下来的内容中，将详细介绍 MySQL 关系型数据库和 Redis 分布式缓存的基本用法，以及在 Rust 实际项目中该如何操作它们。

7.2 MySQL

MySQL 是一个关系型数据库管理系统，支持 SQL 语言操作，数据以表格形式存储。它适用于需要大量查询、数据结构不太复杂的场景，例如，在电商平台中使用 MySQL 存储商品信息、订单信息、会员信息等。MySQL 的优点是数据结构清晰、稳定性高、可扩展性强，缺点就是不适合存储非结构化数据，难以支持大数据量、高并发的场景。在本节中，将演示 MySQL 下载和安装及 MySQL 数据库的基本使用，这两部分内容可以帮助读者快速学习和掌握 MySQL 数据库基础知识。

7.2.1 MySQL 下载和安装

主流的操作系统有 Windows、Linux、macOS 3 种。在不同的操作系统下，MySQL 下载和安装的方式有所不同。通常来说，开发人员和运维人员经常使用的 Linux 系统有 CentOS 和 Ubuntu，非 Linux 系统主要有 macOS 和 Windows 系统。

接下来，将以 Linux CentOS 系统为例，介绍该如何下载和安装 MySQL。这里需要强调一点：在 Linux 操作系统中，下载和安装 MySQL 服务时，建议在 root 用户下执行相关命令，如果是非 root 用户，需要在命令前面加 sudo。Linux CentOS 安装 MySQL8 步骤如下。

1）首先通过如下命令查看是否已经安装过。

```
rpm -qa | grep mysql
```

如果安装过，就先执行如下命令卸载 MySQL：

```
sudoyum remove -y mysql mysql-server mysql-libs mysql-common
sudorm -rf /var/lib/mysql
sudorm -rf /etc/my.cnf
```

2)执行如下命令下载 MySQL 官方的 Yum Repository。

```
sudo wget https://dev.mysql.com/get/mysql84-community-release-el7-1.noarch.rpm
```

3)添加 MySQL Yum Repository 到当前系统中。

```
sudorpm -ivh mysql84-community-release-el7-1.noarch.rpm
cd /etc/yum.repos.d
sudo vim mysql-community.repo
```

将 mysql-community.repo 文件中的 gpgcheck=1 改为 gpgcheck=0。

这里说明一下:gpgcheck 表示安装 rpm 包时,是否基于公私钥对验证包的安全信息,1 表示开启验证,0 表示关闭验证,此项不写默认为开启验证。

4)通过 yum 命令安装 MySQL。

```
sudo yum install mysql-community-server
```

5)启动 MySQL 服务并设置为开机启动。

```
sudo systemctl start mysqld
sudo systemctl enable mysqld
```

6)查看 MySQL 运行状态。

```
service mysqld status
```

7)登录 MySQL 并设置密码。

在上面的步骤执行成功后,MySQL 会生成一个临时密码,有时候这个临时密码可能找不到,因此建议通过跳过密码验证方式来登录 MySQL,然后修改密码并刷新权限。具体执行如下:

a)通过 sudo vim /etc/my.cnf 打开 my.cnf 配置,在[mysqld]下添加如下代码后,通过:wq 命令保存退出。

```
skip-grant-tables
```

b)执行如下命令重启 MySQL 服务。

```
sudo systemctl restart mysqld
```

c)执行下面的命令,无密码登录 MySQL,输入密码时直接按〈Enter〉键跳过进入。

```
mysql -uroot -p
```

d)执行如下命令,选择 MySQL 数据库,然后修改密码并刷新权限。

```
use mysql;
# 刷新权限
flush privileges;
# 下面两行用于修改密码,可以根据实际情况调整
```

```
SET GLOBAL validate_password.policy = LOW;
SET GLOBAL validate_password.length = 6;
# 将原来的密码设置为空字符串
update user set authentication_string='' where user='root';
# 通过 alter 设置新的密码,并刷新权限
alter user 'root'@'localhost' identified by 'root123456';
flush privileges;
exit;
```

e)重新打开/etc/my.cnf 文件,将 skip-grant-tables 注释掉。

```
[mysqld]
# skip-grant-tables
```

f)重启 MySQL 服务,并使用密码重新登录 MySQL。

```
sudo systemctl restart mysqld
mysql -uroot -p
```

按〈Enter〉键后,输入密码即可。

当安装和配置 MySQL 服务后,就可以通过 systemctl 命令启动、停止、重启 MySQL 服务,以及查看 MySQL 运行状态,具体操作命令如下。

```
sudo systemctl start mysqld    # 启动
sudo systemctl stop mysqld     # 停止
sudo systemctl restart mysqld  # 重启
sudo systemctl status mysqld   # 查看状态
```

由于篇幅问题,在 macOS、Windows 系统中安装 MySQL 服务的步骤这里不再逐一列举,具体安装方式参考 MySQL 官方文档(https://dev.mysql.com/doc/mysql-installer/en)。

▶▶ 7.2.2 MySQL 基本用法

对于开发者来说,MySQL 常用的操作主要包含数据库和数据表的创建和删除、数据表增、删、改、查、查看数据表的基本信息,以及创建和删除索引等操作。如果需要掌握 MySQL 更多操作,可以直接看 MySQL 官方手册或 MySQL 相关基础实战的书籍。在本小节中,将通过实例演示这些常用的基本操作。

1)进入 MySQL 命令终端交互窗口。

首先,打开终端窗口,通过 mysql -uroot -p 命令,输入密码进入 MySQL 命令终端交互窗口,如图 7-1 所示。本书涉及的 SQL 语句操作,都在交互窗口中完成。

2)创建数据库和数据表。

假设有一个会员中心的服务,需要创建一个数据库 membership,并在该数据库中创建相关的数据表,然后对数据表进行上述相关操作。首先通过 create 命令创建数据库,SQL 语句如下:

```
create database membership charset=utf8mb4;
```

```
→  ~ mysql -uroot -p
Enter password:
Welcome to the MySQL monitor.  Commands end with ; or \g.
Your MySQL connection id is 8
Server version: 8.4.3 MySQL Community Server - GPL

Copyright (c) 2000, 2024, Oracle and/or its affiliates.

Oracle is a registered trademark of Oracle Corporation and/or its
affiliates. Other names may be trademarks of their respective
owners.

Type 'help;' or '\h' for help. Type '\c' to clear the current input statement.

mysql>
```

● 图 7-1　MySQL 命令终端交互窗口

接下来，选择 membership 数据库，创建数据表 users，并在这个 users 数据表中添加用户基本信息字段，如用户名字、会员等级、用户昵称、用户手机号、年龄、用户积分等基本信息，其 SQL 语句如下：

https://github.com/daheige/rust-in-action/blob/main/part7/membership.sql

上述 SQL 语句执行效果，如图 7-2 所示。

```
mysql> create database membership charset=utf8mb4;
Query OK, 1 row affected (0.01 sec)

mysql> use membership;
Database changed
mysql> create table users (
    ->     id bigint unsigned primary key not null auto_increment,
    ->     openid varchar(32) not null comment '用户唯一标识uuid',
    ->     name varchar(50) not null default '' comment '用户名字',
    ->     level tinyint(1) unsigned not null default '0' comment '会员等级，0普通用户，1银卡用户，2金卡用户，3黑金用户，4白金用户，5钻石用户',
    ->     nick varchar(50) not null default '' comment '用户昵称',
    ->     phone varchar(50) not null default '' comment '用户手机号',
    ->     age tinyint(3) unsigned not null default '0' comment '年龄',
    ->     score bigint unsigned not null default '0' comment '用户积分'
    -> ) ENGINE=InnoDB DEFAULT CHARSET=utf8mb4 COLLATE=utf8mb4_general_ci;
Query OK, 0 rows affected, 2 warnings (0.03 sec)
```

● 图 7-2　创建 membership 数据库和 users 数据表

3）对数据表进行增、删、改、查等操作。

在 user 数据表创建好后，就可以通过 SQL 语句对 users 数据表进行增、删、改、查等操作，这些操作执行的 SQL 语句如下：

https://github.com/daheige/rust-in-action/blob/main/part7/mysql_op.sql

上述 SQL 语句执行效果，如图 7-3 所示。

```
mysql> insert into users(openid,name,level,nick,age,score) values
    -> ("0e0124838b60460da7816060e28de9a1","张三",0,"zhangsan",23,10),
    -> ("43ce2706907c4da481cd924587419bd0","李四",1,"lisi",28,80),
    -> ("a5a8a2c852db476a84dc51fdbe128dd4","小明",2,"xiaoming",32,120),
    -> ("c17bf3ecc31447409436236fcb55b9d5","小六",2,"xiaoliu",40,90);
Query OK, 4 rows affected (0.02 sec)
Records: 4  Duplicates: 0  Warnings: 0

mysql> delete from users where openid = "c17bf3ecc31447409436236fcb55b9d5";
Query OK, 1 row affected (0.01 sec)

mysql> update users set score = 130 where openid = "a5a8a2c852db476a84dc51fdbe128dd4";
Query OK, 1 row affected (0.01 sec)
Rows matched: 1  Changed: 1  Warnings: 0

mysql> select * from users where id >=1;
+----+----------------------------------+------+-------+----------+-------+-----+-------+
| id | openid                           | name | level | nick     | phone | age | score |
+----+----------------------------------+------+-------+----------+-------+-----+-------+
|  1 | 0e0124838b60460da7816060e28de9a1 | 张三 |     0 | zhangsan |       |  23 |    10 |
|  2 | 43ce2706907c4da481cd924587419bd0 | 李四 |     1 | lisi     |       |  28 |    80 |
|  3 | a5a8a2c852db476a84dc51fdbe128dd4 | 小明 |     2 | xiaoming |       |  32 |   130 |
+----+----------------------------------+------+-------+----------+-------+-----+-------+
3 rows in set (0.00 sec)
```

● 图 7-3　users 数据表增、删、改、查操作

4）查看数据表基本信息。

在开发过程中，可以执行如下命令查看某个数据表创建的基本信息，效果如图 7-4 所示。

```
show create table users\G;
```

```
mysql> show create table users\G;
*************************** 1. row ***************************
       Table: users
Create Table: CREATE TABLE `users` (
  `id` bigint unsigned NOT NULL AUTO_INCREMENT,
  `openid` varchar(32) COLLATE utf8mb4_general_ci NOT NULL COMMENT '用户唯一标识uuid',
  `name` varchar(50) COLLATE utf8mb4_general_ci NOT NULL DEFAULT '' COMMENT '用户名字',
  `level` tinyint unsigned NOT NULL DEFAULT '0' COMMENT '会员等级, 0普通用户, 1银卡用户, 2金卡用户, 3黑金用户, 4白金用户, 5钻石用户',
  `nick` varchar(50) COLLATE utf8mb4_general_ci NOT NULL DEFAULT '' COMMENT '用户昵称',
  `phone` varchar(50) COLLATE utf8mb4_general_ci NOT NULL DEFAULT '' COMMENT '用户手机号',
  `age` tinyint unsigned NOT NULL DEFAULT '0' COMMENT '年龄',
  `score` bigint unsigned NOT NULL DEFAULT '0' COMMENT '用户积分',
  PRIMARY KEY (`id`)
) ENGINE=InnoDB AUTO_INCREMENT=5 DEFAULT CHARSET=utf8mb4 COLLATE=utf8mb4_general_ci
1 row in set (0.01 sec)
```

● 图 7-4　查看 users 数据表信息

5）创建和删除索引。

对 openid 添加唯一索引，执行的 SQL 语句如下：

```
alter table users add UNIQUE 'uk_openid' (`openid`);
```

如果需要对 nick 字段添加普通索引，执行的 SQL 命令如下：

```
alter table users add index idx_nick ('nick');
```

如果不需要 idx_nick 索引，只需要执行如下 SQL 命令删除索引：

```
alter table users drop index idx_nick;
```

关于 MySQL 表索引的更多操作，可以参考 MySQL 官方手册。

6）删除数据库和数据表操作。

```
--删除表
drop table users;
--删除数据库 membership
drop database membership;
```

以上内容就是 MySQL 基本操作。在 MySQL 交互终端中执行 SQL 语句，很容易出错，在一定程度上影响了用户体验和开发效率。假设给 membership.users 添加 idx_nick 普通索引时，不小心输入了错误的 SQL 命令，那么 MySQL 交互终端就会提示错误信息，效果如图 7-5 所示。

```
mysql> alter table users add idx_nick(nick);
ERROR 1064 (42000): You have an error in your SQL syntax; check the manual that corresponds to your MySQL server version for the right syntax to use near '(nick)' at line 1
mysql>
```

• 图 7-5 错误的 SQL 命令提示

在实际项目过程中，还可以使用一些 MySQL 桌面客户端或网页 MySQL 管理工具快速操作和管理 MySQL。例如，比较常用的 MySQL 客户端软件有 Sequel Ace（免费的）、Navicat（付费的），Web 网页 phpmyadmin（开源的）等，它们能快速帮助开发者完成 MySQL 各种操作。

7.3 Redis

Redis 是业界备受欢迎的 NoSQL 数据库之一，它是一款由 C 语言编写的、支持网络交互的、可以基于内存存储也可以持久化的键值对数据库。它支持多种数据结构，可用于缓存、发布订阅、消息队列、排行榜、计数器、分布式锁、熔断限流等不同的应用场景。在本节中，将演示 Redis 下载和安装，以及 Redis 基本数据类型，这两部分的内容能让读者快速学习和掌握 Redis 基础知识。

7.3.1 Redis 下载和安装

接下来，分别以 Linux CentOS、Ubuntu 操作系统为例，介绍如何下载和安装 Redis 服务。

1. LinuxCentOS7 安装 Redis 服务

1）使用 yum 源安装 Redis，执行命令如下。

```
sudo yum install epel-release -y
sudo yum update -y
sudo yum install redis -y
```

2）启动 Redis 服务，并设置开机自动启动。

```
sudo systemctl start redis
sudo systemctl enable redis
```

3）执行 redis-cli 命令进入 Redis 交互窗口，并执行 ping 和 info 命令查看 Redis 服务是否正常运行，效果如图 7-6 所示。

```
→  ~ redis-cli
127.0.0.1:6379> ping
PONG
127.0.0.1:6379> info
# Server
redis_version:3.2.12
redis_git_sha1:00000000
redis_git_dirty:0
redis_build_id:7897e7d0e13773f
redis_mode:standalone
os:Linux 3.10.0-1160.119.1.el7.x86_64 x86_64
```

• 图 7-6 查看 Redis 服务是否正常运行

4）设置 Redis 密码。

通过 vim /etc/redis.conf 打开 Redis 配置文件，并找到 requirepass 设置密码。虽然说这一步是可选的，但在生产环境中，还是建议设置 Redis 密码，以提升程序的安全性。

以上步骤就是在 Linux CentOS7 中安装 Redis 服务的基本操作。如果需要停止或重启 Redis 服务，只需要执行如下命令即可。

```
sudo systemctl stop redis
sudo systemctl restart redis
```

2. Linux Ubuntu22.04 安装 Redis 服务

1）安装 Ubuntu 必要的软件依赖，执行命令如下。

```
sudo apt installlsb-release curl gpg
```

2）将 Ubuntu 官方的 Redis package 添加到 apt 索引并更新，执行命令如下。

```
curl -fsSL https://packages.redis.io/gpg | sudo gpg --dearmor -o
/usr/share/keyrings/redis-archive-keyring.gpg
echo "deb [signed-by=/usr/share/keyrings/redis-archive-keyring.gpg]
https://packages.redis.io/deb $(lsb_release -cs) main" | sudo tee
/etc/apt/sources.list.d/redis.list
```

3）更新 Ubuntu package 并安装 Redis。

```
sudo apt-get update
sudo apt-get install redis
```

以上步骤就是 Linux Ubuntu 安装 Redis 服务的基本操作。如果需要停止或重启 Redis 服务，只需要执行如下命令即可。

```
# 停止 Redis 服务
sudo service redis-server stop
# 重启 Redis 服务
sudo service redis-server restart
```

由于篇幅问题，Windows、macOS 系统上安装 Redis 服务的步骤这里不再逐一列举，具体操作步骤可以参考 Redis 官方文档（https://redis.io/docs/latest/get-started）。

7.3.2 Redis 基本数据类型

Redis 基本数据类型，其实就是 Redis 值（value）的数据类型。Redis 常见的 5 种基本数据类型分别是：字符串（String）、列表（List）、无序集合（Set）、有序集合（Zset）、哈希（Hash）。Redis 这 5 种基本数据类型，分别具有不同的使用场景。

- 字符串（String）：Redis 最基础的数据类型，它存储的是二进制安全的数据，可以是数字、字符串、二进制数据或序列化对象等。由于 Redis 的字符串是二进制安全的，因此可以用来存储图片、视频等二进制内容，其应用场景包括缓存、计数器、分布式锁、配置信息等。
- 列表（List）：Redis 列表是一种基于字符串的线性表数据结构，元素按照插入顺序排序，先进先出，可以存储多个有序的字符串元素。列表适用于需要按照插入顺序排序的数据场景，如社交网络的时间线、时间戳记录、任务消息队列等。
- 无序集合（Set）：Redis 无序集合是一种无序的字符串集合，其中的每个元素都是唯一的，没有重复的元素。Redis 无序集合适用于需要快速查找和删除的场景，如用户标签管理、黑白名单管理、数据去重、好友关注等。
- 有序集合（Zset）：Redis 有序集合是一种特殊的集合，其中的每个元素都会关联一个分数，通过分数可以对集合进行排序。有序集合适用于需要按照分数（score）排序的场景，如评分排名、排行榜 TOPN、最新热评、最近访问记录等。
- 哈希（Hash）：Redis 哈希是一种键值对集合，其中每个键都可以映射到一个或多个字段和值。哈希类型适用于存储对象，如用户信息、登录信息、商品详情等。通过使用 Redis 哈希数据类型，开发者可以更方便地对数据进行操作和查询，其应用场景非常广泛。

第 7 章
Rust 中的数据库和缓存实战

由于篇幅问题，在接下来的内容中，将通过 redis-cli 命令进入 Redis 交互终端演示 Redis 字符串类型的基本操作。更多 Redis 数据类型的命令操作，可以参考 Redis 官方文档（https://redis.io/）。

通常来说，Redis 字符串类型的命令操作主要有 set、get、setex、setnx、psetex、mset、mget 等。以下内容是 Redsit set 命令基本用法。

格式：SET key value [EX seconds | PX milliseconds] [NX|XX]

参数功能：SET 除了可以直接将 key 的数值设为 value 外，还可以指定一些参数。

EX seconds：为当前 key 设置过期时间，单位 s（秒）。等价于 SETEX 命令。

PX milliseconds：为当前 key 设置过期时间，单位 ms（毫秒）。等价于 PSETEX 命令。

NX：用于添加指定的 key，仅当指定的 key 不存在时才会设置成功，等价于 SETNX 命令。

XX：仅当指定的 key 存在时才会设置成功，用于更新指定 key 的 value。

Redis set 及 setex 命令操作方式，如图 7-7 所示。

当使用 set 命令设置好 key 和 value 后，就可以通过 get、mget 获取对应的 key 对应的 value，运行效果如图 7-8 所示。

接下来，将介绍 Redis 其他比较常用的命令操作，主要包括 ttl、del、expire、expireAt 等命令。如果想查看某个 Redis key 的过期时间，可以使用 ttl 命令（这个 ttl 对 Redis 所有数据类型都是可用的，其中返回值-1 表示无过期时间，-2 表示当前 key 不存在）。例如，想查看 b1、b2、a 这 3 个字符串 key 的过期时间，只需要执行 ttl 命令即可，运行效果如图 7-9 所示。

```
127.0.0.1:6379> set a 1
OK
127.0.0.1:6379> set b1 1 ex 150 nx
OK
127.0.0.1:6379> set b2 12 ex 15000
OK
127.0.0.1:6379> setex c 500 "hello"
OK
```

● 图 7-7　Redis set 及 setex 命令操作

```
127.0.0.1:6379> get a
"1"
127.0.0.1:6379> get b2
"12"
127.0.0.1:6379> get c
"hello"
127.0.0.1:6379> mget a b2 c
1) "1"
2) "12"
3) "hello"
```

● 图 7-8　Redis get 和 mget 命令操作

```
127.0.0.1:6379> ttl b1
(integer) -2
127.0.0.1:6379> ttl b2
(integer) 14422
127.0.0.1:6379> ttl b2
(integer) 14416
127.0.0.1:6379> ttl a
(integer) -1
```

● 图 7-9　Redis ttl 命令操作

如果想删除某个 Redis key，只需要执行 del 命令（这个 del 对 Redis 所有数据类型都是可用的）即可，运行效果如图 7-10 所示。

对于 Redis 命令操作，在开发过程中，既可以使用 redis-cli 命令交互窗口完成 Redis 命令操作，也可以使用 Redis 桌面管理软件来操作 Redis。例如：开源软件 Redis Desktop Manager，它是一款

```
127.0.0.1:6379> del a
(integer) 1
127.0.0.1:6379> del b2
(integer) 1
```

● 图 7-10　Redis del 命令操作

· 159

跨平台的开源 Redis 可视化工具，旨在提供直观强大的图形用户界面，简化原有的命令语言，充分发挥 Redis 的特性。通过 Redis Desktop Manager，开发者可以连接、管理和监视 Redis 数据库，以及执行各种操作，例如，创建、修改或删除键值对、列表、集合和哈希等数据类型的基本操作。更多 Redis 命令操作，可以参考 Redis 官方文档，这样就会对 Redis 命令操作有比较全面的了解。

7.4 Rust 中的 MySQL 和 Redis 操作

在 7.1~7.3 节中，已经掌握了 MySQL、Redis 基础知识和基本用法。这些内容对于开发实际项目非常有帮助。在本节中，将通过实例演示在 Rust 语言中如何使用第三方库操作 MySQL 和 Redis，并编写一个阅读数增量同步服务。

▶▶ 7.4.1 使用 sqlx 库操作 MySQL

sqlx 是一个纯粹的异步、与运行时无关的 Rust SQL 包，允许开发者在没有 DSL 的情况下，编写出用于编译时类型检查的 SQL 查询。sqlx 作为 Rust 中最流行的数据库框架之一，虽然本身不是 orm 库，但大部分 orm 库都是基于它实现的。sqlx 具有以下优点。

- 原生支持异步：使用 async 或 await 特性实现异步和最大并发性。
- 编译时检查查询：能够在 cargo build 阶段检查 SQL 语法是否正确。
- 支持多种数据库：支持 PostgreSQL、MySQL、SQLite 和 MSSQL 等。
- 支持多种异步运行时：支持主流的 tokio、async-std、native-tls 等。
- 功能丰富：自带 sqlx-cli 工具，方便开发者进行常规 SQL migration（迁移）操作。
- 跨平台：作为原生 Rust database driver，可在任何支持 Rust 的环境中编译。
- 内置连接池：使用连接池能够有效地避免数据库连接句柄过多的问题。

在本小节中，将演示 Rust sqlx 库所提供的 SQL migration 基本用法，以及如何使用 sqlx 库对 MySQL 数据表实现增、删、改、查等基本操作。

假设使用的操作系统是 Linux 或 macOS，并且已经安装了 MySQL 服务，在执行 SQL migration 操作之前，需要执行如下命令安装 sqlx-cli 命令行工具：

```
cargo install sqlx-cli@ 0.8.2
```

接下来，在当前命令终端中执行如下命令设置好 DATABASE_URL 环境变量。

```
export DATABASE_URL=mysql://root:root123456@ localhost/memberinfo
```

然后，创建一个 sql-migration 目录，进入该目录中，执行如下命令完成 SQL migration 操作：

```
sqlx database create
sqlx migrate add users
```

此时，在 sql-migration 项目中就会生成一个 migrations 目录和一个 SQL 文件（格式为 20240320142623_users.sql）。接着，在这个 SQL 文件中添加如下 SQL 语句：

```sql
-- Add migration script here
CREATE TABLE `users` (
  `id` int NOT NULL AUTO_INCREMENT,
  `name` varchar(128) NOT NULL,
  `age` int NOT NULL,
  `id_card` varchar(128) NOT NULL,
  `last_update` date NOT NULL,
  PRIMARY KEY (`id`)
) ENGINE=InnoDB DEFAULT CHARSET=utf8mb4;
```

随后，执行 sqlx migrate run 命令运行上述 SQL 语句时，就会在 memberinfo 数据库中创建 users 数据表。同时，sqlx-cli 工具也会在数据库 memberinfo 中创建一个 _sqlx_migrations 数据表，用来记录已执行 migration 操作记录。上述 sqlx 工具运行效果如图 7-11 所示。

● 图 7-11　上述 sqlx 工具运行效果

从图 7-11 中看出，通过 sqlx-cli 工具可以完成基本的 SQL migration 操作。更多 sqlx-cli 用法，可以参考官方文档（https://github.com/launchbadge/sqlx/tree/main/sqlx-cli）。

当使用 sqlx-cli 工具创建好 users 数据表后，就可以通过 sqlx crate 对数据表完成增、删、改、查等基本操作。首先，使用 cargo new sqlx-demo 命令创建一个二进制应用，并在 Cargo.toml 中添加如下依赖：

```toml
[dependencies]
sqlx = { version = "0.8.2", features = [ "runtime-tokio", "tls-native-tls", "mysql", "chrono","time"] }
tokio = { version = "1.42.0", features = ["full"] }
futures = "0.3.31"
chrono = "0.4.38"
```

然后，在 src/main.rs 中添加如下代码：

```rust
use chrono::prelude::*;
use futures::TryStreamExt;
// 引入 sqlx 包中的相关模块
use sqlx::mysql::{MySqlPoolOptions, MySqlRow};
```

```rust
use sqlx::Row;
use std::env;
use std::ops::DerefMut;
use std::time::Duration;
use tokio; // 引入 tokio 异步运行时

// 定义 users 数据表字段的实体信息
// 在 UserEntity 前使用 sqlx::FromRow 属性读取行记录
#[derive(Debug,sqlx::FromRow)]
struct UserEntity {
    id: i64,
    name: String,
    age: i32,
    id_card: String,
    last_update:NaiveDate,
}

#[tokio::main]
async fn main() -> Result<(), sqlx::Error> {
    // 数据库连接 dsn 句柄信息
    let default_dsn = "mysql://root:root123456@ localhost/memberinfo";
    let dsn =env::var("DATABASE_URL").unwrap_or(default_dsn.to_string());

    // 创建数据库连接池
    let pool =MySqlPoolOptions::new()
        .max_connections(200) // 最大连接数
        .min_connections(5) // 最小连接数
        .max_lifetime(Duration::from_secs(1800)) // 最大生命周期
        .idle_timeout(Duration::from_secs(600)) // 空闲连接的生命周期
        .acquire_timeout(Duration::from_secs(10)) // 连接超时
        .connect(&dsn)
        .await?;

    // 1.使用 execute 方法执行插入操作
    let sql = r#"insert into users (name,age,id_card,last_update) value(?,?,?,?)"#;
    let affect_rows =sqlx::query(sql)
        .bind("zhangsan") // 通过 bind 方法实现参数绑定
        .bind(33)
        .bind("abc")
        .bind(NaiveDate::from_ymd_opt(2024, 12, 08))
        .execute(&pool) // 异步执行 SQL
        .await?;
    let id = affect_rows.last_insert_id(); // 获取插入的自增 id
    println!("insert user id = {}", id);
```

```rust
// 2.使用 fetch 执行查询并将生成的结果作为 BoxStream 流返回
// 接着使用 while let 模式匹配处理结果
let sql = "select * from users where id >= ?";
let mut stream = sqlx::query(sql).bind(1).fetch(&pool);
// 通过 while let 模式匹配和 try_next 方法从流中迭代数据
while let Some(row) = stream.try_next().await? {
    let user = UserEntity {
        id: row.get("id"), // 通过 get 方法获取字段对应的值
        name: row.get("name"),
        age: row.get("age"),
        id_card: row.get("id_card"),
        last_update: row.get("last_update"),
    };

    println!("user = {:?}", user);
    println!(
        "user id = {} name = {} age = {} id_card = {} last_update = {}",
        user.id, user.name, user.age, user.id_card, user.last_update
    );
}

// 3.使用 fetch 执行查询并将生成的结果作为流 BoxStream 返回
// 接着使用 map 闭包处理结果
let sql = "select * from users where id >= ?";
let records = sqlx::query(sql)
    .bind(1)
    .map(|row: MySqlRow| UserEntity {
        // map 方法将每一行结果集映射到结构体中
        // 这个闭包的参数需要指定 row 数据为 MySqlRow
        id: row.get("id"),
        name: row.get("name"),
        age: row.get("age"),
        id_card: row.get("id_card"),
        last_update: row.get("last_update"),
    })
    .fetch(&pool);
// 将流 BoxStream 中的结果通过 pin 的方式固定到 records 集合中
tokio::pin!(records);
// 通过 while let 模式匹配和 try_next 方法从流中迭代数据
while let Some(s) = records.try_next().await? {
    println!("s = {:?}", s);
}

// 4.使用 execute 方法执行更新操作,它会返回 affect_rows 影响的行数
```

```rust
    let sql = r#"update users set name = ? where id = ?"#;
    let affect_rows =sqlx::query(sql)
        .bind("zhangsan2")
        .bind(1)
        .execute(&pool)
        .await?;
    println!("{:?}", affect_rows);

    // 5.使用 query_as 方法将查询结果自动映射到 Rust 的结构体中
    // 例如,下面将结果集映射到结构体 UserEntity 中
    let sql = "select * from users where id >= ?";
    // fetch 方法执行查询并将生成的结果作为流 BoxStream 返回
    // query_as 方法将每一行结果集映射到结构体 UserEntity 中
    // 通过 while let 模式匹配和 try_next 方法从流中迭代数据
    let mut stream =sqlx::query_as::<_, UserEntity>(sql).bind(1).fetch(&pool);
    while let Some(user) = stream.try_next().await? {
        println!("{:?}", user);
    }

    // 6.使用 fetch_one 获取单条记录
    // 该方法执行查询返回第一行,如果数据不存在返回 Error::RowNotFound
    let sql = "select * from users where id = ?";
    // query_as 将其映射到结构体 UserEntity 中
    let user:UserEntity = sqlx::query_as(sql).bind(1).fetch_one(&pool).await?;
    println!("user: {:?}", user);
    println!("id = {} name = {}", user.id, user.name);

    // 7.使用 fetch_all 查询多条记录
    // sqlx 为用户提供了一个宏 Sqlx::FromRow 标记,
    // 以便用户能够从 SQL 行向量中提取数据到结构体中
    let sql = "select * from users where id >= ?";
    let records:Vec<UserEntity> = sqlx::query_as(sql).bind(1).fetch_all(&pool).await?;
    for row in records {
        println!("current row = {:?}", row);
        println!("id = {} name = {}", row.id, row.name);
    }
    // …省略其他代码…

    Ok(())
}
```

为了演示 sqlx 基本使用,就没有将上述代码拆分到单独的函数中。在实际项目开发中,建议将超过 80 行的代码函数按照功能进行拆分,有利于方便后续维护和拓展。在上述代码中,通过 sqlx 这个单元包(crate)实现了数据表 users 的增、删、改、查等基本操作,运行效果如图 7-12 所示。

```
Compiling sqlx-demo v0.1.0 (/home/heige/web/rust/rust-in-action/part7/sqlx-demo)
    Finished `dev` profile [unoptimized + debuginfo] target(s) in 6.75s
     Running `target/debug/sqlx-demo`
insert user id = 1
current insert user id = 2
user = UserEntity { id: 1, name: "zhangsan", age: 33, id_card: "abc", last_update: 2024-12-08 }
user id = 1 name = zhangsan age = 33 id_card = abc last_update = 2024-12-08
user = UserEntity { id: 2, name: "xiaoming", age: 23, id_card: "efg", last_update: 2024-12-08 }
user id = 2 name = xiaoming age = 23 id_card = efg last_update = 2024-12-08
s = UserEntity { id: 1, name: "zhangsan", age: 33, id_card: "abc", last_update: 2024-12-08 }
s = UserEntity { id: 2, name: "xiaoming", age: 23, id_card: "efg", last_update: 2024-12-08 }
MySqlQueryResult { rows_affected: 1, last_insert_id: 0 }
UserEntity { id: 1, name: "zhangsan2", age: 33, id_card: "abc", last_update: 2024-12-08 }
UserEntity { id: 2, name: "xiaoming", age: 23, id_card: "efg", last_update: 2024-12-08 }
user: UserEntity { id: 1, name: "zhangsan2", age: 33, id_card: "abc", last_update: 2024-12-08 }
id = 1 name = zhangsan2
current row = UserEntity { id: 1, name: "zhangsan2", age: 33, id_card: "abc", last_update: 2024-12-08 }
id = 1 name = zhangsan2
current row = UserEntity { id: 2, name: "xiaoming", age: 23, id_card: "efg", last_update: 2024-12-08 }
id = 2 name = xiaoming
id = 3
```

● 图 7-12 sqlx-demo 运行效果

sqlx 库常用的操作方法有 query、query_as、bind、execute、fetch、fetch_one、fetch_all 等，可以满足大部分业务场景的开发。当然，也可以使用 sqlx 提供的 query! 宏、query_as! 宏来操作 MySQL 数据表。更多 sqlx 用法，可以参考 sqlx 官方文档（https://crates.io/crates/sqlx），这里就不逐一列举了。

▶▶ 7.4.2 使用 redis-rs 操作 Redis

redis-rs 库作为 Rust 社区中比较受欢迎的库，它内置连接池管理，提供了 Redis 各种命令操作的 API 方法，能够帮助开发者快速操作 Redis。在本小节中，将通过 redis-rs 演示在 Rust 语言中如何操作 Redis。

首先，通过 cargo new redis-demo 创建一个二进制应用，并在 Cargo.toml 中添加如下依赖：

```
[dependencies]
# Redis 操作库
redis = { version ="0.27.6",features =
["r2d2","tokio-comp","cluster","cluster-async","json"]}
# r2d2 用于 Redis 连接池管理
r2d2 = "0.8.10"
# tokio 异步运行时
tokio = { version = "1.42.0", features = ["full"] }
# anyhow 用于错误处理,旨在提供灵活的、具体的错误处理能力
anyhow = "1.0.94"
```

然后，在 main.rs 文件中添加如下代码：

```
mod xredis; // 定义 xredis 模块
use redis::{Commands, RedisResult};
use std::time::Duration;
// 引入 xredis 模块中的 RedisService 结构体
use xredis::RedisService;
// anyhow 提供了一个 Error 类型,可以包含任何实现了 std::error::Error 的错误,
// 这里的 anyhow::Result 其实是一个类型别名 Result<T, E = Error>,可以直接使用
#[tokio::main]
async fn main() -> anyhow::Result<()> {
    // 单机版 Redis 或 vip ip 形式的 Redis,创建 Redis 连接池
    // dsn 格式:redis://:[password]@[host]:[port]/[database]
    // 例如,redis://:@127.0.0.1:6379/0
    let dsn = "redis://:@127.0.0.1:6379/0";
    let pool =RedisService::builder().with_dsn(dsn).pool();
    let mut conn = pool.get().unwrap(); // 从连接池中获取一个连接

    // Redis set 操作
    // 大部分 Redis 命令返回值是 redis::RedisResult<()>类型
    let res:RedisResult<String> = conn.set("username", "daheige");
    // 如果需要判断,可以使用 is_err 方法
    if res.is_err() {
        println!("redis set error:{}", res.err().unwrap().to_string());
    } else {
        println!("set success");
    }

    // Redis get 操作
    let name: String = conn.get("username")?; // 通过？简写的方式返回错误
    println!("username:{}", name);

    // 为单个 conn 会话设置 timeout 为 2s
    let mut conn2 = pool.get_timeout(Duration::from_secs(2)).unwrap();
    conn2.set("user2", "xiaoming")?;

    // Redis mget 操作
    // let res:RedisResult<Vec<String>> = conn.mget(&["username", "user2"]);
    // println!("res:{:?}", res.unwrap());
    // 直接将结果解构到 vec 中
    let records:Vec<String> = conn.mget(&["username", "user2"])?;
    println!("records:{:?}", records);

    // Redis incr 操作,假设要为一篇文章(id=1)增加阅读数
    let num: i64 = conn.incr("post_id:1:read_count", 1)?;
    println!("post num:{}", num);
```

```rust
    // 通过 Redis cmd 形式操作 Redis
    redis::cmd("set").arg(&["user3", "abc"]).query(&mut conn)?;
    let name: String = conn.get("user3")?;
    println!("user3:{}", name);

    // 执行 Redis set_ex 操作
    let res:RedisResult<()> = conn.set_ex("user", "zhangsan", 120);
    if res.is_err() {
        println!("set_ex error:{}", res.err().unwrap())
    } else {
        println!("set_ex success")
    }
    let name: String = conn.get("user")?;
    println!("user:{}", name);

    Ok(())
}
```

在上述代码中，首先定义了一个 xredis 模块用于 Redis client 初始化和 Redis pool 创建。xredis 模块的实现代码，可以查看如下地址：

https://github.com/daheige/rust-in-action/blob/main/part7/redis-demo/src/xredis.rs

然后，通过 RedisService::builder().with_dsn(dsn) 构造器方式创建了一个 RedisService 对象实例，并调用 pool 方法创建了 Redis 连接池对象 pool。接着，调用 pool.get 方法从连接池中获取了一个可用的 Redis 连接句柄 conn。最后，调用 conn 提供的一系列方法，实现了 Redis 字符串类型的 set、get、setex、mget、incr、cmd 和 set_ex 等基本操作。当执行 cargo run 运行程序时，效果如图 7-13 所示。

```
    Finished `dev` profile [unoptimized + debuginfo] target(s) in 0.07s
     Running `target/debug/redis-demo`
set success
username:daheige
records:["daheige", "xiaoming"]
post num:1
user3:abc
set_ex success
user:zhangsan
```

● 图 7-13　redis-demo 运行效果

从该示例代码中看出，开发者只需要熟悉 Redis 基本命令，就能快速在 Rust 语言中完成 Redis 各种命令操作。

在接下来的 7.4.3 小节中，将通过实例演示如何在 Rust 中使用 MySQL 和 Redis 实现一个增量同步的阅读数服务。

7.4.3 编写一个增量同步的阅读数服务

假设有一个文章服务，用户可以浏览文章标题、内容、阅读数等基本信息。随着用户规模不断增长，如达到百万级别，甚至更高时，单纯使用 MySQL 数据库实现文章阅读数的读写，可能就无法应对大流量的冲击。此时，可能需要考虑使用 Redis 和异步定时任务来解决高并发下的文章阅读数更新问题。在这里，需要强调一点：Redis 的作用是记录文章阅读数增量，定时任务的作用是将 Redis 记录的文章阅读数增量定时同步到 MySQL 数据库实例相对应的数据表中。

当然，除了使用 Redis 之外，还可以使用其他解决方案实现文章阅读数增量同步，例如，使用 Kafka 或 Pulsar 消息队列实现数据增量同步，可以更好地解决高并发所带来的数据更新问题。由于篇幅限制，这里就不逐一列举，具体技术实现可以参考 8.4 节的 Kafka 和 Pulsar 操作。

在本小节中，将演示如何使用 Redis 和 Job 定时任务编写一个简单的文章阅读数增量同步的服务。该服务的整体架构如图 7-14 所示。

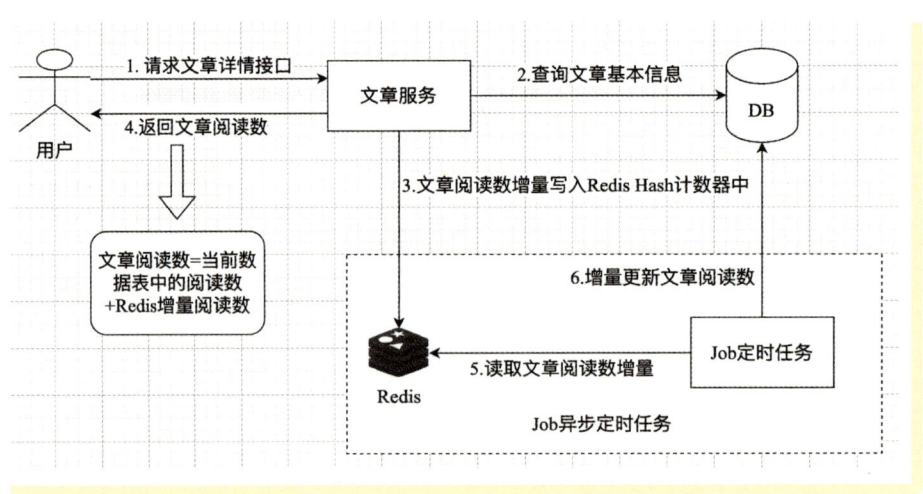

● 图 7-14　文章阅读数增量同步的架构设计

从图 7-14 中可以看出，当用户请求文章详情接口时，会先查询文章基本信息，包含当前文章的阅读数。然后，将文章阅读数增量写入 Redis Hash 计数器中。当写入成功后，就会立即返回文章阅读数（这里的阅读数等于当前数据表中的阅读数与 Redis Hash 计数器的值之和）。最后，通过 Job 定时任务从 Redis 中获取文章阅读数增量以异步的方式将文章阅读数增量更新到数据表中，从而实现了文章阅读数实时更新。

接下来，在 MySQL 命令窗口中执行如下链接中的 SQL 语句（当然，也可以使用 MySQL 图形化软件执行这些 SQL 语句）创建数据库 article_sys 和数据表 articles 并插入对应的数据，效果如图 7-15 所示。

https://github.com/daheige/rust-in-action/blob/main/part7/article-svc/article.sql

```
mysql> create database article_sys charset = utf8mb4;
Query OK, 1 row affected (0.01 sec)

mysql> use article_sys;
Database changed
mysql> CREATE TABLE `articles` (
    ->     `id` bigint unsigned NOT NULL AUTO_INCREMENT COMMENT '自增id',
    ->     `title` varchar(1000) CHARACTER SET utf8mb4 COLLATE utf8mb4_general_ci NOT NULL DEFAULT '' COMMENT '文章标题',
    ->     `read_count` bigint unsigned NOT NULL DEFAULT '0' COMMENT '文章阅读数',
    ->     `content` text CHARACTER SET utf8mb4 COLLATE utf8mb4_general_ci NOT NULL COMMENT '文章内容',
    ->     `author` varchar(50) CHARACTER SET utf8mb4 COLLATE utf8mb4_general_ci NOT NULL DEFAULT '' COMMENT '文章创建者',
    ->     `created_at` datetime NOT NULL COMMENT '文章创建时间',
    ->     `updated_at` datetime DEFAULT NULL COMMENT '文章更新时间',
    ->     `is_deleted` tinyint unsigned NOT NULL DEFAULT '0' COMMENT '是否删除, 1已删除, 0正常',
    ->     PRIMARY KEY (`id`),
    ->     KEY `idx_created_at` (`created_at`),
    ->     KEY `idx_author_created_at` (`author`,`created_at`)
    -> ) ENGINE=InnoDB DEFAULT CHARSET=utf8mb4 COLLATE=utf8mb4_general_ci;
Query OK, 0 rows affected (0.05 sec)

mysql> insert into articles (title,content,author,created_at) values
    ->   ("Rust程序设计基本介绍","这是一篇讲解Rust基础知识的文章","daheige","2024-12-08 10:10:00"),
    ->   ("Rust项目实战","Rust项目实战的文章","daheige","2024-12-08 10:10:08");
Query OK, 2 rows affected (0.01 sec)
```

● 图 7-15 article_sys 数据库和 articles 数据表的创建

然后，执行 cargo new article-svc 命令创建一个二进制应用，并在 Cargo.toml 文件中添加如下依赖：

https://github.com/daheige/rust-in-action/blob/main/part7/article-svc/Cargo.toml

接着，在 src/main.rs 文件中添加如下代码：

```rust
// 定义项目相关的模块
mod config; // 用于 MySQL 和 Redis 配置初始化和连接池管理
mod entity; // 实体对象定义
mod handlers; // 用于 HTTP handler 处理
mod infras; // 项目中基础设施层封装
mod routers; // axum HTTP 框架路由模块
// …省略其他代码…

#[tokio::main]
async fn main() -> anyhow::Result<()> {
    println!("app_debug:{:?}", APP_CONFIG.app_debug);
    println!("current process pid:{}", process::id());

    let address:SocketAddr = format!("0.0.0.0:{}", APP_CONFIG.app_port).parse().unwrap();
    println!("app run on:{}", address.to_string());

    // 创建 MySQL 连接池
    let mysql_pool = mysql::pool(&APP_CONFIG.mysql_conf).await?;
```

```rust
    // 创建 Redis 连接池
    let redis_pool = xredis::pool(&APP_CONFIG.redis_conf);
    // 通过 Arc 引用计数的方式传递 AppState
    let app_state = Arc::new(config::AppState {
        mysql_pool: mysql_pool,
        redis_pool: redis_pool,
    });

    // create axum router
    let router = routers::api_router(app_state);

    // Create a `TcpListener` using tokio.
    let listener = TcpListener::bind(address).await?;

    // Run the server with graceful shutdown
    axum::serve(listener, router)
        .with_graceful_shutdown(graceful_shutdown())
        .await?;
    Ok(())
}
// …省略 graceful shutdown 代码实现…
```

在上述代码中,首先定义了项目相关的模块,每个模块的作用如下。

- config:读取配置文件,从项目根目录下读取 app.yaml 配置,并完成配置初始化操作。
- entity:定义文章表模型,项目涉及数据表对应 Rust 数据结构的映射。
- handlers:定义处理器函数,用于 axum HTTP 路由地址和处理器函数绑定。
- infras:项目中基础设施层定义,例如,MySQL 和 Redis 连接池管理的封装。
- routers:axum HTTP 框架运行时的路由模块。

然后,在 main 函数上方使用#［tokio::main］注解的方式,将 main 函数中的异步代码的运行时指定为 tokio。接着,分别创建了 MySQL 和 Redis 连接池,并使用 Arc 原子引用计数的方式将它们传递给 routers::api_router 函数。最后,使用 tokio::net 模块提供的 TcpListener::bind 函数创建了一个 TCP listener 实例对象,并将它和 router 变量传递给 axum::serve 方法,启动 HTTP 服务。

该 article-svc 服务的目录分层,如图 7-16 所示。

在这里,由于篇幅问题,只介绍 article-svc 服务核心模块的业务逻辑。以下是 routers/router.rs 模块核心代码:

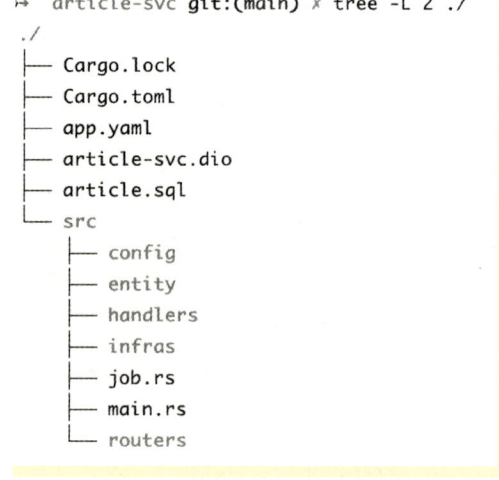

● 图 7-16 article-svc 服务目录分层

```rust
use crate::{config, handlers};
use axum::{routing::get, Router};
use std::sync::Arc;

// api 路由设置
pub fn api_router(state: Arc<config::AppState>) -> Router {
    let router = Router::new()
        .route("/", get(handlers::article::root))
        .route("/api/article/:id", get(handlers::article::show))
        .with_state(state);
    router
}
```

在上述代码中,通过 axum 提供的 Router::new 方法创建了一个 router 实例,并绑定了两个路由,分别设置了对应的 handler 处理器函数。这两个 handler 处理器函数均来自 handlers 模块。以下是 handler/article.rs 模块核心代码:

```rust
// …省略其他代码…
// 文章阅读数展示接口
pub async fn show(Path(id): Path<i64>, State(state): State<Arc<config::AppState>>) -> Response {
    // …省略其他代码…
    // 查询 article 信息
    let sql = "select * from articles where id = ?";
    let record: Result<ArticleEntity, _> = sqlx::query_as(sql)
        .bind(id)
        .fetch_one(&state.mysql_pool)
        .await;
    if let Err(err) = record {
        return (
            StatusCode::OK,
            Json(super::Reply {
                code: 1002,
                message: format!("get article failed,err:{}", err),
                data: Some(super::EmptyObject {}),
            }),
        )
            .into_response();
    }

    let mut article = record.unwrap();
    let redis_pool = state.redis_pool.clone();
    let increment = incr_read_count(redis_pool, id);
    // 当前文章阅读数 = 数据库中的文章阅读数 + increment(增量数)
    article.read_count = (article.read_count as i64 + increment) as u64;
```

```
        (
            StatusCode::OK,
            Json(super::Reply {
                code: 0,
                message: "ok".to_string(),
                data: Some(article),
            }),
        )
            .into_response()
}

fn incr_read_count(pool: Pool<redis::Client>, id: i64) -> i64 {
    // Redis hash 中 field 是文章 id,value 是阅读数增量计数器
    let hash_key = "article_sys:read_count:hash";
    let mut conn = pool.get().expect("get redis connection failed");
    let increment: i64 = conn
        .hincr(hash_key, id.to_string(), 1)
        .expect("redis hincr failed");
    println!("current article id:{} hincry result:{}", id, increment);
    increment
}
```

在上述代码中，定义了文章阅读数展示接口 show 函数。该函数的第一个参数 Path(id) 是 Path<i64> 类型，这里通过解构操作获得了文章 id。第二个参数 State(state) 是一个 State<Arc<config::AppState>> 结构体类型，它使用 Arc 原子引用计数的方式将配置 config::AppState 进行包裹。这个 config::AppState 类型定义如下：

```
// part7/article-svc/src/config/app.rs 文件
#[derive(Clone)]
pub struct AppState {
    pub mysql_pool:sqlx::MySqlPool, // MySQL 连接池
    pub redis_pool: Pool<redis::Client>,// Redis 连接池
}
```

该结构体 AppState 中的 mysql_pool 和 redis_pool 两个字段的赋值，在 main.rs 文件中进行初始化。

在上述 show 函数主体中，首先通过 sqlx::query_as 函数和 fetch_one 方法查询了文章实体基本信息。然后，调用 incr_read_count 函数实现文章阅读数增量加 1 操作，并将文章详细信息返回。在 incr_read_count 函数中，通过 Redis hash 计数器的方式实现了文章阅读数加 1 操作，其中文章 id 对应的字符串作为 Redis hash field 字段，value 字段是 1。也就是说，用户每访问文章一次，对应的文章阅读数就会加 1。

当执行 cargo run 命令启动该 article-svc 服务（这里它是一个 Web 服务）时，效果如图 7-17 所示。随后，在浏览器中输入 localhost:8080/api/article/1 访问文章，运行效果如图 7-18 所示。

第 7 章
Rust 中的数据库和缓存实战

```
    Finished `dev` profile [unoptimized + debuginfo] target(s) in 0.59s
     Running `target/debug/article-svc`
app_debug:true
current process pid:64510
app run on:0.0.0.0:8080
```

• 图 7-17　article-svc 服务启动

```
← → C  ⓘ localhost:8080/api/article/1

{
    "code": 0,
    "message": "ok",
  ▼ "data": {
        "id": 1,
        "title": "Rust程序设计基本介绍",
        "read_count": 1,
        "content": "这是一篇讲解Rust基础知识的文章",
        "author": "daheige",
        "is_deleted": 0
    }
}
```

• 图 7-18　article-svc 接口访问效果

从图 7-18 中看出，当访问文章详情接口时，服务端优先返回了文章的基本信息，效果如图 7-19 所示。对于文章增量阅读数则是通过 Redis hash 计数器的方式加 1 实现的，具体代码逻辑见上述 article.rs 文件的 incr_read_count 函数。在这里，文章阅读数 read_count 实际上等于当前数据表 articles 中的文章阅读数与 increment（增量数）之和。

```
    Finished `dev` profile [unoptimized + debuginfo] target(s) in 0.59s
     Running `target/debug/article-svc`
app_debug:true
current process pid:64510
app run on:0.0.0.0:8080
current article id:1 hincry result:1
current article id:1 hincry result:2
current article id:1 hincry result:3
current article id:1 hincry result:4
```

• 图 7-19　article-svc 服务端文章增量阅读数日志输出

接下来，可以在 redis-cli 窗口中通过 hget article_sys:read_count:hash 1 命令查看文章增量阅读数是否成功，运行效果如图 7-20 所示。

为了将文章阅读数增量同步到数据表 articles 中，首先在 Cargo.toml 文件中添加如下配置：

· 173

```
~ redis-cli
127.0.0.1:6379> hget article_sys:read_count:hash 1
"4"
127.0.0.1:6379> hget article_sys:read_count:hash 2
"2"
```

● 图 7-20 通过 Redis hget 命令获取文章增量阅读数

```
[dependencies]
[[bin]]
name = "article-job"
path = "src/job.rs"
```

然后，在 src 目录下新建 job.rs 文件，并添加如下代码：

```rust
// part7/article-svc/src/job.rs 文件
// …省略其他代码…
// 定义项目相关的模块
mod config;
mod entity;
mod infras;

// 在终端中的运行方式:RUST_LOG=debug cargo run --bin article-job
#[tokio::main]
async fn main() {
    // …省略其他代码…
    // 通过 rcron 库每 10s 处理一次文章阅读数
    let mut sched = JobScheduler::new();
    sched.add(Job::new("*/10 * * * * *".parse().unwrap(), || {
        println!("exec task every 10 seconds!");
        // 通过 tokio 异步执行
        tokio::spawn(async { handler_read_count().await });
    }));

    // 启动 JobScheduler
    loop {
        // 调用 tick 方法执行待处理的任务
        sched.tick();
        thread::sleep(Duration::from_millis(500)); // 停顿 500ms
    }
}

// 处理阅读数逻辑
async fn handler_read_count() {
    // …省略其他代码…
```

```rust
    // 读取 Redis hash 记录
    let hash_key = "article_sys:read_count:hash";
    let redis_pool = state.redis_pool.clone();
    let mut conn = redis_pool.get().expect("get redis connection failed");

    // 通过 Redis hscan 游标方式逐个遍历 hashmap 中的数据
    // 返回值是对应的 key val key val…格式
    // 这里对应的是 id read_count 增量计数器的字符串格式
    let res:redis::Iter<String> = conn.hscan_match(hash_key, "*").unwrap();
    let records:Vec<String> = res.collect();
    let len = records.len();
    if len == 0 {
        return;
    }

    // 执行文章阅读数增量更新操作
    let mut i:usize = 0;
    while i < len {
        // 当前文章 id
        let id: i64 = records.get(i).unwrap().parse().unwrap();
        // 当前文章增量计数器
        let increment: i64 = records.get(i +1).unwrap().parse().unwrap();
        // 当使用 Redis hscan 游标匹配数据时,
        // 第1个元素是 field,第 2 个元素是 field 对应的 value 值
        i += 2; // 第1次迭代时 i = 0,第2次迭代 i = 2,依次类推
        if increment == 0 || id <= 0 {
            continue;
        }

        println!("id:{} read_count increment:{}", id, increment);
        // 将阅读数增量同步到数据库表中
        update_read_count(state.clone(), id, increment).await;
    }
}
// …省略其他代码…
```

在上述 job.rs 代码中,首先定义了 config、entity、infras 等模块。然后,通过 rcron 库提供的 JobScheduler::new 函数创建了一个可变类型的 sched 实例对象,并调用 add 方法添加阅读数增量更新的定时任务。该定时任务 Job 使用 Job::new 函数创建,它的第一个参数是时间配置表达式" */10 * * * *",表示每 10s 执行一次任务。第二个参数是 FnMut() -> () 闭包类型。在这个闭包函数中,tokio::spawn 方法接受一个 Future 类型,它通过 async {} 将 handler_read_count 异步函数执行后的结果 future,推到 tokio 异步运行时中异步执行。

当执行 cargo run --bin article-job 命令启动该 Job 定时任务时(如果需要记录操作记录,可以在终端中执行 RUST_LOG=debug cargo run --bin article-job 命令即可),效果如图 7-21 所示。

```
        Finished `dev` profile [unoptimized + debuginfo] target(s) in 3.82s
         Running `target/debug/article-job`
article job...
current process pid:64768
exec task every 10 seconds!
id:1 read_count increment:4
execute result:Ok(MySqlQueryResult { rows_affected: 1, last_insert_id: 0 })
id:2 read_count increment:2
execute result:Ok(MySqlQueryResult { rows_affected: 1, last_insert_id: 0 })
exec task every 10 seconds!
```

- 图 7-21　article-job 定时任务运行效果

从图 7-21 中看出，当请求文章接口 http://localhost:8080/api/article/1 时，文章增量阅读数就会实时更新到数据表 articles 中。当使用数据库桌面软件 Sequel Ace 查看 articles 数据表时，效果如图 7-22 所示。

id BIGINT	title VARCHAR	read_count BIGINT	content TEXT	author VARCHAR	created_at DATETIME
1	Rust程序设计基本…	4	这是一篇讲解Rust基础知…	daheige	2024-12-08 10:10:00
2	Rust项目实战	2	Rust项目实战的文章	daheige	2024-12-08 10:10:08

- 图 7-22　articles 数据表

从图 7-22 中看出，文章增量阅读数已经成功同步到 articles 数据表中。通过这个简单的文章阅读数服务示例，已经初步掌握了在 Rust 语言中该如何操作 MySQL 和 Redis。更多 MySQL 和 Redis 用法，可以直接参考对应的官方文档。

第 8 章　Rust中的消息队列实战

消息队列作为分布式系统中广泛应用的重要组件，可以实现业务解耦、异步通信、流量削峰、任务调度、日志收集与分析等功能。通过合理使用消息队列，不仅可以快速开发和迭代，减少系统之间的依赖关系，还可以提高系统的可缩性、稳定性和性能。

在本章中，将介绍以下主题：
- 消息队列简介，包括消息队列基本概念、常见消息队列和使用场景。
- 主流的消息队列 Kafka 和 Pulsar 基础，包括其安装及基本概念。
- 在 Rust 语言中如何使用第三方库操作 Kafka 和 Pulsar 消息队列，并使用 Pulsar 消息队列编写一个简单的积分系统。

8.1 消息队列简介

消息队列（Message Queue，MQ）是分布式系统中重要的中间件，它是一种异步服务间的通信方式。很多初学者认为，MQ 通过消息发送和接收来实现应用程序的异步操作和解耦，但这不是 MQ 的真正目的，只是 MQ 的应用之一。MQ 的真正目的是通信，它屏蔽了复杂的通信协议，定义了一整套应用层的、更简单的通信协议。一般来说，在一个分布式系统中，两个服务之间通信通常使用 HTTP 或 TCP，这两个都是比较原始且同步的协议，很难实现双端通信，也就是说，服务 A 可以调用服务 B，同时 B 也可以主动调用服务 A，而且不支持长连接。特别是 TCP，其原始性使得很多开发人员经常被 TCP 粘包、心跳检查、私有协议等问题所困扰。

MQ 所做的事情是在上述复杂的协议之上，构建一个相对简单的通信协议——生产者和消费者模型。这种模型定义了两个基本对象：负责发送数据的生产者，负责接收消息的消费者。该模型提供的不是底层通信协议，而是更高层次的通信模型。MQ 主要解决了应用耦合、异步处理、流量削峰等问题，能够实现服务高性能、高可用、可拓展、可伸缩且最终一致的系统架构，使得功能复杂的应用程序可以被拆分为多个规模较小、易于开发、可独立部署和维护的服务。

业界主流的 MQ 主要有 RabbitMQ、RocketMQ、ActiveMQ、Kafka、Pulsar 等，它们各具特点且适用场景不同。以下是它们之间的主要区别。
- RabbitMQ：基于 AMQP，采用 Erlang 语言设计，可用于需要可靠消息传递的场景。它提供了多种消息传递模式，如点对点、一对多、发布/订阅等模式。同时，它易于部署和使用，但可能在对消息堆积处理的情况下，性能上有一定的瓶颈。
- RocketMQ：一个开源的分布式消息中间件，由阿里巴巴使用 Java 语言开发，支持发布/订阅和队列模式，具有高性能、高可用性、高实时性、稳定性和可靠性等特点，非常适用于需要高吞吐量和低延迟的场景。此外，RocketMQ 还提供了良好的监控服务和管理控制台，便于开发者管理和维护。
- ActiveMQ：一个开源的消息中间件，在分布式系统中扮演了重要角色。它提供了标准的、面向消息的中间件，具有高可用性、可拓展性、稳定性和安全性保障等特点，适用于需要确保消息传递可靠性和顺序性的场景。同时，它完全使用 Java 语言编写，特别适合 Java 开发人员。
- Kafka：一个开源的流处理平台，使用 Java 和 Scala 语言编写，它具有高吞吐量、低延迟、高伸缩性、高可靠性及高并发等特点，非常适用于需要处理大规模数据流和实时消息流的场景，备受广大开发者的喜爱。
- Pulsar：一个云原生的分布式消息流平台，使用 Java 语言编写，具有多租户、持久化存储、高性能、高并发、低延迟、高吞吐量和可水平拓展等特点。同时，Pulsar 采用了异步 I/O 模型，支持大规模并发连接的优势，非常适合高性能的应用场景。

以上每种消息队列都具有各自的优势和适用场景，选择合适的消息队列系统取决于具体的应用需求，如是否需要高可用性、低延迟、大规模数据处理能力等，因此开发者在选择时应根据具体需求进行评估和权衡。

在接下来的 8.2~8.4 节中，将介绍常用的消息队列 Kafka 和 Pulsar 的使用，希望对解决高并发业务场景的系统开发有所帮助。

8.2 Kafka 基础

Kafka 消息队列最初由 LinkedIn 公司使用 Java 语言开发，是一个多分区、多副本且基于 ZooKeeper（Kafka3.0 之后不再依赖 ZooKeeper）的分布式消息系统。它于 2011 年开源，现已捐献给 Apache 软件基金会，成为业界主流的分布式消息流平台之一。Kafka 作为一个分布式流处理平台，它具有高吞吐、低延迟、可水平拓展、可持久化、容错性、高内聚低耦合等主要特性，常用于实时流数据处理、日志收集、服务监控、消息传递、事件驱动、延迟队列等业务场景。

在本节中，将介绍如何安装 Kafka 及 Kafka 的基本概念，这两部分内容对于快速上手 Kafka 消息队列来说非常有用。

8.2.1 Kafka 安装

由于 Kafka 消息队列具有跨平台的特性，可以在 Linux、macOS、Windows 等多种操作系统上运行。

为了节省篇幅，在本小节中，将以 Docker 容器环境为例进行演示。其他环境下安装 Kafka 的步骤，这里就不逐一列举，具体安装方式可以参考 Kafka 官方文档（https://kafka.apache.org/quickstart）。Docker 容器环境下（假设已安装 Docker 服务）安装 Kafka 服务如下。

1）新建一个目录 dockerconfig，执行命令如下：

```
sudo mkdir ~/dockerconfig
```

2）在 ~/dockerconfig 目录中，新建一个 docker-compose.yaml 文件，并添加如下内容：

```
# kafka in docker
version:'2'
services:
  zookeeper:
    image:wurstmeister/zookeeper
    restart: always
    container_name: my-kafka-zk
    ports:
      - 2181:2181
  kafka:
    image:wurstmeister/kafka
    restart: always
    container_name: my-kafka
    depends_on:
      - zookeeper
    ports:
      - 9092:9092
    environment:
      KAFKA_ADVERTISED_HOST_NAME: kafka
      KAFKA_ZOOKEEPER_CONNECT: zookeeper:2181/kafka
      KAFKA_LISTENERS: PLAINTEXT://:9092
      # 这里需要实际情况修改为本机 IP 地址
      KAFKA_ADVERTISED_LISTENERS: PLAINTEXT://192.168.10.100:9092
      KAFKA_BROKER_ID: 1
    volumes:
      - /var/run/docker.sock:/var/run/docker.sock
```

3）编写 Kafka 运行脚本。

在 ~/dockerconfig 下新建一个 bin 目录，然后在 bin 目录新建 docker-run.sh 脚本，并添加如下内容：

```
#!/usr/bin/env bash
root_dir=$(cd "$(dirname "$0")"; cd ..; pwd)
# 删除原有的运行容器
docker rm -f `docker ps -a | grep my-kafka |awk '{print $1}'`
# 运行 Kafka 服务
```

```
cd $root_dir
docker-compose up -d
```

4）执行如下命令启动 Kafka 服务，效果如图 8-1 所示。

```
cd ~/dockerconfig
sh bin/docker-run.sh
```

```
↪ dockerconfig git:(main) ✗ sh bin/docker-run.sh
5c0555300fcc
069c159dfa29
[+] Running 2/2
 ✓ Container my-kafka-zk    Started                                    0.1s
 ✓ Container my-kafka       Started                                    0.1s
↪ dockerconfig git:(main) ✗ docker ps | grep kafka
16a8b311f585   wurstmeister/kafka         "start-kafka.sh"         17 seconds ago   Up 16 seconds
  0.0.0.0:9092->9092/tcp                                 my-kafka
94cb53fdc46a   wurstmeister/zookeeper     "/bin/sh -c '/usr/sb…"   17 seconds ago   Up 16 seconds
  22/tcp, 2888/tcp, 3888/tcp, 0.0.0.0:2181->2181/tcp     my-kafka-zk
```

● 图 8-1　Docker 启动 Kafka

从图 8-1 看出，当使用 Docker 方式安装 Kafka 服务后，执行 docker ps 命令查看 Kafka 服务状态，它已运行在 9092 端口。在这里，由于篇幅问题，Kafka 的常用命令操作不再逐一列举，具体操作见本书配套资源。

8.2.2　Kafka 基本概念

一个 Kafka 服务体系由若干部分组成，常用的基本概念如下。

Producer：生产者，发送消息的一方。

Consumer：消费者，接收消费消息的一方。

Topic：消息主题，一类消息的集合。在 Kafka 中，消息以主题为单位进行归类，Producer 负责将消息发送到指定的主题中，而 Consumer 负责订阅主题并进行消费。Kafka 的一条消息其实包含 Topic、Partition、Offset 三元组。

Broker：服务代理节点，对于 Kafka 来说，Broker 可以简单理解为一个独立的 Kafka 服务节点或实例。一个 Kafka 集群中会有多个 Broker，一个 Broker 可以容纳多个 Topic。

Partition：Kafka 分区，在 Kafka 中 Topic 是一个逻辑上的概念，一个 Topic 可以细分为多个分区，一个分区只能属于单个 Topic。同一个 Topic 下的不同分区所包含的消息是不同的，分区在存储层面可以看作一个可追加的日志（Log）文件，消息在被追加到分区日志文件时，都会分配一个特定的偏移量（Offset）。

Offset：每个 Partition 都是由一系列有序的、不可变的消息组成的，这些消息被连续地追加到

Partition 中，并且每个消息都有一个连续且唯一的序列号（Offset）。Offset 并不跨越分区，也就是说，Kafka 保证的是分区有序而不是 Topic 有序。

Replication：Partition 分区的副本，从 Leader Replica（领导者副本）同步数据，以防止数据丢失。一般来说，副本的数量不能超过 Broker 的数量，否则在创建主题时会失败。Kafka 领导者副本的主要作用是响应客户端发来的消息写入及消息消费请求。Follower Replica（追随者副本）的主要作用是从领导者副本同步数据，不响应客户端的读写请求。

Segment：Partition 物理上由多个 Segment（日志段）组成，是 Kafka 日志分段的一种实现，它将日志文件分割为多个小文件，每个小文件都是一个日志段，用于存储索引和日志数据。每个日志段都有一个起始偏移量和结束偏移量，使得 Kafka 可以高效地处理大量消息。每个日志段由两部分组成：.index 文件和.log 文件。其中，.index 文件包含了一系列索引条目，每个条目对应.log 文件中的一条消息；.log 文件包含了消息的实际数据。

Consumer Group：Kafka 中的消费者分组，一个组内可以有多个消费者。一个 Partition 的消息只能被同一个组内的一个消费者消费，多个消费者分组之间互不影响。

ZooKeeper：帮助 Kafka 存储和管理集群信息。在 Kafka3.0 之后的版本引入了基于 Raft 共识协议的新特性，已不再依赖 ZooKeeper 组件。这种方式不仅简化了 Kafka 部署和运维的复杂性，而且使得 Kafka 集群的性能也得到了提升，尤其在元数据读写方面。

Kafka 整体架构设计，如图 8-2 所示。

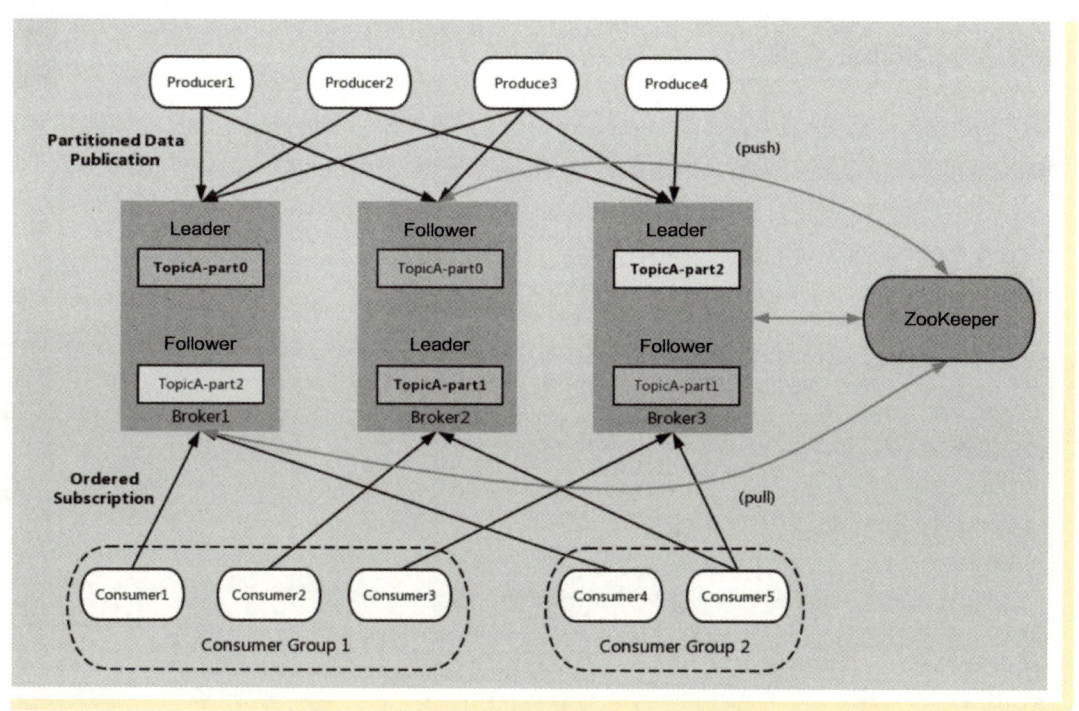

● 图 8-2　Kafka 架构设计（来自 Kafka 官方）

从图 8-2 中看出，topicA 的 3 个 Partition 分别在 3 个 Broker 上，其中两个副本也分布在不同的 Broker 上，并且 Leader Partition 和 Follow Partition 分别在不同的 Broker 上。Kafka 的这种设计保证了 Kafka 的高可用性，当任意一个 Broker 服务宕机之后，Kafka 仍然能保证消息不丢失和服务的可靠性。Leader Partition 负责读写服务，当某个 Leader Partition 服务宕机之后，Kafka 就会从 Follow Partition 中选出一个新的 Leader Partition 继续提供消息读写服务，从而保证了 Kafka 的高可用性。

8.3 Pulsar 基础

Pulsar 是一个发布/订阅（pub/sub）模型的消息队列，最初由 Yahoo（雅虎）公司在 2012 年使用 Java 语言编写，于 2016 年开源，现已成为 Apache 软件基金会顶级项目之一。Pulsar 可以说是下一代云原生分布式消息流平台，集消息、存储、轻量化函数式计算为一体，采用计算和存储分离的架构设计，支持水平拓展、多租户、持久化存储、多机房跨区域数据复制，具有强一致性、高吞吐量、低延迟及高可拓展性等特性，被视为云原生时代实时消息流传输、存储和计算的最佳解决方案。Pulsar 消息队列可以应用于金融、科技、互联网、物联网等多个领域，满足实时数据统计、计费统计、数据审计、数据同步、异步解耦、流数据处理等不同业务场景的开发需求。

在本节中，将介绍如何安装 Pulsar 服务及 Pulsar 基本概念，通过这两部分内容可以快速学习和掌握 Pulsar 消息队列。

8.3.1 Pulsar 安装

为了节省篇幅，在本小节中，将以 Docker 环境为例，演示如何安装 Pulsar 服务。其他环境下安装 Pulsar 的过程这里不再逐一列举，具体安装方式请参考官方文档（https://pulsar.apache.org）。

Docker 容器环境下（假设已安装 Docker 服务）安装 Pulsar 服务如下：

1）首先创建一个 docker-run.sh 文件并添加如下 shell 代码：

```bash
#!/usr/bin/env bash
# 启动之前删除原有单机版的 Pulsar 服务
docker rm -f `docker ps -a |grep pulsar-server |awk '{print $1}'`
# pulsar in docker for macOS, Linux, and Windows:
docker run -idt \
--name pulsar-server \
-p 6650:6650 \
-p 8080:8080 \
--mount source=pulsardata,target=/pulsar/data \
--mount source=pulsarconf,target=/pulsar/conf \
apachepulsar/pulsar:3.1.3 \
bin/pulsar standalone
```

2）执行 sh docker-run.sh 命令启动 Pulsar 服务，运行效果如图 8-3 所示。

```
↪ bin git:(main) ✗ sh docker-run.sh
779c334e6ee2
dd859d85b78edbdf9c6dc9b7e2c6dae582ec5c03d894c5e3baea2c658041a8b5
↪ bin git:(main) ✗ docker ps | grep pulsar-server
dd859d85b78e    apachepulsar/pulsar:3.1.3    "bin/pulsar standalo…"    40 seconds ago    Up 39 seconds
 0.0.0.0:6650->6650/tcp, 0.0.0.0:8080->8080/tcp           pulsar-server
```

- 图 8-3　通过 Docker 运行 Pulsar 单机版

从图 8-3 中看出，单机版的 Pulsar 服务已正常运行。此时，可以执行 docker exec -it pulsar-server /bin/bash 命令进入容器，效果如图 8-4 所示。

从图 8-4 中看出，在 pulsar/bin 目录中为 Pulsar 服务提供了常用命令操作和相关工具。由于篇幅问题，Pulsar 常用命令操作，这里不再逐一列举，具体操作见本书配套资源。

```
↪ bin git:(main) ✗ docker exec -it pulsar-server /bin/bash
pulsar@dd859d85b78e:/pulsar$ ls
LICENSE   README  conf   download   instances   logs              trino
NOTICE    bin     data   examples   lib         packages-storage
pulsar@dd859d85b78e:/pulsar$ ls bin/
apply-config-from-env-with-prefix.py    install-pulsar-client.sh    pulsar-daemon
apply-config-from-env.py                proto                       pulsar-managed-ledger-admin
bookkeeper                              pulsar                      pulsar-perf
function-localrunner                    pulsar-admin                pulsar-shell
gen-yml-from-env.py                     pulsar-admin-common.sh      pulsar-zookeeper-ruok.sh
generate-zookeeper-config.sh            pulsar-client               watch-znode.py
```

- 图 8-4　通过 docker exec 命令进入 Pulsar 容器

8.3.2　Pulsar 基本概念

一个 Pulsar 服务体系由若干部分组成。Pulsar 基本概念如下。

Broker：Pulsar 集群中的服务节点，无状态的，不负责存储，主要完成数据校验、负载均衡等工作，并将消息转发给 Bookie 节点。

Bookie：Pulsar 利用 BookKeeper 服务实现存储功能，BookKeeper 中的节点被称作为 Bookie 节点。BookKeeper 服务是一个分布式日志存储服务框架，在 Pulsar 中 Bookie 节点负责消息的存储工作。Pulsar 的 Bookie 类似于 HDFS（全称 Hadoop Distributed File System，即 Hadoop 分布式文件系统），是一个分布式存储的集群，其存储单元和 HDFS 不一样，在 HDFS 中存储单元是文件，而 Pulsar 的 Bookie 存储单元是 Ledger（BookKeeper 的数据集合）。

Topic：分区主题，Pulsar 中的每个主题都与一个 Broker 绑定，主题的消息固定发给绑定的 Broker 节点。每个分区主题由一组非分区的内部主题组成（Pulsar 中组成分区主题的非分区内部主题简称为内部主题），每一个内部主题都与一个 Broker 绑定，这样一个分区主题可以将消息发送到多个 Broker，从而避免了 Pulsar 单个主题的性能受限于单个 Broker 节点。

Ledger：BookKeeper 的数据集合，Producer（生产者）会将数据写入 Ledger，而 Consumer（消费者）从 Ledger 中读取数据。为了数据安全，BookKeeper 会将一个 Ledger 的数据存储在多个 Bookie 节点中，实现数据备份，保证数据高可用。

Entry：Ledger 中的数据单元，Ledger 中的每个数据都是一个 Entry 条目。

Ack 机制：Pulsar 与 Kafka 相似，它同样需要完成"生产者通过 Broker 发送的消息存储到 Bookie 后，Broker 返回成功响应给生产者"和"消费者成功消费消息后发送 Ack 给 Broker"两个操作。Pulsar 中的每个消息都有唯一标识 id，当消息被消费成功后该 id 作为 Ack 请求内容发送给 Broker。

Pulsar 整体架构设计，如图 8-5 所示。

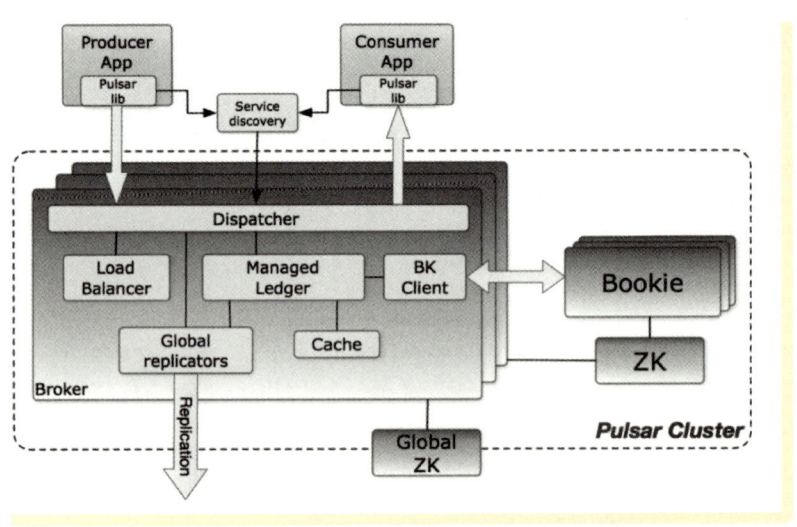

● 图 8-5　Pulsar 架构设计（来自 Pulsar 官网）

从图 8-5 中看出，Pulsar 和其他的消息队列在架构设计上最大的不同点是：Pulsar 消息队列的 Broker 是无状态的，既不保存数据，也不存储消息，而是将消息存储在 Bookie 中。如果需要支持更多的消费者或生产者时，可以简单地通过添加更多 Broker 节点来满足业务需求。

此外，Pulsar 消息队列还支持自动分区和负载均衡。当 Broker 节点资源使用率达到一定阈值时，Pulsar 会将负载迁移到负载较低的 Broker 节点上。同时，一些分区将在多个 Broker 节点之间自动平衡迁移，这种方式保证了 Puslar 的高可用性、高性能、高可拓展性。更多 Pulsar 消息队列的技术细节，可以直接参考 pulsar 官方文档（https://pulsar.apache.org/docs/3.2.x/concepts-architecture-overview/）。

8.4 Rust 中的 Kafka 和 Pulsar 操作

在前面的 8.2 节和 8.3 节中，已经初步掌握了 Kafka 和 Pulsar 消息队列的基本知识。这两个消息队列不仅能够构建高吞吐量、低延迟、可拓展的应用程序，还可以和现代数据生态系统无缝集成。在本节中，将通过实例演示在 Rust 语言中如何操作 Kafka 和 Pulsar 消息队列。

8.4.1 使用 Kafka Client 库操作 Kafka

在 Rust 语言中，可以通过第三方包来操作 Kafka 消息队列，其中较为流行的 Kafka Client Crate 主要有 rdkafka、kafka-rust 和 kafka-protocol 等。这些 Rust Crate 几乎都提供了 Apache Kafka 的高级封装，可用于 Kafka 消息发送和接收。在本小节中，将以 kafka-rust 为例介绍如何在 Rust 中操作 Kafka 消息队列。

首先，通过 cargo new kafka-demo 命令创建一个二进制应用。然后，在 src 目录中新建一个 consumer.rs 文件。在这里，为了更好地演示 Kafka 消息发送和消费，将该程序的消息发送和消费拆分为两个 Rust 文件。其中，src/main.rs 用于消息发送，src/consumer.rs 用于消息消费。接着，在 Cargo.toml 文件中添加如下配置：

```toml
[package]
name = "kafka-demo"
version = "0.1.0"
edition = "2021"
# 消息消费二进制定义
[[bin]]
name = "kafka-demo-consumer"
path = "src/consumer.rs"
[dependencies]
# Kafka Client 库
kafka = "0.10.0"
# 操作日志库
log = "0.4.22"
env_logger = "0.11.5"
```

随后，在 src/main.rs（消息发送模块）中添加如下代码：

```rust
useenv_logger;
// 引入 Kafka 包
use kafka::error::Error asKafkaError;
use kafka::producer::{Producer, Record,RequiredAcks};
use log::{error, info};
use std::time::Duration;
```

```rust
fn main() {
    // 初始化 logger 配置
    // 日志 level 优先级:error > warn > info > debug > trace
    env_logger::init();

    let broker = "localhost:9092"; // kafka broker
    let topic = "my-topic"; // kafka topic
    println!("publish message begin");
    let mut i = 0;
    while i <5 {
        info!("current index:{}", i);
        let msg = format!("hello world: {}", i);
        info!("current msg:{}", msg);
        if let Err(e) = publish_message(msg.as_bytes(), topic, vec![broker.to_string()]) {
            error!("failed producing message error:{}", e);
        } else {
            info!("current index:{} producing message success", i);
        }

        i += 1;
    }
    println!("publish message end")
}

// 发送消息,函数返回 Result<(), KafkaError>
fn publish_message(data: &[u8], topic: &str, brokers: Vec<String>) -> Result<(), KafkaError> {
    info!("publish message at {:?} to {}",brokers, topic);
    // 创建 Kafka Producer
    let mut producer = Producer::from_hosts(brokers)
        .with_ack_timeout(Duration::from_secs(1)) // 设置 Ack 超时
        .with_required_acks(RequiredAcks::One) // 消息需要确认
        .create()?;

    // 使用 Producer 发送消息
    producer.send(&Record {
        topic, // 主题
        partition: -1,
        key: (),
        value:data, // 消息
    })?;

    // 也可以通过下面的方式发送消息
```

```
    // 使用 Record::from_value 关联函数创建一个 Record 实例
    // producer.send(&Record::from_value(topic, data))?;

    Ok(())
}
```

在上述代码中，首先引入了 env_logger 包及 Kafka 包的 error 和 producer 模块。然后，在 main 函数中初始化了 logger 配置，用于日志记录。接着，定义了 Kafka 消息队列的 Broker 节点地址、Topic 名字等基本配置，并调用 publish_message 函数向 Kafka 对应的 Topic 中发送消息。

publish_message 函数接收 3 个参数：第 1 个参数 msg.as_bytes( ) 是 &[u8] 类型（生产者发送给主题 my-topic 的消息格式），第 2 个参数 topic 是 &str 类型（String 引用类型），第 3 个参数 vec![broker.to_string()]是 Vec<String>类型（它是 Kafka 消息队列的 Broker 节点列表），函数返回值是 Result<( )，KafkaError>类型。如果消息发送成功，就会返回空元组，否则返回 KafkaError。在该函数主体中，首先调用 Producer::from_hosts 函数创建了一个 producer 对象，并将消息 Ack 超时设置为 1s。然后，调用 producer 对象的 send 方法发送消息。

接下来，先通过 Docker 容器启动 Kafka 服务（参考 8.2.1 小节），并进入 Kafka 服务根目录中执行如下命令创建 my-topic 主题，效果如图 8-6 所示。这里需要强调一点：Kafka 服务的 Topic 必须提前创建好，否则在使用 Rust Kafka 客户端操作 Kafka 时，将会抛出 Kafka Error（UnknownTopicOrPartition）的错误提示，导致程序终止运行。

```
bin/kafka-topics.sh --create --topic my-topic --bootstrap-server localhost:9092
```

```
→ dockerconfig git:(main) x sh bin/docker-run.sh
88f31fc51c4f
36e9fcf7c1eb
[+] Running 2/2
 ✓ Container my-kafka-zk    Started                                            0.1s
 ✓ Container my-kafka       Started                                            0.1s
→ dockerconfig git:(main) x docker exec -it my-kafka /bin/bash
root@f53a5033f2fc:/# cd /opt/kafka
root@f53a5033f2fc:/opt/kafka# bin/kafka-topics.sh --create --topic my-topic --bootstrap-server localhost:9092
Created topic my-topic.
root@f53a5033f2fc:/opt/kafka#
```

● 图 8-6 通过 Docker 启动 Kafka 服务和创建 my-topic 主题

my-topic 主题创建后，执行 RUST_LOG=debug cargo run --bin kafka-demo 命令运行该程序。此时，在终端中就会显示消息发送的操作日志，效果如图 8-7 所示。

从图 8-7 中可以看出，该示例中的每个消息（msg）都已经成功发送到指定的 my-topic 中了。

为了消费上述 my-topic 主题中的消息，在 src/consumer.rs（消息消费模块）文件中添加如下代码：

```
➜  kafka-demo git:(main) ✗ RUST_LOG=debug cargo run --bin kafka-demo
    Finished `dev` profile [unoptimized + debuginfo] target(s) in 0.24s
     Running `target/debug/kafka-demo`
publish message begin
[2024-12-08T09:35:25Z INFO  kafka_demo] current index:0
[2024-12-08T09:35:25Z INFO  kafka_demo] current msg:hello world: 0
[2024-12-08T09:35:25Z INFO  kafka_demo] publish message at ["localhost:9092"] to my-topic
[2024-12-08T09:35:25Z INFO  kafka_demo] current index:0 producing message success
[2024-12-08T09:35:25Z INFO  kafka_demo] current index:1
[2024-12-08T09:35:25Z INFO  kafka_demo] current msg:hello world: 1
[2024-12-08T09:35:25Z INFO  kafka_demo] publish message at ["localhost:9092"] to my-topic
[2024-12-08T09:35:25Z INFO  kafka_demo] current index:1 producing message success
[2024-12-08T09:35:25Z INFO  kafka_demo] current index:2
[2024-12-08T09:35:25Z INFO  kafka_demo] current msg:hello world: 2
[2024-12-08T09:35:25Z INFO  kafka_demo] publish message at ["localhost:9092"] to my-topic
[2024-12-08T09:35:25Z INFO  kafka_demo] current index:2 producing message success
[2024-12-08T09:35:25Z INFO  kafka_demo] current index:3
[2024-12-08T09:35:25Z INFO  kafka_demo] current msg:hello world: 3
[2024-12-08T09:35:25Z INFO  kafka_demo] publish message at ["localhost:9092"] to my-topic
[2024-12-08T09:35:25Z INFO  kafka_demo] current index:3 producing message success
[2024-12-08T09:35:25Z INFO  kafka_demo] current index:4
[2024-12-08T09:35:25Z INFO  kafka_demo] current msg:hello world: 4
[2024-12-08T09:35:25Z INFO  kafka_demo] publish message at ["localhost:9092"] to my-topic
[2024-12-08T09:35:25Z INFO  kafka_demo] current index:4 producing message success
publish message end
```

• 图 8-7　Kafka 消息发送

```rust
// part8/kafka/kafka-demo/src/consumer.rs 文件
// …省略其他代码…
// 命令终端运行方式:RUST_LOG=debug cargo run --bin kafka-demo-consumer
fn main() {
    env_logger::init(); // 初始化 logger 配置

    // Kafka 消息队列基本配置
    let broker = "localhost:9092";
    let topic = "my-topic";
    let group = "my-group";
    info!("consumer message begin...");
    let res = consumer_message(group, topic,vec![broker.to_string()]);
    if let Err(err) = res {
        error!("consumer message err:{}", err);
    }
}

// 消费者消费消息,函数返回 Result<(), KafkaError>
fn consumer_message(group: &str, topic: &str, brokers: Vec<String>) -> Result<(),
```

```rust
KafkaError> {
    // 创建 Consumer
    let mut con = Consumer::from_hosts(brokers)
        .with_topic(topic.to_string()) // 消息主题
        .with_group(group.to_string()) // 设置分组
        .with_fallback_offset(FetchOffset::Earliest) // 设置 Offset 位置
        .with_offset_storage(Some(GroupOffsetStorage::Kafka))
        .create()?;

    // 实时监听并消费 my-topic 主题中的消息
    loop {
        let message_sets = con.poll()?;
        if message_sets.is_empty() {
            info!("no message available right now");
            thread::sleep(Duration::from_secs(2)); // 当没有消息时停顿 2s
            continue;
        }

        for ms in message_sets.iter() {
            let topic = ms.topic(); // 消息 Topic
            let partition = ms.partition(); // 消息 Topic 对应的 Partition
            for m in ms.messages() {
                info!(
                    "received message topic:{} group:{} partition:{}@ offset:{}: value:{}",
                    topic,
                    group,
                    partition,
                    m.offset,
                    String::from_utf8(m.value.to_vec()).unwrap_or("".to_string()),
                );
            }

            if let Err(err) = con.consume_messageset(ms) {
                error!(
                    "consume message topic:{} group:{} error:{}",
                    topic, group, err
                );
            } else {
                info!("consume message topic:{} group:{} success", topic, group)
            }
        }

        con.commit_consumed()?; // 标记消息已被消费
    }
}
```

在上述代码中，首先在 main 函数中调用 env_logger::init 函数初始化操作日志配置。然后，定义了消费者 Broker 节点、主题及分组等基本信息。接着，通过 consumer_message 函数监听消费。consumer_message 函数的第 1 个参数 group 是 &str 类型（String 引用类型），第 2 个参数 topic 同样是 &str 类型，第 3 个参数 vec![broker.to_string()] 是 Vec<String> 类型，它是 Kafka 的 Broker 节点列表，函数的返回结果是 Result<(), KafkaError>。

在 consumer_message 函数中，首先通过 Consumer::from_hosts 关联方法创建了 Consumer Builder 对象，并调用该对象 with_开头的函数指定了消息主题、消费者分组及消息消费的 Offset 位置等基本信息。最后，通过 create 方法创建了一个 con 消费者对象，并在循环中调用 con.poll 方法获取 my-topic 主题分区上的消息集合 message_sets。如果消息集合为空，就直接跳过继续下一个消息的消费。这里使用 iter 方法将 message_sets 集合转换为一个迭代器（Iter），这样就可以通过 for in 的方式来迭代消息集合。这个消息迭代器的每个元素 ms 是一个 Kafka 生产者发到主题分区的消息列表。调用 ms 的 messages 方法就可以获得每个消息具体的 offset 和 value。

当执行 RUST_LOG=debug cargo run --bin kafka-demo-consumer 命令时，主题 my-topic 分区中的消息就会被正常消费（kafka-demo-consumer 程序将实时监听 my-topic 主题中的消息，并实时消费），效果如图 8-8 所示。

```
→ kafka-demo git:(main) x RUST_LOG=debug cargo run --bin kafka-demo-consumer
    Compiling kufka-demo v0.1.0 (/Users/heige/web/rust/rust-in-action/part8/kafka/kafka-demo)
     Finished `dev` profile [unoptimized + debuginfo] target(s) in 2.28s
      Running `target/debug/kafka-demo-consumer`
[2024-12-08T09:50:39Z INFO  kafka_demo_consumer] consumer message begin...
[2024-12-08T09:50:40Z INFO  kafka_demo_consumer] received message topic:my-topic group:my-group partition:0@offset:0: value:hello world: 0
[2024-12-08T09:50:40Z INFO  kafka_demo_consumer] received message topic:my-topic group:my-group partition:0@offset:1: value:hello world: 1
[2024-12-08T09:50:40Z INFO  kafka_demo_consumer] received message topic:my-topic group:my-group partition:0@offset:2: value:hello world: 2
[2024-12-08T09:50:40Z INFO  kafka_demo_consumer] received message topic:my-topic group:my-group partition:0@offset:3: value:hello world: 3
[2024-12-08T09:50:40Z INFO  kafka_demo_consumer] received message topic:my-topic group:my-group partition:0@offset:4: value:hello world: 4
[2024-12-08T09:50:40Z INFO  kafka_demo_consumer] consume message topic:my-topic group:my-group success
```

● 图 8-8　kafka-demo 消息实时消费

▶▶ 8.4.2　使用 Pulsar Client 库操作 Pulsar

在 Rust 语言中，可以通过第三方 puslar-rs 库操作 Pulsar 消息队列。puslar-rs 是 Apache Pulsar 的纯 Rust 客户端操作的库，它提供了基于 async/await 操作 Pulsar 的 API，与 tokio 和 async-std 异步运行时兼容。在本小节中，将通过一个简单的示例介绍在 Rust 中该如何快速操作 Pulsar 消息队列。

首先，执行 cargo new pulsar-demo 命令创建一个二进制应用。然后，在 src 目录中新建一个 consumer.rs 文件。为了更好地演示 Pulsar 消息发送和消费，因此将消息发送和消费拆分为两个文件，其中，src/main.rs 用于消息发送，src/consumer.rs 用于消息消费。接着，在 Cargo.toml 文件中添加如下配置：

```
[package]
name = "pulsar-demo"
```

```toml
version = "0.1.0"
edition = "2021"
# 消费者定义
[[bin]]
name = "pulsar-demo-consumer"
path = "src/consumer.rs"
[dependencies]
# Pulsar 操作依赖的库
tokio = { version = "1.42.0", features = ["full"] }
futures = "0.3.31"
pulsar = "6.3.0"
serde = { version = "1.0.215", features = ["derive"] } # 用于消息序列化和反序列化处理
serde_json = "1.0.133"
log = "0.4.22"
env_logger = "0.11.5"
```

随后，在 src/main.rs 中添加如下代码：

```rust
// 定义 xpulsar 模块，主要负责 Puslar Client 创建和消息（Message）序列化处理
mod xpulsar;
// …省略其他代码…

#[tokio::main]
async fn main() -> Result<(), PulsarError> {
    println!("publish pulsar message");
    // 初始化操作日志配置,运行时可以手动指定
    env_logger::init();
    // Pulsar 连接地址
    let addr = env::var("PULSAR_ADDRESS")
        .unwrap_or("pulsar://127.0.0.1:6650".to_string());
    // 初始化 Pulsar Client 客户端
    let pulsar_client = PulsarConf::new(&addr)
        .client()
        .await
        .expect("create pulsar client failed");

    let topic = "my-topic";
    // 创建 Producer
    let mut producer = pulsar_client
        .producer()
        .with_topic(topic)
        .with_name("my_producer")
        .with_options(producer::ProducerOptions {
            schema: Some(proto::Schema {
                r#type: proto::schema::Type::String as i32,
                ..Default::default()
```

```
        }),
        ..Default::default()
    })
    .build()
    .await?;

// 验证 Producer 连接是否生效
producer.check_connection().await?;

// 消息发送
let mut counter:usize = 0;
loop {
    let msg = Message {
        payload: format!("hello: {}", counter),
    };
    info!("sent msg:{:?}", msg);
    // 发送消息
    producer.send_non_blocking(msg).await?;

    counter += 1;
    info!("publish message count:{}", counter);
    tokio::time::sleep(std::time::Duration::from_millis(10)).await;
    if counter >=5 { // 这里仅发送 5 条消息
        break;
    }
}

Ok(())
}
```

在上述 main.rs 代码中，首先定义了一个 xpulsar 模块。然后，在 main 函数中通过 env::var 获取 PULSAR_ADDRESS 环境变量。如果没有获取到该环境变量，就默认使用 pulsar://127.0.0.1:6650 本地 Pulsar 服务地址。随后，将 addr 作为 PulsarConf::new 关联函数的参数创建了 PulsarConf 实例对象，并通过链式调用 client 方法创建了一个 pulsar_client 客户端对象。接着，调用 pulsar_client 的 producer 方法创建了一个 Producer Builder 实例对象，并通过链式调用 with_topic 和 with_name 方法设置消息发送的主题和名称等基本信息，再通过 build 方法创建了一个消息发送者 producer，它是一个可变类型的变量。最后，在 loop 循环中实例化 Message 对象 msg，并调用 producer 实例的 send_non_blocking 方法将 msg 发送到 Pulsar my-topic 主题中。

接下来，通过 Docker 容器启动 Pulsar 服务（参考 8.3.1 小节），然后执行 RUST_LOG = debug cargo run --bin pulsar-demo 命令发送消息，效果如图 8-9 所示。

为了消费上述 my-topic 主题中的消息，在 src/consuer.rs 文件中添加如下代码：

```
[2024-12-08T11:14:28Z INFO  pulsar_demo] sent msg:Message { payload: "hello: 0" }
[2024-12-08T11:14:28Z INFO  pulsar_demo] publish message count:1
[2024-12-08T11:14:28Z INFO  pulsar_demo] sent msg:Message { payload: "hello: 1" }
[2024-12-08T11:14:28Z INFO  pulsar_demo] publish message count:2
[2024-12-08T11:14:28Z INFO  pulsar_demo] sent msg:Message { payload: "hello: 2" }
[2024-12-08T11:14:28Z INFO  pulsar_demo] publish message count:3
[2024-12-08T11:14:28Z INFO  pulsar_demo] sent msg:Message { payload: "hello: 3" }
[2024-12-08T11:14:28Z INFO  pulsar_demo] publish message count:4
[2024-12-08T11:14:28Z INFO  pulsar_demo] sent msg:Message { payload: "hello: 4" }
[2024-12-08T11:14:28Z INFO  pulsar_demo] publish message count:5
```

● 图 8-9 pulsar-demo 消息发送

```rust
// 定义 xpulsar 模块，负责 Puslar Client 创建消息和消费消息
mod xpulsar;
// …省略其他代码…

#[tokio::main]
async fn main() -> Result<(), PulsarError> {
    println!("consumer pulsar message...");
    env_logger::init(); // 初始化操作日志配置

    // Pulsar 连接地址
    let addr = env::var("PULSAR_ADDRESS")
        .unwrap_or("pulsar://127.0.0.1:6650".to_string());
    // 初始化 Pulsar Client 客户端
    let pulsar_client = PulsarConf::new(&addr)
        .client()
        .await
        .expect("create pulsar client failed");

    let topic = "my-topic";
    // 创建 Consumer
    let mut consumer: Consumer<Message, _> = pulsar_client
        .consumer()
        .with_topic(topic) // 设置 Topic
        .with_consumer_name("group-1") // 设置消费者分组名字
        .with_subscription_type(SubType::Exclusive)
        .with_subscription("my_topic test") // 订阅的名字
        .build()
        .await?;

    info!("consumer has run...");
    let mut counter:usize = 0;
    // 实时监听并消费主题中的消息
```

```rust
    while let Some(msg) = consumer.try_next().await? {
        // println!("message id:{:?}", msg.message_id());
        // 调用 msg 的 deserialize 方法解析出 xpulsar::Message 消息结构体
        let data = match msg.deserialize() {
            Ok(data) => data,
            Err(err) => {
                error!("could not deserialize message:{:?}", err);
                continue;
            }
        };

        // 消费消息逻辑
        println!("got message data:{}", data.payload.as_str());
        // 提交消息 Ack 确认
        consumer.ack(&msg).await?;
        counter += 1;
        info!("got message count:{}", counter);
    }

    Ok(())
}
```

在上述代码中,首先在 main 函数中建立了 Pulsar Client 实例对象 pulsar_client,并调用 pulsar_client 的 consumer 方法创建了一个 Consumer 对象 consumer(消费者)。然后,通过 with_topic、with_consumer_name(链式调用)方法设置了消费者的主题、名字及消息消费模式(SubType :: Exclusive 独占消费)。最后,通过 while let Some 模式匹配的方式从消费者中以 try_next 迭代器的方式遍历消息 msg。当消息被消费之后,需要调用 consumer 对象的 ack 方法,发送一个 Pulsar Ack 消息确认。

当执行 RUST_LOG=debug cargo run --bin pulsar-demo-consumer 命令后,消息就会被正常消费,效果如图 8-10 所示。

```
got message data:hello: 0
[2024-12-08T11:16:24Z INFO  pulsar_demo_consumer] got message count:1
got message data:hello: 1
[2024-12-08T11:16:24Z INFO  pulsar_demo_consumer] got message count:2
got message data:hello: 2
[2024-12-08T11:16:24Z INFO  pulsar_demo_consumer] got message count:3
got message data:hello: 3
[2024-12-08T11:16:24Z INFO  pulsar_demo_consumer] got message count:4
got message data:hello: 4
[2024-12-08T11:16:24Z INFO  pulsar_demo_consumer] got message count:5
```

● 图 8-10 pulsar-demo 消息实时消费

8.4.3 编写一个简单的积分系统

在某些应用系统中，会员积分功能是重要的一部分。例如，在千万级电商平台下，积分系统能够促进用户消费，增加用户的活跃度。然而，当用户大规模请求时，积分系统的并发量可能非常高。如果单纯地使用 MySQL 数据库实现积分系统的更新操作，将增加数据库服务的负载，无法应对高并发，甚至导致整个系统服务崩溃。此时，可以通过消息队列实现业务解耦、流量削峰，从而提升系统的吞吐量和性能。在本小节中，将介绍如何使用 MySQL 数据库和 Pulsar 消息队列（当然，也可以选择 Kafka，具体使用参考 8.2 节）来开发一个简单的会员积分系统。

首先，通过 MySQL 交互窗口或 MySQL 桌面软件执行如下 SQL 语句创建 points-sys 数据库，并插入两个会员用户（实际应用中会员信息可能是通过其他方式创建的）和会员对应的积分明细记录，完成积分系统的数据库初始化。

https://github.com/daheige/rust-in-action/blob/main/part8/points-svc/points.sql

当上述 SQL 语句执行后，在 members 数据表中就会存在 2 条记录，如图 8-11 所示。

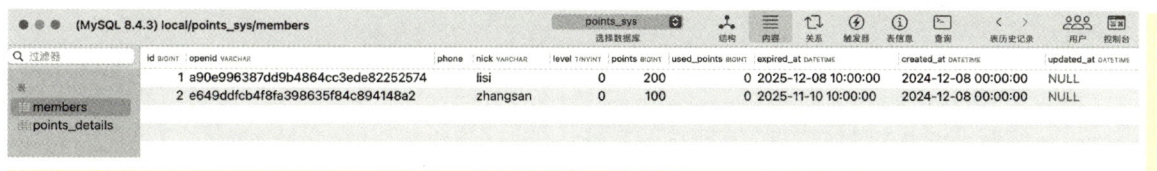

• 图 8-11 members 数据表记录

然后，执行 cargo new points-svc 命令创建一个二进制应用，并在 Cargo.toml 文件中添加如下地址中的相关依赖：

https://github.com/daheige/rust-in-action/blob/main/part8/points-svc/Cargo.toml

接下来，在 src/main.rs 中添加如下代码：

```
// 定义项目相关的模块
mod config; // 用于配置文件读取及 MySQL 和 Pulsar 初始化
mod entity; // 实体对象定义
mod handlers; // 用于 HTTP handler 处理
mod infras; // 项目中基础设施层封装
mod routers; // axum HTTP 框架路由模块

// …省略其他代码…

#[tokio::main]
async fn main() -> anyhow::Result<()> {
    env_logger::init(); // 初始化操作日志配置
```

```rust
    let address:SocketAddr = format!("0.0.0.0:{}",
APP_CONFIG.app_port).parse().unwrap();
    println!("app run on:{}", address.to_string());
    // 创建 MySQL 连接池
    let mysql_pool = mysql::pool(&APP_CONFIG.mysql_conf)
        .await
        .expect("mysql pool init failed");
    let pulsar_client =xpulsar::client(&APP_CONFIG.pulsar_conf)
        .await
        .expect("pulsar client init failed");

    // 通过 Arc 原子引用计数的方式传递 AppState
    let app_state = Arc::new(config::AppState {
        // 这里等价于 mysql_pool: mysql_pool
        // 当变量名和字段同名时,可以直接使用变量名简写模式
        mysql_pool
        // 这里等价于 pulsar_client: pulsar_client
        pulsar_client,
    });

    // 创建 axum 路由变量
    let router = routers::api_router(app_state);
    // 通过 tokio 模块提供的 TcpListener::bind 函数创建 listener 对象
    let listener =TcpListener::bind(address).await?.into();

    // 启动 HTTP 服务
    axum::serve(listener, router)
        .with_graceful_shutdown(graceful_shutdown())
        .await?;
    Ok(())
}

// …省略其他代码…
```

在上述代码中,首先通过 mod 关键字定义了 config、entity、handlers、infras、routers 等项目核心模块。然后,在 main 函数中通过 env_logger::init 初始化操作日志配置,并声明了 address 变量,它是一个 SocketAddr 枚举类型,用于建立 HTTP 服务。接着,调用 mysql::pool 方法创建 mysql_pool 连接池,它接收 APP_CONFIG.mysql_conf 不可变引用。随后,使用 xpulsar::client 方法创建 Pulsar 客户端对象。该对象接收一个不可变引用,其类型是 APP_CONFIG.pulsar_conf。该 APP_CONFIG 对象是在 config 模块中使用 once_cell::sync::Lazy 初始化的静态变量。

当创建好 mysql_pool 和 pulsar_client 后,将它们作为 config::AppState 结构体的字段。这里,通过 Arc 引用计数的方式创建了 app_state 变量,并将 app_state 共享变量传递给 routers::api_router 函数,创建了一个 axum HTTP 服务 router 路由变量。

最后，通过 TcpListener∷bind 函数创建了一个 TcpListener 实例对象 listener，并将 listener 和 router 传递给 axum∷serve 函数启动了一个 HTTP 服务。同时，调用 with_graceful_shutdown 方法设置了服务平滑退出函数 graceful_shutdown（当程序接收到退出信号量时，服务就会平滑退出）。

此时，该积分系统的 src 目录结构，如图 8-12 所示。

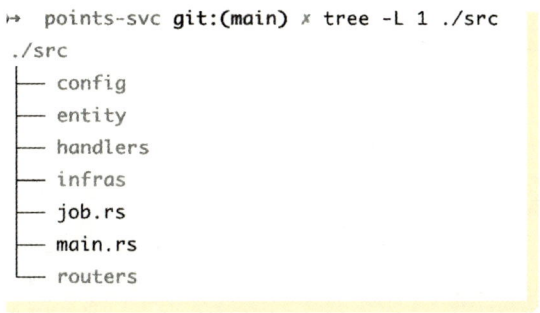

- 图 8-12　points-svc 对应的 src 目录结构

从图 8-12 中看出，项目分层主要分为 config、entity、handlers、infras、routers 等模块，每个模块具体负责的事情，可以查看如下地址：

https://github.com/daheige/rust-in-action/blob/main/part8/points-svc/layout.md

由于篇幅问题，下面仅介绍积分系统的核心模块。handlers/index.rs 模块的核心代码如下：

```rust
// …省略其他代码…
async fn publish_message(
    message: PointsMessage,
    pulsar_client: &Pulsar<TokioExecutor>,
) -> Result<(),PulsarError> {
    let topic = "points-topic";
    let mut producer =pulsar_client
        .producer()
        .with_topic(topic)
        .with_name("points-sys")
        .with_options(producer::ProducerOptions {
            schema:Some(proto::Schema {
                r#type: proto::schema::Type::String as i32,
                ..Default::default()
            }),
            ..Default::default() // 其他字段使用 ProducerOptions 结构体字段的默认值
        })
        .build()
        .await?;

    producer.check_connection().await?; // 验证 Producer 连接是否生效
    let local: DateTime<Local> = Local::now();
```

```rust
    let created_at = local.format("%Y-%m-%d %H:%M:%S").to_string();
    // 将消息发送到 Pulsar 消息队列对应的主题中
    let message = PointsMessage {
        created_at:Some(created_at),
        ..message // 其他字段通过 message 结构体字段进行填充
    };
    producer.send_non_blocking(message).await?;
    Ok(())
}
// …省略其他代码…
```

在上述代码中，定义了 publish_message 函数，用于积分增加和扣减操作，发送消息通知。publish_message 函数的第 1 个参数 message 表示积分消息结构体，其定义放在 points_message 模块中；第 2 个参数 pulsar_client 表示 Pulsar 客户端句柄，用于发送和消费积分消息。在 publish_message 函数主体中，首先定义了消息主题为 points-topic，并调用 pulsar_client 的 producer 方法创建了消息 producer 对象。然后，调用 producer 对象的 check_connection 方法检测当前消息发送者连接是否有效。如果 producer 连接有效，就可以调用 producer.send_non_blocking 方法将 PointsMessage 结构体所对应的消息发送到 points-topic 主题中。如果消息发送成功将返回 ( )，否则将返回对应的错误信息。

接下来，将 points（积分明细列表）函数和 publish 处理器函数绑定到相对应的路由规则上。这些路由规则放在 routers/router.rs 模块中，核心代码如下：

```rust
// routers/router.rs 文件
use crate::{config, handlers};
use axum::routing::post;
use axum::{routing::get, Router};
use std::sync::Arc;

// 配置积分服务对应的 api 路由
pub fn api_router(state: Arc<config::AppState>) -> Router {
    let router = Router::new()
        .route("/api/points/:openid", get(handlers::index::points))
        .route("/api/points/publish", post(handlers::index::publish))
        .with_state(state);
    router
}
```

在该路由模块中，首先定义了 api_router 函数，参数 state 是 Arc＜config::AppState＞类型。api_router 函数中使用 Router::new 方法创建了 axum Router 对象。然后，调用 route 方法绑定路由地址和路由处理函数。其中，路由地址 /api/points/:openid 负责用户积分明细分页查询，路由地址 /api/points/publish 负责积分增加和扣减操作。接着，通过 with_state 方法将参数 state 传递给 handlers/index.rs 模块中的 points 和 publish 函数。这个 state 变量的类型是 config::AppState 结构体，它通过原子引用计数的方式在多个线程之间共享数据。

为了保证该系统积分操作（增加和扣减）的消息通知能够实时被消费，还需要一个异步实时任务（Job）来消费消息。因此，在 Cargo.toml 中添加如下内容：

```
[[bin]]
name = "points-job" # Job 的名字
path = "src/job.rs" # 程序所在的相对路径
```

然后，在 points-svc/src 目录中新增一个 job.rs 文件，并添加如下代码：

```rust
// points-svc/src/job.rs 文件
// …省略 use 模块引入…
// 定义项目相关的模块
mod config; // 用于配置文件读取及 MySQL 和 Pulsar 初始化
mod entity; // 实体对象定义
mod infras; // 项目中基础设施层封装

#[tokio::main]
async fn main() -> anyhow::Result<()> {
    // env::set_var("RUST_LOG", "debug");
    env_logger::init(); // 初始化操作日志配置
    // stop 用于消费者平滑退出标识，
    // 它是一个引用计数且持有读写锁的 bool 类型的共享变量
    let stop = Arc::new(RwLock::new(false));
    let (send, recv) = mpsc::channel();
    tokio::spawn(async move {
        graceful_shutdown(send).await;
    });

    // 通过 tokio::spawn 异步执行消息实时消费
    let stop1 = stop.clone();
    tokio::spawn(async move {
        let reply = consumer_message(stop1).await;
        if let Err(err) = reply {
            error!("consumer pulsar message err:{}", err);
        }
    });

    // 当接收到退出信号量时，更新 stop 为 true
    println!("recv data:{:?}", recv.recv().unwrap());
    let mut stop = stop.write().await;
    *stop = true;
    println!("shutdown success");
    Ok(())
}

// 消费积分增加和扣减在 Pulsar 主题中的消息
```

· 199

```rust
async fn consumer_message(exit: Arc<RwLock<bool>>) -> anyhow::Result<()> {
    // MySQL 连接池
    let mysql_pool = mysql::pool(&APP_CONFIG.mysql_conf)
        .await
        .expect("mysql pool init failed");
    let pulsar_client =xpulsar::client(&APP_CONFIG.pulsar_conf)
        .await
        .expect("pulsar client init failed");

    // 通过 Arc 引用计数的方式声明变量
    let app_state = Arc::new(config::AppState {
        mysql_pool,      // 这里等价于 mysql_pool: mysql_pool
        pulsar_client, // 这里等价于 pulsar_client: pulsar_client
    });

    let topic = "points-topic";
    // 创建 Consumer
    let mut consumer: Consumer<PointsMessage, _> = app_state
        .pulsar_client
        .consumer()
        .with_topic(topic) // 设置主题
        .with_consumer_name("group-1") // 设置消费者分组名字
        .with_subscription_type(SubType::Exclusive)
        .with_subscription("points-sys") // 订阅的名字
        .build()
        .await?;

    info!("consumer has run...");
    let mut counter:usize = 0;
    // 接收消息并消费
    while let Some(msg) = consumer.try_next().await? {
        let exit =exit.read().await;
        if *exit {
            // println!("recv shutdown signal,consumer will stop...");
            return Ok(());
        }

        println!("metadata:{:?}", msg.message_id());
        println!("id:{:?}", msg.message_id());
        let data = match msg.deserialize() {
            Ok(data) => data,
            Err(err) => {
                error!("could notdeserialize message:{:?}", err);
                continue;
            }
        };
```

```rust
        // 消费消息，这里需要将用户积分明细保存到数据库中
        // 并更新用户的积分总数
        println!("got message data:{:?}", data);
        let openid = data.openid.clone();
        let reply = points_handler(data, &app_state.mysql_pool).await;
        if let Err(err) = reply {
            error!("currentopenid:{} consumer points err:{}", openid, err);
            continue;
        }

        consumer.ack(&msg).await?; // 提交消息 Ack 确认
        println!("consumer openid:{} message data success", openid);
        counter += 1;
        info!("got message count:{}", counter);
    }

    Ok(())
}
// …省略其他代码…
```

在上述 job.rs 代码中，首先自定义了 config、entity、infras 等模块。然后，在 main 函数中，通过 tokio::spawn 启动了 graceful_shutdown（平滑退出）函数。接着，使用 tokio::spawn 启动了 consumer_message 函数。在 consumer_message 函数中，先通过 mysql::pool 函数启动了一个 MySQL 连接池，并调用 xpulsar::client 函数创建了一个 Pulsar client 客户端连接句柄。随后，将 mysql_pool 和 pulsar_client 变量作为 config::AppState 结构体实例对象的字段，通过 Arc 原子引用计数的方式进行声明（该结构体对象中的 mysql_pool 和 pulsar_client 字段将在 while 循环中反复使用）。最后，创建了一个 Pulsar 消费者分组对象 consumer，调用 consumer.try_next 方法并使用 while let 解构的方式，从主题（topic）中获取消息（msg）实现积分增加和扣减操作。

当从主题中获取消息后，需要调用 msg.deserialize 方法将其反序列化，并使用 match 关键字模式匹配获取 data 变量。该 data 变量是一个 PointsMessage 结构体的实例对象，包含了积分增加和扣减操作的相关字段信息。如果 match 模式匹配解析 data 成功，就可以将其与 &app_state.mysql_pool 一起作为参数传递给 points_handler 函数来处理积分增加和扣减操作，否则将通过 error! 输出对应的错误信息。

为了演示积分操作所对应的消息发送和消费，需要在 points-svc 项目所在的目录下新建 app.yaml 文件，并添加如下配置内容。

https://github.com/daheige/rust-in-action/blob/main/part8/points-svc/app.yaml

然后，执行 cargo run --bin points-svc 命令启动 HTTP 服务，效果如图 8-13 所示。

接下来，通过 postman 软件以 POST 方式发送如下 Body 内容，请求积分增加接口 localhost:1336/api/points/publish，效果如图 8-14 所示。

```
{
    "openid":"a90e996387dd9b4864cc3ede82252574",
    "points":10,
    "action":"add",
    "reason":"积分激励"
}
```

```
Finished `dev` profile [unoptimized + debuginfo] target(s) in 1.05s
  Running `target/debug/points-svc`
conf:AppConfig { mysql_conf: MysqlConf { dsn: "mysql://root:root123456@localhost/points_sys",
 max_connections: 100, min_connections: 10, max_lifetime: 1800, idle_timeout: 300, connect_ti
meout: 10 }, pulsar_conf: PulsarConf { addr: "pulsar://127.0.0.1:6650", token: "" }, app_port
: 1336, app_debug: true, graceful_wait_time: 3 }
app_debug:true
current process pid:83657
app run on:0.0.0.0:1336
```

● 图 8-13　points-svc HTTP 服务运行效果

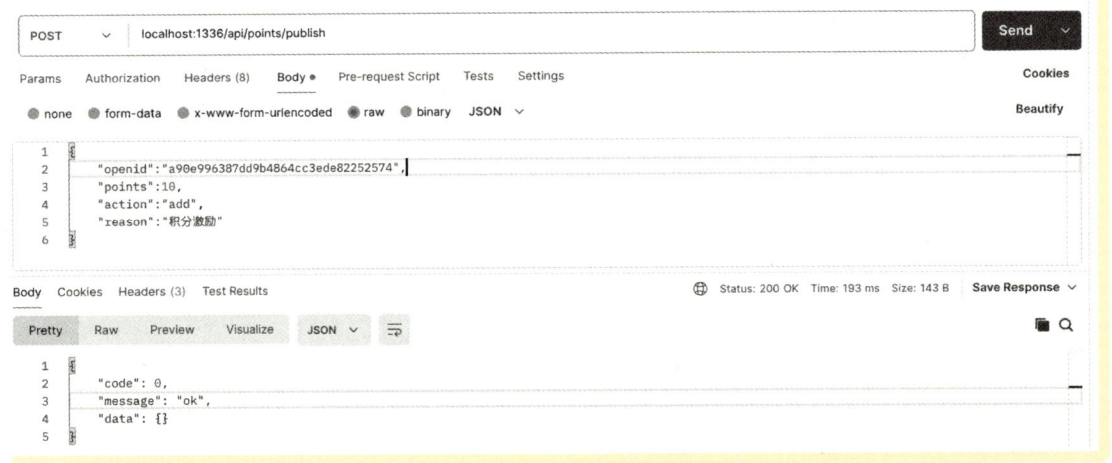

● 图 8-14　积分增加操作

从图 8-14 中看出，在执行积分增加操作的请求后，接口就会立即返回响应结果。同时，在 points-svc http 服务终端就会输出积分消息发送成功的提示。随后，执行 cargo run --bin points-job 命令启动积分实时消费 Job，效果如图 8-15 所示。

从图 8-15 中看出，积分增加操作的消息通知已经被 points-job 成功消费。

为了进一步验证数据的正确性，通过 Postman 软件请求积分明细分页接口 localhost：1336/api/points/a90e996387dd9b4864cc3ede82252574？page＝1&limit＝10，效果如图 8-16 所示。

第 8 章
Rust 中的消息队列实战

```
    Finished `dev` profile [unoptimized + debuginfo] target(s) in 10.54s
     Running `target/debug/points-job`
points-svc job
conf:AppConfig { mysql_conf: MysqlConf { dsn: "mysql://root:root123456@localhost/points_sys", max_connections: 100, min_con
nections: 10, max_lifetime: 1800, idle_timeout: 300, connect_timeout: 10 }, pulsar_conf: PulsarConf { addr: "pulsar://127.0
.0.1:6650", token: "" }, app_port: 1336, app_debug: true, graceful_wait_time: 3 }
app_debug:true
current process pid:84034
message id:MessageIdData { ledger_id: 203, entry_id: 0, partition: Some(-1), batch_index: None, ack_set: [], batch_size: No
ne, first_chunk_message_id: None }
got message data:PointsMessage { openid: "a90e996387dd9b4864cc3ede82252574", points: 10, action: "add", reason: "积分激励",
 created_at: Some("2024-12-08 20:12:53") }
insert sql:insert into points_details (openid,points,action,reason,created_at) value (?,?,?,?,?);
update user points sql:update members set points = points + ?,updated_at = ? where openid = ?
consumer openid:a90e996387dd9b4864cc3ede82252574 message data success
```

- 图 8-15 积分实时消费 Job

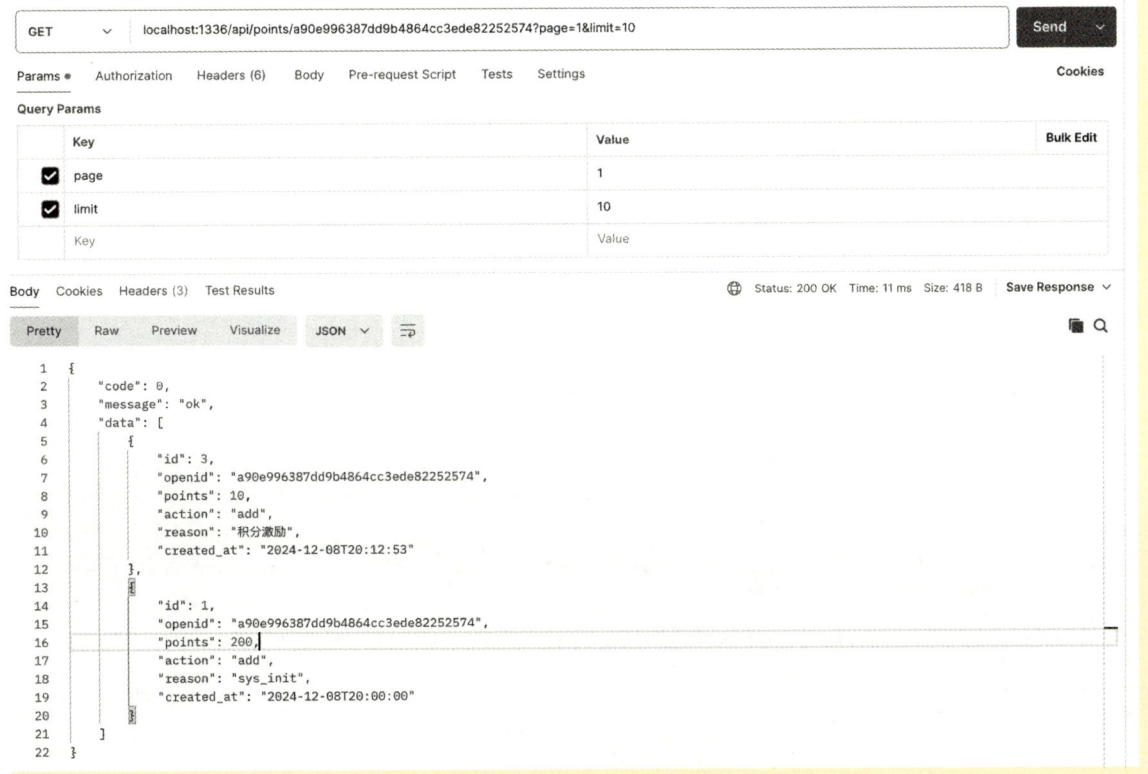

- 图 8-16 积分明细查询

. 203

从图 8-16 中看出，在请求用户积分明细接口后，服务端会返回当前用户的积分记录。当继续通过 Postman 软件以 POST 方式发送如下 Body 内容请求积分扣减接口 localhost:1336/api/points/publish 时，效果如图 8-17 所示。

```
{
    "openid":"a90e996387dd9b4864cc3ede82252574",
    "points":10,
    "action":"sub",
    "reason":"积分扣减操作"
}
```

- 图 8-17　积分扣减操作

此时，可以查看服务端日志输出，效果如图 8-18 所示。

```
app run on:0.0.0.0:1336
page:1 limit:10
current row = PointsDetailsEntity { id: 3, openid: "a90e996387dd9b4864cc3ede82252574", points: 10, action: "add", reason: "积分激励", created_at: 2024-12-08T20:12:53 }
id = 3 points = 10
current row = PointsDetailsEntity { id: 1, openid: "a90e996387dd9b4864cc3ede82252574", points: 200, action: "add", reason: "sys_init", created_at: 2024-12-08T20:00:00 }
id = 1 points = 200
request message:PointsMessage { openid: "a90e996387dd9b4864cc3ede82252574", points: 10, action: "sub", reason: "积分扣减操作", created_at: None }
publish message success
```

- 图 8-18　积分增加和扣减操作的服务端日志输出

从 points-job 运行效果（日志输出见图 8-15）可以看出，积分扣减对应的两条 SQL 语句会立即执行。此时，可以通过 MySQL 桌面软件 Sequel Ace 查看 points_details 表变化，效果如图 8-19 所示。

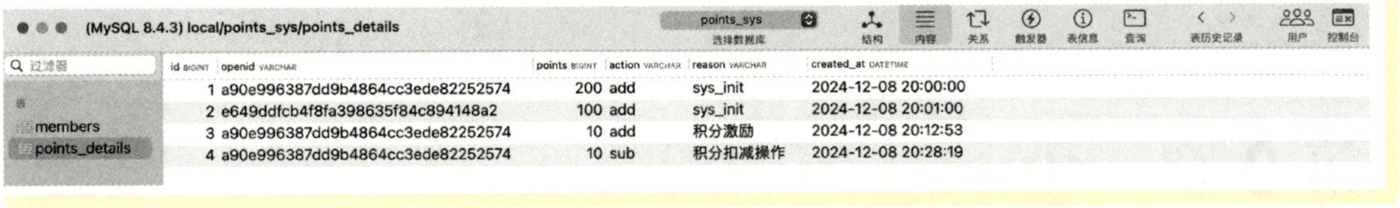

● 图 8-19　points_details 积分明细表

从图 8-19 中看出，积分操作的明细记录已成功插入到数据表 points_details 中。到这里，一个积分系统编写完毕。该积分系统相对简单，在实际项目中，可以参考相关代码，以满足不同场景下的需求开发。

第 9 章　Rust FFI 调用实战

Rust 作为一种以安全性和高效性著称的系统级编程语言，具有出色的性能和内存安全性。然而，在实际开发过程中，很少有项目是完全用一种语言编写的。有时，需要项目中与其他语言进行交互，特别是在需要与现有代码库或底层系统交互时，FFI（外部函数接口）调用显得尤其重要。例如，Rust 可以调用 C 或 C++编写的外部函数完成一些底层系统交互，或者说 Rust 可以为其他语言编写外部函数以实现特定的业务场景等。也就是说，为了实现跨语言的互操作，Rust 语言底层提供了 FFI 机制，允许 Rust 代码与其他语言进行交互。

在本章中，将介绍以下主题：
- Rust 安全性和不安全性。
- Rust FFI 调用简介，包括 FFI 调用的安全性和不安全性、FFI 调用的注意事项。
- Rust QT 绑定，包括如何安装 Qt 工具、Rust Qt 绑定库有哪些、如何使用 Rust Qt 库编写实际的桌面应用程序。
- Rust 与其他语言交互，包含使用 cc 库调用 C 语言代码、使用 Rust 为 Node.js 和 Python 编写原生拓展，以提高应用程序的性能。

9.1　Rust 安全性和不安全性

Rust 的设计哲学是在不损失性能的前提下，保证代码的内存安全、类型安全及线程安全。它在设计时就引入了"借用检查器""所有权系统"及"生命周期"等特性，有效避免了空指针、内存泄漏、数据竞争等常见的安全问题。

当使用 Rust 编写项目时，如果应用程序全是使用 Rust 语言编写的，并且已经通过了 Rust 编译器的"编译检查机制"，那么程序相对来说是安全的。无须担心类型安全和内存安全，更无须担心程序发生"垂悬指针""变量二次释放引用"或其他各种未定义行为等问题发生。然而，在实际的项目开发过程中，可能会遇到以下特殊场景：
- 需要编写一个 Rust 语言标准库 std 中没有的底层抽象代码，做一些标准库之外的、类型系统不支持的任务。
- 例如，应用程序想要直接与操作系统层面交互或执行汇编指令操作等，此时编写的 Rust 代码可能会变得不安全，在运行过程中这些代码是不稳定的，随时发生系统崩溃。

- 再例如，在某些特殊场景下需要调用 C 或 C++ 语言提供的库函数、操作硬件寄存器、处理各种字节码等。

为了解决上述特殊场景的问题，有时不得不使用不安全的代码，也就是说，需要打破 Rust 的安全边界，才能完成一些 Rust 安全代码之外的任务。换一种说法：Rust 语言是一门同时包含安全性和不安全性的编程语言。

Rust 语言之所以存在不安全的代码，主要是因为 Rust 编译器在编译期间做静态分析本质上是相对保守的。当编译器尝试去判断某些代码是否支持某些特殊场景时，如果无法通过足够的信息来确定这些代码是否安全，编译器会拒绝编译，这也意味着编写的代码可能是不安全且无效的。在这些情况下，开发人员可以使用不安全的代码告诉 Rust 编译器："请相信我，我知道自己在做什么，它是安全的"，从而绕过编译器的检查。这种承诺需要开发人员自己来保证程序代码的安全性，承担程序运行的风险。如果不安全的代码在运行中出错了，例如，解引用空指针，程序可能会崩溃或发生异常。

Rust 语言存在不安全的另一个原因是计算机底层硬件的差异性和不安全性。假设 Rust 不允许开发人员做不安全性的操作，那一些底层操作的任务就无法完成，例如，开发人员在一些特殊场景下，需要直接与操作系统交互，甚至编写自己的底层抽象或函数 API。

在 Rust 语言中，不安全性的代码是通过 unsafe 关键字来修饰的。在开发过程中，Rust 不安全的操作主要有以下几种情形。

- 解引用裸指针操作：不经过安全检查，直接通过裸指针访问内存。
- 调用不安全的函数或方法：不安全的函数或方法是以 unsafe fn 关键字开头的，允许开发人员在其中做一些不安全的操作。
- 访问或修改可变的静态变量：全局可变的静态变量在多线程环境下会发生数据竞争的安全风险。
- 实现一些不安全的特征（trait）：实现 Rust 中不安全的特性，需要开发人员保证手动处理好相关安全问题。
- 访问联合体的字段：联合体主要用于与 C 语言代码中的联合体交互。访问联合体的字段是不安全的，因为 Rust 无法保证当前存储在联合体实例中数据的类型。

对于 Rust 中 unsafe 代码的安全性问题，需要强调以下两点：

首先，使用 unsafe 代码并不会关闭 Rust 编译器或禁用任何其他 Rust 安全检查。也就是说，如果在不安全的代码中使用引用，这种操作仍然会被编译器检查。unsafe 关键字只允许用户做上述几种不安全的操作，编译器在程序代码编译时并不会对这些操作进行内存安全检查，也就是说实际运行过程中，程序可能由于内存安全问题发生错误或崩溃。

另外，使用 unsafe 代码并不意味着编写的代码一定是不安全的，或许在一定程度上是安全的。也就是说，使用不安全的代码是有风险的，可能会导致未定义的行为、空指针、数据竞争等安全问题。因此，开发人员在编写不安全的代码时需要特别小心，确保在使用过程中始终遵循 Rust 的安全规则，这样才能在一定程度上保证程序运行是相对安全的。

在本章接下来的内容中，将深入探讨 Rust FFI 调用、Qt 绑定及 Rust 语言是如何与其他编程语言进行交互的。

9.2 Rust FFI 调用简介

FFI（Foreign Function Interface），即外部函数接口，是一种编程接口机制，主要用于在不同的编程语言之间进行交互。也就是说，FFI 允许开发者在一门语言中调用其他语言的函数库或组件库，实现不同编程语言之间的无缝集成，从而充分发挥不同编程语言各自的优势。

在本节中，将通过 Rust 语言实例介绍 FFI 调用的安全性和不安全性，以及 FFI 调用需要注意的基本事项。

▶▶ 9.2.1 FFI 调用的安全性和不安全性

虽然 FFI 调用可以在不同语言之间相互操作，提升了应用程序的灵活性，但它也带来了更多的不确定性和安全风险。FFI 的安全性主要涉及不同语言之间是否能够正确管理内存、处理依赖和兼容性问题（如 ABI 问题），以及跨语言调用的方式是否正确等方面。这些不安全性需要开发者花费更多的时间对 FFI 调用的代码进行严格地审查和充分地测试，或者使用安全可靠的框架或工具等措施，才能降低安全风险，从而保证程序的可靠性和稳定性。

通常来讲，FFI 被认为是不安全的，在调用它们时需要格外小心。例如，在 C 语言中经常会暴露出线程不安全的接口，可以说几乎所有接受函数指针的函数对有些输入是无效的，因为指针可能是悬空的，使用它可能会导致程序异常或崩溃。一般来说，原始的 C 语言 API 需要被包装起来，以提供内存安全，并使用更高级别的概念，一个库可以选择只公开安全的高级接口而隐藏不安全的内部细节。例如，C 语言中向量通常使用数组来表示，数组的每个元素表示向量中的一个分量，C 语言没有专门的向量符号，而是通过数组定义和操作向量。

当在 Rust 中调用 FFI 时，那些不安全的代码需要使用 unsafe 关键字显式包裹起来，这是在向 Rust 编译器做出承诺：当前 FFI 调用的代码是相对安全的。有些人误以为使用 unsafe 关键字修饰的 FFI 代码块就一定是不安全的。其实，unsafe 代码块，在一些特殊场景下，它是安全的。在一些底层交互的 FFI 代码使用 unsafe 关键字修饰，使得安全和不安全之间具有一定的界限，也就是说"将不安全性的代码控制在最小范围内"。这些具有边界的 unsafe 代码在一定程度上是安全的，在进行 FFI 调用时不必过分担心。

以下是一个简单的示例，展示了如何在 Rust 中调用 C 语言的 abs 函数求一个 i32 数字的绝对值，以及调用 sqrt 函数求一个数字的平方根。

```
// part9/c-ffi/src/main.rs 文件
// 这里的 c_int 相当于 C 的 signed int (int)类型,32 位的整型数字
use std::ffi::c_int;

extern "C" {
```

```rust
    // 求一个整型数字的绝对值
    fn abs(num: c_int) -> c_int;

    // 当然也可以使用下面的方式,因为 c_int 对应的数字是 32 位的
    // fn abs(num: i32) -> i32;

    // 求一个数字的平方根
    fn sqrt(num: c_double) -> c_double;
}

fn main() {
    // 通过 unsafe 关键字修饰,调用 C 语言提供的函数
    unsafe {
        let num = -10;
        println!("-10 的绝对值是:{}", abs(num));

        let x = 64.0;
        println!("64 的平方根是:{}", sqrt(x));
    }
}
```

从上述代码可以看出,Rust 与其他语言编写的代码交互时,需要使用 extern 关键字显式标注出来,并在后面指定外部函数对应的应用二进制接口类型。在该示例中,extern 后面的"C"部分表示外部函数所使用的应用二进制接口是 C ABI(Application Binary Interface,ABI)。它是最常见的外部函数接口,遵循了 C 语言的 ABI 规范。也就是说,Rust 函数的参数和返回类型必须与 C 语言中对应的参数和返回类型兼容。该示例中,通过 extern "C" 代码块声明了 C 库的 abs 和 sqrt 两个函数。在 Rust 语言中使用这两个函数,必须使用 unsafe 关键字显式包裹起来。因为这些外部函数调用可能让 Rust 应用程序在运行过程中发生错误或异常,甚至崩溃。

当执行 cargo run 命令运行上述示例代码时,程序输出结果如图 9-1 所示。

```
➜ c-ffi git:(main) ✗ cargo run
   Compiling c-ffi v0.1.0 (/Users/heige/web/rust/rust-in-action/part9/c-ffi)
    Finished `dev` profile [unoptimized + debuginfo] target(s) in 1.27s
     Running `target/debug/c-ffi`
-10的绝对值是: 10
64的平方根是: 8
```

● 图 9-1 Rust 代码中调用 C 语言提供的函数 abs 和 sqrt 运行效果

从图 9-1 中可以看出,在 Rust 代码中调用 C 代码的 abs 函数运行正常。该示例相对简单,因为 abs 函数是从 C 语言标准库 libc 中引入的,所以它可以直接在 Rust 中使用。如果想要在 Rust 代码中使用 C 语言底层封装的函数,实现一些相对复杂或特殊场景的需求,那么就需要用到 Rust 第三方 C FFI 调用库。在 9.4.1 小节中,会详细介绍在 Rust 语言中如何使用第三方 cc 库与 C 语言互操作。

9.2.2　FFI 调用的注意事项

Rust 作为一种系统编程语言，其核心价值在于提供内存安全和类型安全。Rust 的 FFI 设计允许 Rust 代码调用其他编程语言的函数，也允许其他编程语言调用 Rust 的函数。通过 FFI，开发者可以实现 Rust 语言与其他语言之间无缝集成，从而充分发挥各种编程语言的优势，提高应用程序的性能和效率。然而，在使用 Rust FFI 时，需要注意以下几点。

- 安全性：使用 Rust FFI 时需要特别小心，确保调用的函数是安全的，不会导致未定义行为或内存安全问题。使用 Rust unsafe 关键字时，需要仔细检查代码，对潜在的安全风险要有充分的了解和应对措施，以确保所有的不安全操作在合理的边界范围内是正确的。例如，当 FFI 使用不当时，可能会引发缓冲区溢出，也就是程序在缓冲区末尾之外写入数据时，可能会导致程序崩溃或被攻击者执行任意代码，发生安全漏洞的事故。
- ABI 兼容性：在使用 Rust FFI 时，需要注意不同平台和编译器的 ABI 兼容性问题。不同平台和编译器的 FFI 调用、数据结构分布及内存布局可能有所不同，在使用 FFI 之前需要确保在不同平台和编译器下均能够正常工作，这是比较关键的一点。
- 内存管理：在使用 Rust FFI 时，可能会涉及内存模型、内存管理等问题，这需要开发者注意程序内存的分配和释放，避免内存泄漏和垂悬指针等问题。例如，当程序尝试非法或异常地访问一片内存时，会发生内存错误，程序最终会崩溃或表现出不可预测的行为。
- 类型匹配：由于 Rust 和目标语言（如 C 或 C++）的数据类型可能不完全相同，因此在进行 FFI 调用时，需要确保数据类型的正确匹配。例如，如果需要在 Rust 中调用 C 语言库函数，可能需要使用 libc 库来正确表达 C 语言函数中的数据类型。
- 外部函数的声明：在 Rust 中调用外部函数时，需要使用 extrern 关键字来声明这些函数。例如，在与 C 或 C++语言接口交互时，所有的函数调用必须准确地指定调用的函数。也就是说，在 C 语言中，每个函数签名都必须映射到唯一的符号名称。在 C++或 Rust 中，需要使用 extern "C" 告诉编译器按照 C 语言的规则对函数进行编译，而不进行名称修饰，确保这些函数 FFI 调用成功。
- 错误处理：由于 FFI 调用涉及不同语言的交互，错误处理尤其重要。开发者需要确保在调用外部函数时正确处理可能出现的错误，避免程序崩溃或产生未定义行为。
- 生命周期和所有权：由于 Rust 语言具有所有权和生命周期机制，需要确保在跨语言 FFI 调用中正确处理生命周期和所有权关系，尽量避免出现垂悬引用、数据竞争和死锁等问题。例如，当程序的某些变量在释放值后，如果再访问这块内存，可能会导致程序发生未定义的行为或不可预知的错误。
- 动态链接库的使用：如果需要在运行时动态链接到外部库，需要注意库文件的路径设置、版本兼容性等问题，这可能涉及环境变量设置、处理链接库目录等操作。
- 线程和进程操作：在使用 FFI 进行系统编程时，可能涉及线程和进程的操作。需要注意 Rust 和目标语言在这方面的差异性，例如，Rust 中只能创建子线程，而创建子进程则可能需要用到外部库 libc。

综上所述，在使用 Rust 的 FFI 进行跨语言交互时，需要注意安全性、ABI 兼容性、内存管理、数据类型匹配、外部函数的声明、生命周期和所有权等各方面的问题，以确保 FFI 调用的正确性和安全性。

在本章接下来的 9.3~9.4 节中，将详细介绍 Rust FFI 在实际项目中该如何使用，以及 Rust 语言如何与其他语言进行交互。

9.3 Rust Qt 绑定

在 9.1~9.2 节中，已介绍了 Rust 语言的安全性和不安全性、Rust FFI 基本简介和 FFI 调用注意事项。在本节中，将详细介绍 Qt 安装、在 Rust 语言中该如何绑定 Qt，以及如何使用 Rust 相关的 Qt 库编写简单的桌面应用程序。

9.3.1 Qt 安装

Qt 是一个跨平台的 C++图形用户界面（Graphical User Interface，GUI）应用程序开发框架，它既可以用于开发 GUI 程序，也可用于开发非 GUI 程序，如控制台工具和服务器。虽然 Qt 是用 C++开发的，但是它还支持 C、Python、Java、JavaScript、Node.js、Go、Rust 等不同编程语言的绑定，也就是说开发人员可以根据实际情况，选择这些编程语言快速开发 Qt 应用程序。

在使用 Qt 框架之前，需要确保操作系统上面已安装 Qt 工具及相关依赖。接下来，将以 Linux Ubuntu22.04 系统为例，详细介绍如何安装 Qt 工具，步骤如下。

1) 安装基本的 C/C++ tools。

```
# 安装 cmake make gcc g++ clang llvm
sudo apt update -y
sudo apt install -y make gcc g++llvm clang cmake
```

2) 安装 Qt6 相关的依赖。

```
sudo apt install -y pkg-config libssl-dev zlib1g-dev
sudo apt install -y build-essential libgl1-mesa-dev gdb
sudo apt install -y libxkbcommon-dev
sudo apt install -y libvulkan-dev
sudo apt install -y wget vim bash curl git
```

3) 安装 Qt6 框架。

```
sudo apt install -y qt6-base-dev qt6-declarative-dev
sudo apt install -y qt6*
```

4) Qt6qmake 设置。

   a) 配置 Select Qt6 system-wide。

vim ~/qt6.conf 添加如下内容：

```
qtchooser -install qt6 $(which qmake6)
```

通过:wq 保存退出。

b）配置 Qt6 配置文件。

```
sudo mv ~/qt6.conf /usr/share/qtchooser/qt6.conf
```

c）设置 Qt6 为 qtchooser 默认选项。

```
sudo mkdir -p /usr/lib/$(uname -p)-linux-gnu/qt-default/qtchooser
sudo ln -n /usr/share/qtchooser/qt6.conf /usr/lib/$(uname -p)-linux-gnu/qt-default/qtchooser/default.conf
sudo ln -s /usr/bin/qmake6 /usr/bin/qmake
```

d）执行如下命令为 qtchooser 设置 Qt6 路径。

```
qtchooser -install qt6 $(which qmake6)
```

e）设置 Qt6 为默认选项。

vim ~/.bashrc 添加如下环境变量：

```
exportQT_SELECT=qt6
```

执行 source 命令让环境变量生效：

```
source ~/.bashrc
```

以上内容就是 Qt 工具在 Linux Ubuntu 下安装的基本步骤。其他操作系统安装 Qt 工具和 Qt 相关依赖，可以参考官方文档（https://doc.qt.io/qt-6/）。

在本节接下来的内容中，将通过实例演示在 Rust 语言中如何与 Qt 进行绑定。

9.3.2 Rust Qt 相关绑定库简介

Rust 社区中存在一些实用的 Qt 库，其中比较受欢迎的主要有 rust-qt/ritual、cxx-qt、qmetaobject-rs 等，这些库可以帮助开发者快速实现 Rust 与 Qt 框架绑定。以下是这几个 Rust Qt 绑定库之间的区别。

1）rust-qt/ritual Qt 绑定库。

rust-qt/ritual 的主要优势是跨平台，ritual 能够运行使用来自 Rust 的 C++库，它分析了 Qt 框架 C++ API 并提供了功能齐全的 crate，该库主要目的是允许开发者在短时间内可以快速使用 Rust 语言与 Qt 框架交互。换句话说，虽然 Qt 框架为开发者提供了大量的 API 函数接口，但是由于 Qt 不同版本的差异化，这些函数接口在与其他语言交互时可能存在不确定性和兼容性问题。然而，ritual 库在设计之初最大化实现和封装了 Rust Qt 通用数据类型和 API 接口函数，还提供了大量自动化的工具支持增量编译运行，让开发者能够快速创建跨平台的图形化应用程序。这里需要强调一点：ritual 提供的 Qt crate 已经有 3 年没更新了，另外它所支持的 Qt 最高版本为 Qt5，暂时还不支持 Qt5 以上版本。如果想通过 Qt6 以上版本的框架来编写图形化应用程序，建议使用其他 Rust Qt 包。

2）cxx-qt Qt 绑定库。

cxx-qt 框架是由 KDAB 科技公司推出的 Qt 框架绑定库，它支持跨平台，为 Qt 提供安全的 Rust 语言绑定。由于 Rust 拥有 C 和 C++ 缺乏的内存安全性，且拥有丰富的库生态系统，可用于序列化、异步操作、解析不安全的输入、多线程等功能，cxx-qt 将这些实用的 Rust 特性集成到了框架中，并提供了一个名为 CXX 的库在 Rust 和 C++ 之间相互通信。与其他的 Rust Qt 绑定库相比，CXX 在 Rust 和 C++ 之间建立了一座桥梁，也就是说，CXX 基于两种语言的安全子集进行通信。另外，cxx-qt 还使用过程宏隐藏了 CXX 实现的大量内部细节，为开发者提供了一个常见的 Qt 类型库。更加强大的代码及安全的 API 使 Rust 与 C++ 提供的 Qt 可安全地相互操作。cxx-qt 框架架构设计如图 9-2 所示。

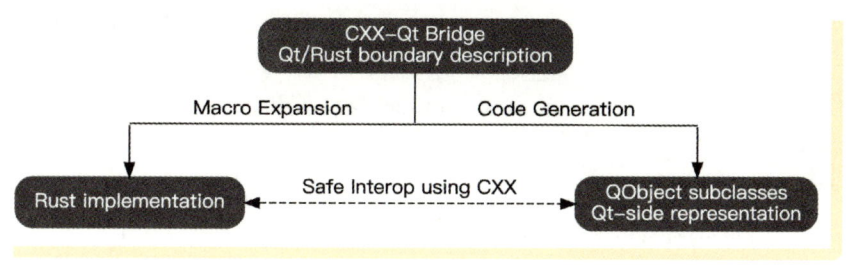

● 图 9-2 cxx-qt 框架架构设计

从图 9-2 中可以看出，cxx-qt 框架中间的 CXX 桥梁主要通过 Rust 强大的宏和代码生成的方式，允许 Qt 代码与 Rust 代码相互操作。也就是说，cxx-qt 的设计者使用 CXX-Qt 宏注解的方式定义了一个 Rust QObject 对象，然后使用 CXX-Qt 工具生成了对应的 C++代码，并使用宏拓展来定义一个 CXX 桥梁。最后，通过这个 CXX 使得 C++代码和 Rust 代码之间能够互操作。

由于 cxx-qt 库目前同时支持 Qt5 及 Qt6 以上版本，所以开发者在最新的版本中不需要接触任何 C++代码，就可以快速使用 Rust 语言开发 Qt 应用程序。

3）qmetaobject-rs Qt 绑定库。

qmetaobject-rs 是一个开源项目，它为 Rust 语言提供了一种与 Qt 框架的元对象系统交互的能力。对于 Qt 开发者来说，Qt 的元对象编译器（moc）和元对象系统（QMetaObject）应该非常熟悉，它们主要用于动态类型检查、信号-槽机制及运行时反射。qmetaobject-rs 将这种强大的功能带入 Rust。qmetaobject-rs 的核心是一个代码生成器，它可以解析 C++头文件中的 Qt 元对象信息，并自动生成对应的 Rust 代码，使得 Rust 开发人员既可以使用 Rust 的安全性和强大性能，又能享受到 Qt 丰富的生态系统。这个库主要包含以下关键技术点。

- 头文件解析：使用 bindgen 库解析 C++头文件，提取出 Qt 元对象相关信息。
- 代码生成：根据解析的结果生成 Rust 代码，这些代码包含构造函数、属性访问、信号-槽机制等。
- 互操作性：使用 cbindgen 确保生成的 Rust 代码能够在 C++与 Rust 之间安全地进行跨语言调用。

通过对比不同的 Rust Qt 绑定库看出，每个 Rust Qt 绑定库所解决的问题及关注点不一样。在实际的 Qt 项目开发中，可以根据自身情况选择合适的 Rust Qt 绑定库来开发图形化应用程序。

当然，除了使用上述 Rust Qt 绑定库外，还可以通过其他 Rust GUI 包快速开发图形化应用程序，如 slint、egui 等，它们都提供了丰富的文档和详细示例，让开发者可以快速上手。由于篇幅问题，这里就不再逐一列举，更多具体用法，可以在 crates.io 平台上搜索对应的 Crate。

在本节接下来的内容中，将编写实际桌面应用程序详细介绍在 Rust 语言中该如何正确使用 cxx-qt 和 qmetaobject-rs 库。

▶▶ 9.3.3 使用 cxx-qt 编写一个桌面应用程序

与其他的 Rust Qt 绑定框架相比，cxx-qt 的目标不是简单地将 Qt 功能暴露给 Rust，而是将 Rust 安全集成到 Qt 生态系统中，让 Rust 与 C++代码能够安全地互操作。

在本小节中，将介绍如何使用 cxx-qt 框架及 qt qml 文件编写一个桌面应用程序。该桌面应用程序的功能主要有 3 点：

1）单击 "Say Hello" 按钮后，在下方显示 "hello,world" 字符串。

2）单击 "Gen a random number by Rust" 按钮后，在下方显示生成的随机数字。

3）单击 "Gen a random number by JavaScript" 按钮后，在下方显示生成的 JavaScript 随机数字。

为了实现上述功能点，首先通过 cargo new cxx-qt-app 命令创建一个二进制应用，并在 Cargo.toml 文件中添加如下依赖：

```toml
[dependencies]
cxx = "1.0.122"
cxx-qt = "0.6.1"
cxx-qt-lib = "0.6.1"
rand = "0.8.5"

# 项目构建时所需要的依赖包
[build-dependencies]
# 这个包需要和 cxx-qt 包版本一致
cxx-qt-build = "0.6.1"
```

接着，在 src/main.rs 文件中添加如下代码：

```rust
mod cxxqt_object;
use cxx_qt_lib::{QGuiApplication, QQmlApplicationEngine, QUrl};

fn main() {
    println!("cxx-qt-app run...");
    // 创建 Qt GUI 应用
    let mut app = QGuiApplication::new();
    // 创建 Qt GUI App qml engine
    let mut engine = QQmlApplicationEngine::new();

    // 将 qml 文件加载到 App 中
```

```
            if let Some(engine) = engine.as_mut() {
                engine.load(&QUrl::from("qml/main.qml"));
            }

            // 启动 GUI App 应用
            if let Some(app) = app.as_mut() {
                app.exec();
            }
        }
    }
```

在上述代码中，首先定义了一个 cxxqt_object 模块，这个模块主要用于 cxx-qt 封装 Rust FFI。然后，引入了 cxx_qt_lib 库中相关模块。在 main 函数中，主要做了 4 件事情：

1）使用 QGuiApplication::new 函数创建了一个 Qt GUI 应用。

2）使用 QQmlApplicationEngine::new 创建一个 Qt qml engine。

3）调用 engine.load 方法将 qml/main.qml 文件加载到 GUI App 中。

4）调用 app.exec 方法，启动 GUI App 应用程序。

cxxqt_object 模块对应的代码如下：

```
// part9/qt-in-action/cxx-qt-app/src/cxxqt_object.rs 文件
use cxx_qt_lib::QString;
use rand::Rng;

#[cxx_qt::bridge]
pub mod qobject {
    unsafe extern "C++" {
        include!("cxx-qt-lib/qstring.h");
        /// 对于 cxx-qt 来说,QString 是未知的
        /// cxx_qt_lib crate 已经包装了许多 Qt 类型,
        /// 因此这里直接通过 include! 宏导入对应的头文件
        type QString = cxx_qt_lib::QString;
    }

    // 定义 FFI 调用的数据类型
    unsafe extern "RustQt" {
        // Hello 类型定义
        // qml 文件中的 Hello.plain 字段类型为 QString,
        // qml 文件的中类型名字不能与 Rust 数据类型名字一样,因此这里使用别名
        #[qobject]
        #[qml_element]
        #[qproperty(QString, plain)]
        type Hello = super::HelloRust;

        // RandObj 类型定义
        #[qobject]
```

```rust
        #[qml_element]
        #[qproperty(i32, number)]
        #[qproperty(i32, number2)]
        type RandObj = super::RandObjRust;
    }

    unsafe extern "RustQt"{
        // say_hello 函数返回值是字符串类型 QString
        #[qinvokable]
        fn say_hello(self: &Hello) ->QString;

        // gen_number 函数返回值是 i32 类型
        // 在 cxx-qt 库中,i32 对应的就是 32 位的整数
        #[qinvokable]
        fn gen_number(self:&RandObj,m:i32,n:i32) -> i32;
    }
}

#[derive(Default)]
pub struct HelloRust {
    // plain 是字符串类型,必须使用 cxx-qt-lib/qstring.h 中的 QString 类型
    plain:QString
}

#[derive(Default)]
pub struct RandObjRust {
    number:i32,
    number2:i32
}

// 为 Hello 实现 say_hello 方法
impl qobject::Hello {
    pub fn say_hello(&self) ->QString {
        println!("call say_hello from rust");
        QString::from("hello,world")
    }
}

impl qobject::RandObj {
    // 生成指定范围内的随机数
    fn gen_number(&self,m:i32,n:i32) -> i32 {
        println!("call gen_number from rust");
        // 这个 gen_range 方法生成的数字是一个半开区间
        // 也就是说,[1,101) 不包含 101,它是 1~100 之间的随机数字
        let rnd : i32 = rand::thread_rng().gen_range(m..n);
```

```
        rnd
    }
}
```

在这个 cxxqt_object.rs 文件中，首先定义了 qobject 模块，并在该模块上方使用#[cxx_qt∷bridge]注解，该注解允许开发人员在 Rust 代码中与 Qt 提供的 C++代码进行交互。然后，在模块内通过 unsafe extern "C++"代码块引入了 cxx_qt_lib∷QString 数据类型，并使用 Rust 语言的 type 关键字设置了数据类型别名，这个 QString 数据类型可以在 Rust 代码中直接使用。

为了方便理解，将 Rust FFI 调用的数据结构定义和函数定义放在两个 unsafe extern "RustQt" 代码块中，其实也可以将它们放在一个 unsafe extern "RustQt" 代码块中。这个 extern "RustQt" 是 cxx-qt 框架提供的一种 FFI 机制，它类似 C 语言的 ABI 机制，允许其他编程语言调用 Rust 编写的代码。

在第一个 extern "RustQt" 代码块中，定义了 Hello 和 RandObj 结构体，这两个结构体分别来自父模块中的 HelloRust 和 RandObjRust 结构体。这里需要强调一点：为了能够在 qt qml 文件中使用 Rust 语言自定义的 Hello 和 Randobj 结构体，需要使用 cxx-qt 库提供的#[qobject]和#[qml_element]注解显式标注出来，并且结构体中定义的字段类型也必须通过#[qproperty]显式标注出来。也就是说，任何以#[qproperty]形式标注的字段必须被 cxx-qt 库转换为有效的 C++数据类型才可以通过编译，否则在编译时就会产生未定义的行为，这也是 Rust FFI 调用比较关键的一点。

在第二个 unsafe extern "RustQt" 代码块中，定义了 say_hello 和 gen_number 外部函数接口，需要注意的一点，这两个外部函数接口的第一个参数必须是 self，其类型是可变引用，还是不可变引用，需要根据实际情况而定。在这个桌面应用程序中，这两个外部函数的第一个参数分别是 Hello 和 RandObj 的不可变引用类型，函数的其他参数也需要被 cxx-qt 库转换为有效的 C++数据类型。在 qobject 模块外部通过 impl 为这两个结构体实现了 qobject 模块代码的外部函数接口（FFI）功能。

由于 cxx-qt 库实现 Rust 与 Qt 互操作是使用 CXX 桥接的方式完成的（具体架构设计参考 9.3.2 小节），因此需要在应用构建前生成对应的 C++代码。

首先，在 cxx-qt-app 目录下新建一个 build.rs 文件。然后，添加如下代码：

```
// 引入 cxx_qt_build 包用于构建之前的操作
use cxx_qt_build∷{CxxQtBuilder, QmlModule};

fn main() {
    CxxQtBuilder∷new()
        .qt_module("Network")
        .qml_module(QmlModule∷<&str, &str> {
            uri: "cxx_qt.myapp", // uri 包名必须与 Qt qml 文件 import 导入的包名一致
            // 通过桥接的方式生成对应的 C++代码
            rust_files: &["src/cxxqt_object.rs"],
            // 指定 qml/qml.qrc 文件
            qrc_files: &["qml/qml.qrc"],
            ..Default∷default()
```

```
        })
        .build();
}
```

在上述 build.rs 文件中，首先通过 CxxQtBuilder::new 方法创建了一个 cxx-qt_builder 对象。然后，调用 qml_module 方法指定了相关配置。其中 uri 必须与 qml/qml.qrc 文件中定义的 qml/main.qml 文件导入的包名一致。rust_files 用于指定 src 文件中 cxxqt_object 模块的相对路径。最后，调用 build 方法完成 cxx-qt-app 应用构建前的 C++ 代码生成。

在启动这个 Qt 桌面应用程序前，还需要在 cxx-qt-app 目录下新建 qml 目录，并在这个 qml 目录下新增 qml.qrc 和 main.qml 文件。qml.qrc 文件内容如下：

```
<!DOCTYPE RCC>
<RCC version="1.0">
    <qresource prefix="/">
        <file>main.qml</file>
    </qresource>
</RCC>
```

在这个 qml.qrc 中定义了 Qt 应用程序的 qml 文件路径。构建 cxx-qt-app 应用前，cxx-qt-build 工具会自动读取 qml/qml.qrc 中定义的 main.qml 文件内容并加载 src/cxx-qt_object.rs 模块中的 Rust 代码，然后生成对应的 C++ 代码。由于篇幅问题，该桌面应用程序对应的 main.qml 文件放在 cxx-qt-app/qml 目录中，这里不再逐一介绍。

接着，执行 cargo run 命令，等待十几秒后（在此期间会下载对应的 Crates 包编译构建），就会弹出一个窗口。然后，单击"Say Hello"按钮，此时在按钮下方就会显示"hello,world"字符串。随后，单击第 2 个按钮，将会生成一个 Rust i32 随机数。最后，单击第 3 个按钮，程序将生成一个 JavaScript 随机数，效果如图 9-3 所示。

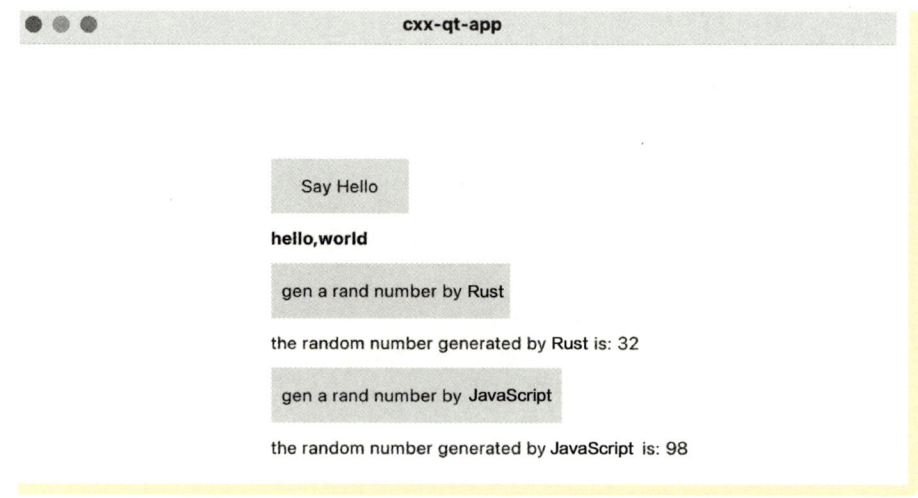

● 图 9-3 cxx-qt-app 运行效果

到这里，已经使用 cxx-qt 库成功编写了一个简单的桌面应用程序。更多 cxx-qt 用法，可以参考官方文档（https://github.com/KDAB/cxx-qt/）。

9.3.4 使用 qmetaobject 编写一个桌面应用程序

qmetaobject 允许开发人员使用 Qt qml 和 Rust 语言编写 Qt 应用程序。从技术上来说，使用 qmetaobject 的优势主要体现在以下几点。

- 通过 Rust 过程宏（自定义派生宏）在程序编译时生成 QMetaObject 对象。
- 主要 Qt 类型的绑定是使用 cpp! 宏导入 C++类型来实现的，这些类型最终会通过 Rust build 机制生成对应的 Rust 数据类型，编译到二进制文件中。
- 使用这个库的 Rust 开发人员，基本上不需要学习任何 C++代码，也不需要使用 cargo 之外的其他构建系统。
- 注重性能，避免任何不必要的转换或堆分配。它结合了 C++和 Rust 的优点，能够构建高性能、低级别的组件。同时，利用 Rust 的内存模型和并发模型，能够实现高效的资源管理。

如果开发人员热衷于 Rust 编程，并希望使用 Qt 框架的强大功能，那么 qmetaobject 库提供了几乎完美的工具。无论是启动新项目还是老项目的重构，它都能在 Rust 和 Qt 之间架起一个桥梁。

接下来，使用 qmetaobject 库和 Qt qml 文件编写一个桌面应用程序。该桌面应用程序功能有以下两点：

1）当应用启动后，单击"Say Hello！"按钮，在终端中将输出"Hello world！"字符串。

2）在文本框中输入一个字符串，单击"Md5 Encrypt"按钮，在按钮下方的文本框中将显示该字符串对应的 md5 值。

首先，通过 cargo new qmeta-app 命令创建一个二进制应用程序，并在 Cargo.toml 中添加如下依赖：

```
[dependencies]
# 引入 qmetaobject 相关的包
qmetaobject = { version = "0.2.10", features = ["log"] }
qttypes = { version = "0.2.12", features = ["qtquick"] }
cstr = "0.2.12"
cpp = "0.5.10"
# 引入 md5 加密的包
md5 = "0.7.0"
# 引入日志相关的包
log = "0.4.22"
env_logger = "0.11.5"
# 引入 chrono 包用于日志时区设置
chrono = "0.4.38"
```

然后，在 src/main.rs 文件中添加如下代码：

```
use chrono::Local;
use cstr::cstr;
```

```rust
use log::info;
use qmetaobject::prelude::*;
use std::io::Write;

// 配置资源文件 qml,as 前的 qml 是文件目录,as 后是虚拟路径
qrc!(qml_resource,
    "qml" as "qml" {
        "main.qml",
    },
);

// 定义模块 my_object
mod my_object;

fn main() {
    // …省略其他代码…
    // qmetaobject 日志初始化
    // 如果注释掉下面 qmetaobject 日志初始化,
    // 那么 qmetaobject 日志就会以 qml 为前缀输出到终端
    qmetaobject::log::init_qt_to_rust();

    info!("qml resource init...");
    qml_resource(); // 注册资源 Qt qml 资源

    info!("registerqml type...");
    // 注册自定义类型 Hello 和 Rot
    qml_register_type::<my_object::Hello>(cstr!("qmetaobject.myapp"), 1, 0, cstr!("Hello"));
    qml_register_type::<my_object::Rot>(cstr!("qmetaobject.myapp"), 1, 0, cstr!("Rot"));

    // 创建 qml engine
    let mut engine = QmlEngine::new();

    // 加载 qml 文件内容
    info!("loadqml file...");
    engine.load_file(QString::from("qrc:/qml/main.qml"));

    // 启动 App
    info!("run app...");
    engine.exec();
}
```

在上述代码中,首先通过 qmetaobject 提供的 qrc! 宏定义了一个 qml_resource 函数,该函数主要用于设置 qml 文件的目录和路径。然后自定义了 my_object 模块,该模块主要实现 Rust 外部函数接口以供 qml 文件中使用,稍后详细说明。

main 函数中，首先调用 qmetaobject::log 包提供的 init_qt_to_rust 函数初始化 qmetaobject 日志配置。当在 qml 文件中使用 JavaScript 提供的 console.log 函数打印日志时，会在日志内容前加上时间和当前日志级别。然后，调用 qml_resource 函数注册 Qt qml 资源，以及 qml_register_type 函数注册 my_object 模块中的 Hello 结构体和 Rot 结构体。需要注意的一点：qml_register_type 函数的第一个参数是 Qt qml 文件的 import 包名，并且这个包名必须与 Qt qml 文件中的 import 包名一致。最后，使用 QmlEngine::new 方法创建了 qml engine，在 engine 上调用 load_file 方法加载 Qt qml 文件内容，并调用 exec 方法启动这个桌面应用程序。

该程序的 Rust 外部接口函数放在 my_object 模块中，核心代码如下：

```rust
// part9/qt-in-action/qmeta-app/src/my_object.rs 文件
use log::info;
// 导入 qmetaobject 相关的包
use qmetaobject::prelude::*;
use qttypes::QString; // QString 是一种可以与 Qt C++兼容的字符串类型

// 为 Hello 结构体实现 Default 和 QObject 特性
#[derive(Default, QObject)]
pub struct Hello {
    // 使用 qt_base_class! 宏指定基类为 QObject
    base: qt_base_class!(trait QObject),
    // 使用 qt_method! 宏包裹 say_hello 方法
    say_hello: qt_method!(fn (&self) -> ()),
}

// 为 Hello 结构体实现 say_hello 方法
impl Hello {
    pub fn say_hello(&self) {
        println!("Hello world!");
    }
}

#[derive(Default, QObject)]
pub struct Rot {
    // 使用 qt_base_class 宏指定基类为 QObject
    base: qt_base_class!(trait QObject),

    // 结构体的字段需要用 qt_property! 宏包裹起来
    plain: qt_property!(QString; NOTIFY plain_changed),
    plain_changed: qt_signal!(), // Declare a signal

    secret: qt_property!(QString; NOTIFY secret_changed),
    secret_changed: qt_signal!(), // 清除信号
```

```rust
    // 使用 qt_method! 宏包裹 md5 方法
    md5: qt_method!(fn(&self, plain: String) ->QString),
}

impl Rot {
    // 实现 md5 加密,并将加密后的字符串返回
    pub fn md5(&self,plain: String) -> QString {
        if plain.is_empty() { // 判断字符串是否为空
            return QString::from("plain is empty");
        }

        // 生成 md5 字符串
        let digest = md5::compute(&plain);
        let md5_str = format!("{:x}", digest);

        // 在终端中输出加密之前的字符串和加密后的字符串内容
        info!("plain:{} md5 string:{}",plain, md5_str);
        let result = format!("{}", md5_str);
        QString::from(result.as_str())
    }
}
```

在这个 my_object 模块中，定义了 Hello 和 Rot 两个结构体类型，并通过 qt_base_class! 宏将这两个结构体绑定到了 Qt QObject 类上。这里需要注意的 3 点：

1）say_hello 函数和 md5 函数需要使用 qt_method! 宏包裹，并且函数的签名必须使用 fn 和 &self 显示标注出来，否则在 qml 文件中就找不到对应的 Rust 外部函数接口。

2）Hello 和 Rot 结构体中的字段必须使用 qt_property! 宏修饰，并指定 qttypes 包中的数据类型。qttypes 中的数据类型与 Qt C++定义的数据类型兼容。

3）Hello 和 Rot 结构体定义的数据类型必须要与 main.qml 的 Hello 和 Rot 同名。与此同时，当字段发生变化时，必须使用 qt_signal!() 声明一个信号，从而监听 main.qml 的 Hello 和 Rot 字段变化。

由于篇幅问题，该桌面应用程序的 main.qml 内容就不再逐一介绍，具体 main.qml 文件内容，参考 https://github.com/daheige/rust-in-action/blob/main/part9/qt-in-action/qmeta-app/qml。

接下来，执行 cargo run 命令等待十几秒后（在此期间程序将会下载对应的 crate 编译构建），就会弹出一个应用程序窗口。同时，终端也会输出对应的日志，这些日志是通过 log 和 env_logger 包实现的。然后，单击"Say Hello！"按钮，终端就会输出"Hello world"字符串。接着，在第一个文本框中输入"123456"字符串，并单击"Md5 Encrypt"按钮。此时，在第二个文本框中就会显示该字符串所对应的 md5 加密字符串，效果如图 9-4 所示。

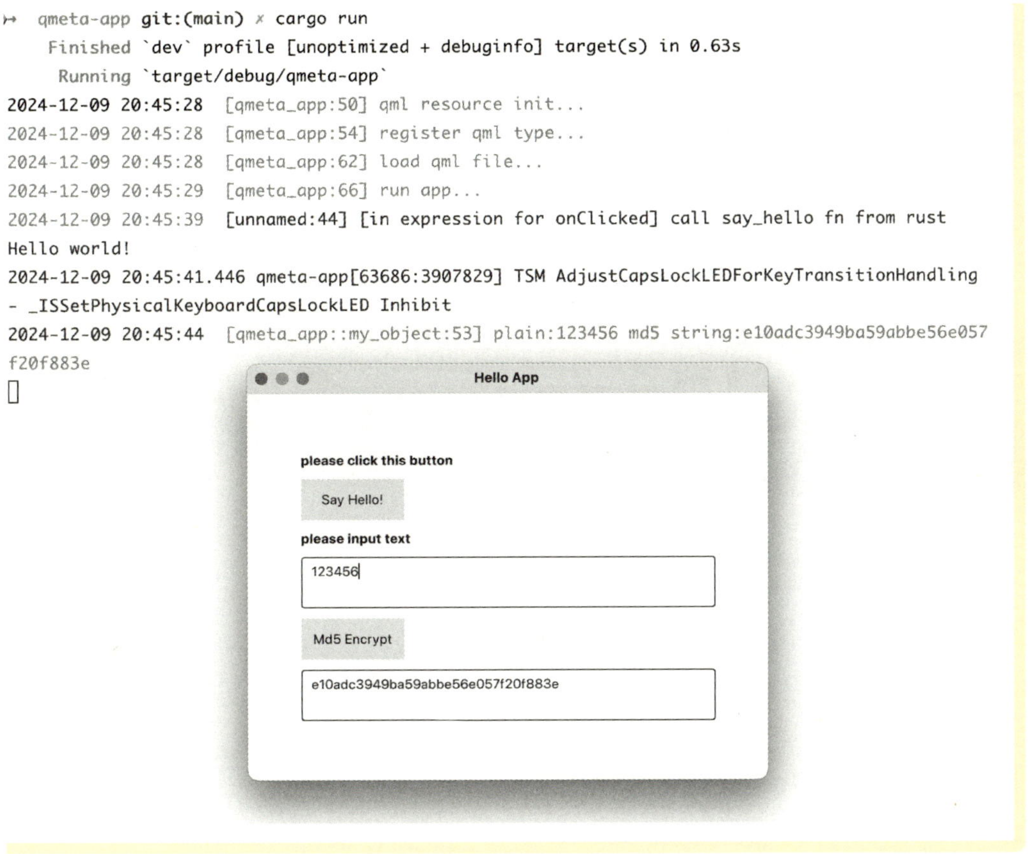
↦ qmeta-app git:(main) ✗ cargo run
Finished `dev` profile [unoptimized + debuginfo] target(s) in 0.63s
Running `target/debug/qmeta-app`
2024-12-09 20:45:28 [qmeta_app:50] qml resource init...
2024-12-09 20:45:28 [qmeta_app:54] register qml type...
2024-12-09 20:45:28 [qmeta_app:62] load qml file...
2024-12-09 20:45:29 [qmeta_app:66] run app...
2024-12-09 20:45:39 [unnamed:44] [in expression for onClicked] call say_hello fn from rust
Hello world!
2024-12-09 20:45:41.446 qmeta-app[63686:3907829] TSM AdjustCapsLockLEDForKeyTransitionHandling
- _ISSetPhysicalKeyboardCapsLockLED Inhibit
2024-12-09 20:45:44 [qmeta_app::my_object:53] plain:123456 md5 string:e10adc3949ba59abbe56e057
f20f883e
Hello App
please click this button
Say Hello!
please input text
123456
Md5 Encrypt
e10adc3949ba59abbe56e057f20f883e

● 图 9-4 qmeta-app 运行效果

9.4 Rust 与其他语言交互

在前面的章节中，已知道 Rust 语言与其他语言交互是通过 FFI 调用实现的。也就是说，Rust 中需要使用 extern 关键字和对应的 ABI 属性来指定外部函数的接口，才能实现 Rust 语言与其他编程语言的交互。

在本节中，将演示如何使用 Rust 社区中提供的相关 crate 分别与 C、Nodejs、Python 等语言进行交互。

9.4.1 使用 cc 库在 Rust 中调用 C 语言代码

在 9.2.1 小节中，已经使用 extern "C" 方式在 Rust 语言中调用 C 语言的 abs 函数求一个 i32 数字的绝对值。如果想在 Rust 中调用 C 语言自定义的函数，那么情况会变得相对复杂。幸运的是，Rust 社区为开发者提供了一个简单易用且稳定的 cc 库。因此，开发者可以使用 cc 库并结合 Rust build

(程序构建之前运行的脚本)机制,在 Rust 中轻松地调用自定义的 C 语言函数。

接下来,编写一个简单的示例实现在 Rust 调用 C 语言自定义的 print_app_info 和 greet 函数。其中,print_app_info 函数用于获取当前 Rust 项目的名字和版本号,并在终端中输出 "Welcome to cc-app-info,current version:0.1.0" 的提示语;greet 函数获取用户输入的名字后,然后在终端输出问候语。

首先,执行 cargo new cc-app-info 命令创建一个二进制应用程序,并在 Cargo.toml 文件中添加如下依赖:

```
# cargo build 构建时的依赖库
[build-dependencies]
cc = "1.0.95"
```

然后,在 src/main.rs 文件中添加如下代码:

```rust
use std::error::Error;
use std::ffi::CString; // 导入 ffi 模块中的 CString
use std::io::{stdin, stdout, Write};
use std::os::raw::c_char;

// 使用 link 标记属性关联静态库 libfoo.a 文件
#[link(name = "foo")]
extern "C" {
    // 在 Rust 中调用 C 语言外部函数接口,需要通过 extern "C"代码块定义外部函数签名
    fn print_app_info();
    fn greet(name: *const c_char);
}

// 获取用户输入的字符串
fn prompt(s: &str) -> Result<String, Box<dyn Error>> {
    print!("{}", s); // 输出提示语
    // 刷新输出流,确保所有中间缓冲的内容都已经完全输出
    stdout().flush()?;

    // 获取标准输入的字符串,将其放入 input 中
    let mut input = String::new();
    stdin().read_line(&mut input)?;
    Ok(input.trim().to_string())
}

fn main() -> Result<(), Box<dyn Error>> {
    println!("call c code begin...");
    // 通过 unsafe 调用 C 代码中的自定义函数
    unsafe {
        print_app_info();
    }
```

```
        let name = prompt("what's your name?")?; // 获取用户输入
        // 创建一个与 C 语言兼容的字符串 CString 对象
        let c_name = CString::new(name)?;
        unsafe {
            greet(c_name.as_ptr());
        }

        Ok(())
    }
```

在上述代码中，通过 extern "C" 代码块声明了两个 C 语言外部函数接口，它们放在 c_code/foo.c 文件中。在 main 函数中，调用 C 外部函数接口需要使用 unsafe 关键字修饰，因为 C 外部函数接口可能是不安全的代码。这里需要强调的一点：greet 函数的参数在 C 语言中是一个 char * 指针（本质是字符串类型），在 Rust 代码中需要通过 std::ffi::CString::new 函数创建一个与 C 语言兼容的字符串 CString 对象。

接下来，在 cc-app-info 项目下新建一个 build.rs 文件，并添加如下代码：

```
// build.rs 的作用是将 C 代码编译为静态库 libfoo.a 文件
fn main() {
    cc::Build::new()
        .define(
            "APP_NAME",
            // 获取当前 Rust 应用程序的名字
            format!("\"{}\"", env!("CARGO_PKG_NAME")).as_str(),
        )
        .define(
            "VERSION",
            // 获取当前 Rust 应用程序的版本号
            format!("\"{}\"", env!("CARGO_PKG_VERSION")).as_str(),
        )
        .define("WELCOME", "\"YES\"") // 定义 WELCOME 宏
        .file("c_code/foo.c")
        .compile("foo");
}
```

在上述 build.rs 文件中，首先通过 cc::Build::new 函数创建了一个 cc builder 对象。然后，通过 define 方法定义了 APP_NAME、VERSION、WELCOME 3 个 C 语言的宏变量。其中，APP_NAME 和 VERSION 宏变量使用 Rust 语言 env! 宏分别获取当前 Rust 应用程序的名字和版本号。接着，在调用 file 方法指定 C 源代码的路径。最后，调用 compile 方法将 c_code/foo.c 编译为静态库文件 libfoo.a。这里需要强调一点：如果需要在 Rust 代码中调用 C 代码完成更加复杂的功能，可能需要为 cc builder 对象指定 include 路径和额外的编译器 flag 标志。

为了能够在该示例中的 Rust 代码中正常调用 C 代码，需要在 cc-app-info 下新建 c_code 目录，并

添加 foo.c 文件和 foo.h 文件，具体代码实现见 https://github.com/daheige/rust-in-action/tree/main/part9/cc-app-info/c_code。

由于 cc 工具在程序构建之前会运行 build.rs 脚本将 c_code/foo.c 中的代码编译为一个静态库或动态库文件。因此，在使用 cc 库需要注意以下 3 点：

1）使用 cc 工具生成的静态库或动态库的命名和文件格式可能会因操作系统和编译器的不同而有所不同。例如，在 Windows 系统上，静态库的命名通常是 libtools.a，而动态库的命名通常是 ctools.dll。

2）在 C 代码被 cc 工具编译生成静态库或动态库后，如果没有在 Rust 代码中使用#[link(name = "foo")]注解来指定链接库的名称，那么 Rust 编译器在编译时就找不到对应的库文件，程序运行会抛出错误。

3）link 链接的名字 foo 必须要与 build.rs 文件中在 cc builder 对象上调用 compile 方法传递的参数名一致。

执行 cargo run 命令运行该示例时，效果如图 9-5 所示。

```
↪ cc-app-info git:(main) ✗ cargo run
    Updating `ustc` index
     Locking 2 packages to latest compatible versions
    Updating cc v1.0.97 -> v1.2.3
     Adding shlex v1.3.0
   Compiling shlex v1.3.0
   Compiling cc v1.2.3
   Compiling cc-app-info v0.1.0 (/Users/heige/web/rust/rust-in-action/part9/cc-app-info)
    Finished `dev` profile [unoptimized + debuginfo] target(s) in 5.18s
     Running `target/debug/cc-app-info`
call c code begin...
Welcome to cc-app-info,current version:0.1.0
what's your name?daheige
hello,daheige!
↪ cc-app-info git:(main) ✗
```

● 图 9-5　cc-app-info 运行效果

从图 9-5 中可以看出，当前程序的名字和版本号已正常输出。在终端中输入"daheige"字符串后按〈Enter〉键，将输出"hello,daheige!"。在该示例中，通过 cc 库来编译 C 代码，并将生成的静态库链接到 Rust 代码中，从而轻松且快速地实现了 Rust 与 C 代码交互。

9.4.2　使用 neon 库为 Node.js 编写原生拓展

在 JavaScript 语言中，Node.js 已经成为构建 Web 应用程序、服务端和桌面应用的强大工具。然而在实际项目中有时需要更底层的性能和内存控制，Rust neon 库的出现正好填补了这一空缺。neon 是一个开源组件库，提供了一套 Rust 到 Node.js 的绑定，使得开发人员可以编写安全、高效的原生 Node.js 模块。这些模块使用了 Rust 语言优势，例如，静态类型检查、高并发、内存安全性等。此外，neon 简单易用的 API，让 Rust 与 JavaScript 的交互变得更加容易。

第 9 章
Rust FFI 调用实战

在使用 neon 之前，需要先安装 Node.js，并且版本大于 v18。可以执行 node -version 命令查看本地是否安装 Node.js。如果没有安装 Node.js，可以参考 https://nodejs.org/en/download/package-manager 文档安装。

在本小节中，将通过 neon 工具创建一个简单的程序，用于统计给定的字符串按照空格分割后，每个英文单词出现的次数。

首先，执行 npm install neon-cli -g 命令安装 neon-cli 工具，效果如图 9-6 所示。

```
added 89 packages in 2s

9 packages are looking for funding
  run `npm fund` for details
↦ ~ neon version
0.10.1
```

• 图 9-6　neon-cli 安装

如果使用的是 Linux 或 macOS 系统，在安装过程中发生错误，可能是权限的问题。此时，只需要执行 sudo npm install neon-cli -g 命令即可。

当安装好 neon 工具后，先执行 npm init neon native_counter 命令创建一个项目。然后，根据提示输入有效的信息创建一个 native_counter 目录，效果如图 9-7 所示。

```
package name: (native_counter)
version: (0.1.0)
description: Count the number of words
git repository:
keywords:
author: daheige
license: (ISC) MIT
About to write to /Users/heige/web/rust/rust-in-action/part9/neon-cQNE1y/native_counter/package.json
```

• 图 9-7　通过 neon 创建项目

接着，进入 native_counter 目录中执行 tree 命令查看目录结构，效果如图 9-8 所示。

从图 9-8 中可以看出，这个 native_counter 不仅是一个 Node.js 包，还是一个 Rust crate。Rust 代码放在 src 目录中，可以在 Node.js 项目中调用 Rust 代码。这种机制类似于 Babel，neon 可以按照 Cargo.toml 文件中的 napi 特性为 Node.js 实现 JavaScript 最小版本运行时。默认情况下，使用 npm init neon 命令创建的项目会使用当前用户所安装的 Node.js 版本。到目前为止，还没有实现任何 Rust 代码，只是初步知道了执行 npm init neon 命令创建的目录结构是什么样子的。

```
part9 git:(main) ✗ cd native_counter
native_counter git:(main) ✗ tree -L 3 ./
./
├── Cargo.toml
├── README.md
├── package.json
└── src
    └── lib.rs

2 directories, 4 files
```

• 图 9-8　native_counter 目录结构

接下来，在 Cargo.toml 文件中添加如下配置和依赖：

```
[lib]
# 这里设置 crate-type 为 cdylib,表示程序将编译成一个与 C ABI 兼容的动态链接库
crate-type = ["cdylib"]
[dependencies]
neon = { version = "1.0.0", features = ["napi-6"] }
```

然后，在 src/lib.rs 文件中添加如下代码：

```rust
// 引入 neon 包里的相关模块
use neon::prelude::*;

fn count_words(mut cx: FunctionContext) -> JsResult<JsNumber> {
    // count_words 函数在 Node.js 环境下执行的第 1 个参数
    let txt = cx.argument::<JsString>(0)?.value(&mut cx);
    // count_words 函数在 Node.js 环境下执行的第 2 个参数
    let word = cx.argument::<JsString>(1)?.value(&mut cx);

    // 按照空格进行分割的结果是一个字符串数组，
    // 再通过 filter 过滤比较字符串,统计 word 出现的次数
    Ok(cx.number(txt.split(" ").filter(|s| s == &word).count() as f64))
}

fn hello(mut cx: FunctionContext) -> JsResult<JsString> {
    Ok(cx.string("hello,world!"))
}

#[neon::main]
fn main(mut cx: ModuleContext) -> NeonResult<()> {
    cx.export_function("count_words", count_words)?;
    cx.export_function("hello", hello)?;
    Ok(())
}
```

在上述代码中，count_words 函数的参数 cx 是一个可变引用类型 FunctionContext，它是 neon 包提供的数据结构。这个 cx 参数包含有关函数调用的信息，例如，this 的参数和值。在这个示例中，可以在函数内部通过 cx 获取对应的参数。其中，第 1 个参数 txt 是指定的字符串，第 2 个参数 word 表示指定的英文单词。在 txt 上使用空格进行分割，统计单词 word 出现的次数。这个数字需要将其强制转换为 f64，因为 JavaScript 中的数字都是 float64 类型。当定义好 count_words 和 hello 函数之后，需要在 main 函数中使用 cx.export_function 方法将它们导出，这样才可以在 Node.js 环境下调用这两个函数。

完成上述操作后，执行 npm install && npm run build 命令就会安装 npm 依赖包并编译构建该示例，效果如图 9-9 所示。这里需要强调一点：npm run build 命令真正执行的操作是 npm run cargo-build -- --release，它会构建 Rust native_counter 包和 Node.js 包。

```
→ native_counter git:(main) x npm install && npm run build

up to date in 1s

> native_counter@0.1.0 build
> npm run cargo-build -- --release


> native_counter@0.1.0 cargo-build
> cargo build --message-format=json > cargo.log --release

   Compiling native_counter v0.1.0 (/Users/heige/web/rust/rust-in-action/part9/native_counter)
    Finished `release` profile [optimized] target(s) in 2.00s

> native_counter@0.1.0 postcargo-build
> neon dist < cargo.log

→ native_counter git:(main) x ls
Cargo.lock      README.md      index.node     node_modules       package.json       target
Cargo.toml      cargo.log      main.js        package-lock.json  src
```

● 图 9-9　native_counter 构建效果

从图 9-9 中可以看出，在 native_counter 目录下已经生成了 target 目录和 index.node 文件。其中 target 表示 Rust 代码构建目录，index.node 表示编译后的 neon 包。

为了验证 neon 工具生成的 Node.js 包是否符合预期，在 native_counter 目录下新增 main.js 文件，并添加如下代码：

```
// 调用 index.node 中的 count_words 函数
const addon = require(".");
let txt = "a test to rustffi for nodejs test this is test project";
let word = "test";
console.log("call count_words function");
let wc =addon.count_words(txt, word);
console.log(word + " count:", wc);
console.log("恭喜你,使用 Rust 为 Node.js 编写拓展成功!");
```

在上述 JavaScript 代码中，首先通过 require 引入当前 Node.js 包，并将其命名为 addon。然后，调用 addon.count_words 函数统计 txt 字符串中 word 出现的次数。当执行 node main.js 命令时，效果如图 9-10 所示。

```
→ native_counter git:(main) x node main.js
call count_words function
test count: 3
恭喜你，使用Rust为Node.js编写拓展成功!
```

● 图 9-10　通过 neon 库编写的 Node.js 原生拓展模块运行效果

除了上述验证方式外，还可以在 native_counter 目录下执行 node 命令进入 Node.js 交互窗口，然后通过 require 函数引入当前 Node.js 包来验证 count_words 函数，运行效果如图 9-11 所示。

```
→ native_counter git:(main) × node
Welcome to Node.js v22.11.0.
Type ".help" for more information.
> const addon = require(".");
undefined
> addon
{
  count_words: [Function: native_counter::count_words],
  hello: [Function: native_counter::hello]
}
> let txt = "a test to rust ffi for nodejs test this is test project";
undefined
> addon.count_words(txt, "test");
3
> addon.hello();
'hello,world!'
```

- 图 9-11　通过 Node.js 交互窗口调用 native_counter 模块

9.4.3　使用 PyO3 为 Python 编写拓展

众所周知，Python 是当今最流行的编程语言之一，拥有丰富的生态系统和广泛的应用领域。但在某些场景下，Python 的性能可能无法满足要求。此时，可以考虑使用 Rust 编程语言来编写性能关键的部分，并与 Python 交互。

PyO3 作为一个 Rust 组件库，不仅可以创建原生的 Python 拓展模块，还可以在 Rust 中调用 Python 代码。也就是说，可以使用 PyO3 在 Rust 中编写原生 Python 模块，或者将 Python 代码嵌入到 Rust 二进制文件中，实现 Rust 和 Python 互操作。这里需要注意一点：PyO3 库目前仅支持 Linux 和 macOS 操作系统。如果尝试在不支持的操作系统上使用 PyO3 库，程序将遇到编译或运行时错误。虽然 PyO3 目前还不直接支持 Windows 操作系统，但可以使用 Cygwin 或 WSL 等工具来间接地在 Windows 上使用 PyO3。以下是 PyO3 所支持的 Rust 和 Python 版本约束：

- Rust 版本需高于或等于 1.63。
- Python 版本需高于或等于 3.7。

在本小节中，将详细演示如何使用 PyO3 库为 Python 编写一个简单的拓展模块。

首先，通过 cargo new --lib string_utils 命令创建一个 Rust 组件库。然后，在 Cargo.toml 文件中添加如下配置：

```
[lib]
# 这个名称在 Python 代码中用于模块导入
```

```toml
name = "string_utils"
# 这里设置 crate-type 为 cdylib,表示程序将编译成一个与 C ABI 兼容的动态链接库
crate-type = ["cdylib"]
[dependencies]
# pyO3 包需要指定 extension-module features
pyo3 = { version = "0.23.3", features = ["extension-module"] }
```

接着，在 src/lib.rs 中添加如下代码：

```rust
// 引入 pyO3 包
use pyo3::prelude::*;

// sum_as_string 用于将两个 i64 的数字相加并转换为字符串格式
#[pyfunction]
fn sum_as_string(a: i64, b: i64) -> String {
    (a + b).to_string()
}

// explode 用于将字符串按照指定的分割符 sep 进行分割，返回一个字符串列表
#[pyfunction]
fn explode<'a>(s: &'a str, sep: &'a str) -> Vec<&'a str> {
    let v =s.split(sep).collect();
    v
}

// implode 用于将字符串列表按照 sep 进行连接，返回一个字符串
#[pyfunction]
fn implode(v: Vec<String>, sep: &str) -> String {
    let s =v.join(sep);
    s
}

// #[pymodule]用于声明 Python 包名字为 string_utils
#[pymodule]
fn string_utils(m: &Bound<'_, PyModule>) -> PyResult<()> {
    // 通过 add_function 将这些函数注册到模块 string_utils 中
    m.add_function(wrap_pyfunction!(sum_as_string, m)?)?;
    m.add_function(wrap_pyfunction!(explode, m)?)?;
    m.add_function(wrap_pyfunction!(implode, m)?)?;
    Ok(())
}
```

在上述代码中，定义了 sum_as_string、explode、implode 共 3 个函数，在这函数上方使用 #[pyfunction]注解表示这些函数将作为 Python 模块中的函数。为了使这些函数能够在 Python 模块中正常使用，还需将它们注册到 string_utils 模块中。这里需要注意的一点：函数 string_utils 的名字必须要与 Cargo.toml 文件中 [lib] 代码块的 name 相同。

为了让该 Rust 组件库能够被编译为 Python 模块，还需要安装 maturin 工具。maturin 可以用最少的配置构建和发布基于 Rust 的 Python 包。接下来，分别执行以下命令创建一个新的 Python 虚拟环境的.env 目录，并使用 Python pip 包管理器将 maturin 安装在 Python 虚拟环境中。

```
$cd string_utils
$python3 -mvenv .env
$source .env/bin/activate
$pip3 install maturin
```

当执行上述命令后，在 string_utils 目录中就会创建一个.env 目录（该目录就是 Python 虚拟环境的目录），效果如图 9-12 所示。

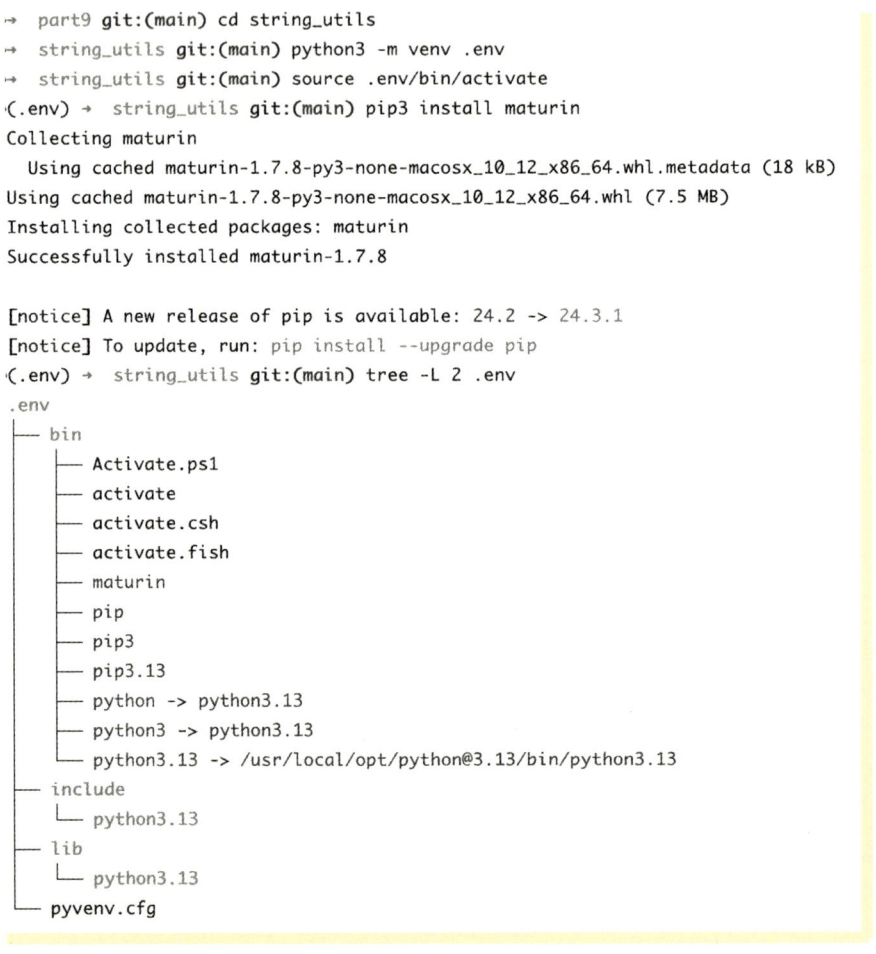

• 图 9-12　string_utils 项目对应的 Python 虚拟环境

在创建好 Python 虚拟环境后，执行 maturin develop 命令将 Rust 编写的 string_utils 组件库进行编译构建，效果如图 9-13 所示。

```
)(.env) → string_utils git:(main) maturin develop
🔗 Found pyo3 bindings
🦀 Found CPython 3.13 at /Users/heige/web/rust/rust-in-action/part9/string_utils/.env/bin/python
   Compiling pyo3-build-config v0.23.3
   Compiling pyo3-macros-backend v0.23.3
   Compiling pyo3-ffi v0.23.3
   Compiling pyo3 v0.23.3
   Compiling pyo3-macros v0.23.3
   Compiling string_utils v0.1.0 (/Users/heige/web/rust/rust-in-action/part9/string_utils)
    Finished `dev` profile [unoptimized + debuginfo] target(s) in 12.17s
📦 Built wheel for CPython 3.13 to /var/folders/cq/_b4w6nqn19dfjz_8m3h2vh9w0000gn/T/.tmpzQJR1f/string_utils-0.1.0
-cp313-cp313-macosx_10_12_x86_64.whl
🛠  Setting installed package as editable
🎁 Installed string_utils-0.1.0
)(.env) → string_utils git:(main) ls .env/lib/python3.13/site-packages/string_utils
__init__.py                    __pycache__                     string_utils.cpython-313-darwin.so
```

- 图 9-13 maturin develop 编译构建 string_utils 为动态链接库

从图 9-13 中看出，执行 maturin develop 命令后，在.env/lib/python3.13/site-packages 目录中就会生成一个 Python string_utils 模块。同时，在该 string_utils 模块下会生成一个动态共享库文件 string_utils.cpython-313-darwin.so（不同的操作系统所生成的 so 文件名称不同）。

接下来，在 string_utils 根目录下执行 pytho3 命令进入 Python 交互窗口。然后，依次执行以下 string_utils 模块中的相关函数，效果如图 9-14 所示。

```
import string_utils
string_utils.sum_as_string(1,2)
string_utils.explode("a,b,c",",")
string_utils.implode(['a','b','c'],",")
```

```
)(.env) → string_utils git:(main) python3
Python 3.13.0 (main, Oct  7 2024, 05:02:14) [Clang 15.0.0 (clang-1500.3.9.4)] on darwin
Type "help", "copyright", "credits" or "license" for more information.
>>> import string_utils
>>> string_utils.sum_as_string(1,2)
'3'
>>> string_utils.explode("a,b,c",",")
['a', 'b', 'c']
>>> string_utils.implode(['a', 'b', 'c'],",")
'a,b,c'
>>>
```

- 图 9-14 Python string_utils 模块运行效果

从图 9-14 中看出，该 Python string_utils 模块所提供的函数都已正常运行。

除了通过 Python 交互窗口运行 string_utils 模块提供的函数之外，还可以将.env/lib/python3.13/site-packages/string_utils 目录复制到编写的 Python 项目中，再通过 Python import 方式导入 string_utils

模块，并调用相关的函数。

为了验证这一点，先在 strings_utils 根目录下新建一个 python-project 目录，然后将 .env/lib/python3.13/site-packages/string_utils 复制到 python-project 目录中。接着，在 python-project 目录中新增一个 main.py 文件，并添加如下代码：

```python
# 引入 string_utils 包
import string_utils
x = string_utils.sum_as_string(1, 2) # 调用 string_utils 包提供的函数
print("sum_as_string(1,2) = ", x)
s = string_utils.explode("a,b,c", ",")
print("字符串 a,b,c 按照逗号分割后的列表是:", s)
arr = s = string_utils.implode(['a', 'b', 'c'], ",")
print("列表['a', 'b', 'c']按照逗号连接后的字符串为:", arr)
```

在上述代码中，首先引入了 string_utils 模块。然后，调用 string_utils 模块提供的函数。当执行 python3 main.py 命令时，运行结果如图 9-15 所示。

```
(.env) → string_utils git:(main) ✗ mkdir python-project
(.env) → string_utils git:(main) ✗ cp -R .env/lib/python3.13/site-packages/string_utils python-project/
(.env) → string_utils git:(main) ✗ cd python-project
(.env) → python-project git:(main) ✗ vim main.py
(.env) → python-project git:(main) ✗ python3 main.py
sum_as_string(1,2) =  3
字符串 a,b,c 按照逗号分割后的列表是：  ['a', 'b', 'c']
列表['a', 'b', 'c']按照逗号连接后的字符串为：  a,b,c
(.env) → python-project git:(main) ✗
```

- 图 9-15　在 Python 虚拟环境下使用 string_utils 模块

在上述示例中，调用 Python string_utils 模块是在 Python 虚拟环境下执行的。当然，还可以在执行 deactivate 命令退出 Python 虚拟环境后，再执行 python3 main.py 命令调用 string_utils 模块中的函数，运行结果如图 9-16 所示。

```
)(.env) → python-project git:(main) ✗ deactivate
↦ python-project git:(main) ✗ ls string_utils
__init__.py                        string_utils.cpython-313-darwin.so
↦ python-project git:(main) ✗ python3 main.py
sum_as_string(1,2) =  3
字符串 a,b,c 按照逗号分割后的列表是：  ['a', 'b', 'c']
列表['a', 'b', 'c']按照逗号连接后的字符串为：  a,b,c
```

- 图 9-16　退出 Python 虚拟环境后使用 string_utils 模块

到这里，已经成功使用 PyO3 库为 Python 编写了一个简单的拓展模块。

这个 PyO3 库除了可以使用 Rust 语言编写 Python 拓展模块之外，还可以在 Rust 中调用 Python 外部函数接口。在这里，由于篇幅问题，就不再逐一列举了，具体示例参考 https://github.com/

daheige/rust-in-action/tree/main/part9/rs-python-demo。

以上就是 Rust FFI 调用实战的基本内容，希望这些内容在 Rust 语言与其他语言互操作的项目中有所帮助和启发。

如果还想使用 Rust 语言开发跨平台（移动端、PC 桌面端等）的应用程序，那么推荐使用 dioxus、taruri、uniffi-rs 等框架。因为这些框架不仅具有高效率、高性能等优势，还允许开发者在短时间内以最小的人力成本快速开发跨平台的应用程序。在这里，由于篇幅问题，就不再逐一列举，具体使用方式可以在 crates.io 平台或 https://github.com 网站上搜索并查看。

第 10 章　Rust并发编程与异步编程实战

Rust 从设计之初就非常注重性能和安全，天生支持并发和异步处理。也就是说，Rust 并发编程，不仅使程序中不同部分可以相互独立地运行，还可以充分利用多核处理器的优势实现更高的性能。然而，异步编程则允许程序在等待某些操作（如 I/O 操作）完成时继续执行其他任务，从而提高了程序的响应性和效率。Rust 的并发和异步编程对于构建高性能、高可靠性的应用程序至关重要，它们是现代软件开发中不可或缺的两种编程范式，深受广大开发者的青睐。

在本章中，将介绍以下主题：
- 并发与并行的基本概念及两者的主要区别。
- Rust 并发编程，包括使用 spawn 函数创建线程、自定义线程和 move 关键字的使用、Mutex 和 Arc 组合使用、channel 消息传递等内容。
- Rust 异步编程，包括为什么需要异步编程、async/await 基础、async 中的 move 关键字、tokio 运行时等内容。

10.1　并发与并行

并发（Concurrency）和并行（Parallelism）是计算机领域中两个重要的概念，它们在计算机系统的性能优化和资源利用方面发挥着重要的作用。虽然这两个概念非常相似，但它们也有一定的差别。Erlang 之父 Joe Armstrong 曾经用一张非常简单易懂的图解释了并发与并行的区别，如图 10-1 所示。

从图 10-1 中看出，并发是两个队列中的人同时使用一台咖啡机，谁先竞争到咖啡机，谁就先使用它；而并行是每个队列各自拥有自己的咖啡机，两个队列之间没有竞争关系，队列中的某个排队者只需等待队列前面

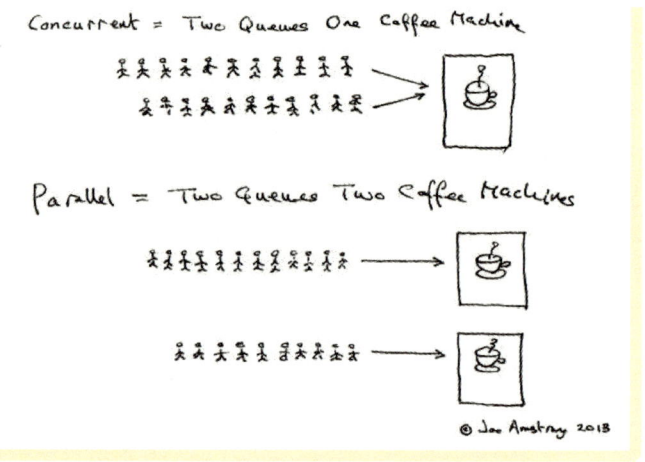

- 图 10-1　并发与并行地使用咖啡机

的人使用完咖啡机，然后自己使用。因此，并发意味着多个执行实体（人）需要竞争资源（咖啡机），就不可避免会带来竞争和同步的问题；而并行则是不同的执行实体拥有各自的资源，相互之间互不干扰。

从编程的角度来说，并发是指在同一时间段内，有多个任务在交替执行，以提高系统的资源利用率和吞吐量。在多任务操作系统中，多个任务可以在同一时间段共享 CPU，因此表现出来的是并发执行的状态。在这种情况下，多个任务是交替执行的，每个任务都会分配到一定的时间片，直到任务完成或时间片用完。然而，并行是指在同一时间段内，有多个任务同时执行。在多 CPU 系统中，不同的 CPU 可同时执行不同的任务，因此表现出来的是并行执行的状态。在这种情况下，不同的 CPU 可以同时执行不同的任务，而不需要等待其他任务的完成，使得系统的处理能力得到了充分的发挥，从而进一步提高了系统的响应速度和吞吐量。但是，在并行执行中，如果任务之间存在资源争用的情况，需要采用同步机制来保证资源的正确性和一致性。

Go 语言设计者之一 Rob Pike，曾经在他的一篇讲稿"Concurrency is not Parallelism（it's better）"中提到：

- 并发是一种同时处理很多事情的能力。
- 并行是一种同时处理很多事情的手段。
- 并发不是并行。

Rob Pike 的解释非常精辟且直观。他认为并发是程序本身的一种特性，程序被分为多个可独立执行的部分，而各个可独立执行的片段通过通信手段进行协调（如 Go 语言的并发模型 CSP），而并行则是程序的计算过程（不同的计算过程可能相关联）同时执行。也就是说，并发关乎结构，是逻辑上的同时执行；而并行关乎执行，是物理上的同时执行。并发提供了一种方式让开发人员能够设计一种方案将问题（非必需的部分）以并行的方式解决。

综上所述，并发可以使用单个资源同时处理多个任务，而并行可以使用多个资源同时执行多个任务。这两种技术各具特点，在开发应用程序时，需要根据实际情况选择合适的处理方式，以发挥它们各自的优势。

10.2　Rust 并发编程

Rust 语言提供了两种主要的并发原语：线程（thread）和异步任务（async task）。Rust 标准库中的 std::thread 模块提供了对线程的支持，使得开发者能非常方便地创建和管理线程。同时，Rust 语言还通过 std::sync 模块中的互斥锁（Mutex）和读写锁（RwLock）、mpsc 模块中的通道（channel）等工具让开发者能够更加灵活地处理不同的并发场景。

在本节中，将通过实例介绍在 Rust 语言中如何创建和自定义线程、move 关键字的使用、Mutex 和 Arc 的组合使用，以及如何使用 channel 消息传递来通信等内容。

▶▶ 10.2.1　使用 spawn 创建线程

在 Rust 语言中，线程是通过 std::thread::spawn 函数创建的。该函数接收一个 FnOnce 特征的闭包函数，其源码定义如下：

```
pub fn spawn<F, T>(f: F) -> JoinHandle<T>
where
    F:FnOnce() -> T,
    F: Send +'static,
    T: Send +'static,
{
    Builder::new().spawn(f).expect("failed to spawn thread")
}
```

从 spwan 函数的签名来看，似乎是一个非常复杂的函数，实际上理解 spawn 函数的设计并不难。接下来，将对其中的内容进行逐一分析：

- spwan 是一个包含 F 和 T 的泛型函数，参数 f 是 F 类型，函数返回结果是一个 JoinHandle<T> 泛型。随后的 where 语句指定了 F 和 T 需要满足的类型约束。
- F：FnOnce() -> T 表示 F 实现了一个只能被调用一次的 FnOnce 闭包。换句话说，f 是一种特殊的闭包，它可以捕获外部变量并消耗其所有权，且只能被调用一次。这种特性使得 FnOnce 闭包在创建时可以自动捕获外部变量的所有权，并在闭包内访问和使用这些外部变量。一旦闭包执行完毕，这些外部变量在闭包外部就不能被使用。
- F：Send +' static 表示 f 闭包必须满足 Send 特征和' static 静态生命周期，并且闭包内引用的任何类型也需要实现 Send 特征且具有' static 静态生命周期，才能够在整个闭包内运行过程中一直有效。
- T：Send +' static 是 f 闭包执行后的返回结果，也必须满足 Send 特征和' static 静态生命周期。
- 在 spawn 函数主体中，使用 Builder∷new 创建了一个 thread∷builder 对象，并将 f 闭包传给 builder 对象 spawn 方法创建了一个线程。

这里需要强调一点：Send 特征在 Rust 中是一种类型标记，意味着实现了 Send 特征的类型可以安全地发送到多个线程中，这也表明该类型是一种移动类型。在 Rust 语言中，大多数类型都实现了 Send 特征，未实现 Send 特征的主要有指针、引用类型等，如 &T，除非 T 是 Sync 类型（如果某些类型 T 实现了 Sync 特征，那它也就实现了 Send 特征）。此外，Send 特征是自动派生的特征，例如，如果结构体中的所有字段都满足 Send 特征，那么该结构体就实现了 Send 特征。

以下是一个使用 thread∷spawn 创建线程的简单示例：

```
// 引入 std 标准库中的 thread 和 time 模块
use std::{thread, time};

fn main() {
    thread::spawn(|| {
        for c in 'a'..='z' {
            thread::sleep(time::Duration::from_millis(100));
            print!("{}", c);
        }
```

```
        println!("");
    });
    thread::spawn(|| {
        for i in 1..=9 {
            thread::sleep(time::Duration::from_millis(100));
            print!("{} ", i);
        }

        println!("");
    });
    // 停顿 2s
    thread::sleep(time::Duration::from_secs(2));
}
```

在上述代码中，首先通过 thread::spawn 函数创建了两个线程，其中第一个线程用于输出 a～z 字符，第二个线程用于输出 1～9 数字。然后，在每个线程输出内容前都停顿了 100ms。最后，在主线程中调用 thread::sleep 函数停顿 2s 等待上述两个线程执行完毕。当执行 cargo run 命令运行该示例时，发现程序并没有按照预期输出 a～z 和 1～9，运行效果如图 10-2 所示。

```
→ thread-output git:(main) × cargo run
  Compiling thread-output v0.1.0 (/Users/heige/web/rust/rust-in-action/part10/concurrency/thread-output)
   Finished `dev` profile [unoptimized + debuginfo] target(s) in 1.08s
    Running `target/debug/thread-output`
1 a 2 b c 3 4 d 5 e 6 f 7 g 8 h 9
i j k l m n o p q r s %
```

● 图 10-2　程序交替输出字符和数字

从图 10-2 中看出，程序并没有完整的打印出 a～z，仅打印了部分字符。这是由于在使用 thread::spawn 函数创建线程后，父线程执行退出，并不会去理会子线程是否执行完毕。也就是说父线程已经执行结束了，但是子线程可能还没有执行或只执行了部分代码。

从前面的 thread::spawn 函数定义可知，该函数返回结果是一个 JoinHandle<T> 泛型结构体，它是一个拥有所有权的值。调用其 join 方法时，它会等待其线程执行完毕。因此，将上述代码修改为如下代码：

```
use std::{thread, time};

fn main() {
    let handler1 = thread::spawn(|| {
        for i in 'a'..='z' {
            thread::sleep(time::Duration::from_millis(100)); // 等待 100ms
            print!("{} ", i);
        }
```

```rust
        println!("");
    });
    let handler2 = thread::spawn(|| {
        for i in 1..=9 {
            thread::sleep(time::Duration::from_millis(100)); // 等待100ms
            print!("{} ", i);
        }

        println!("");
    });

    // 通过join方法等待线程执行完毕
    let _ = handler1.join();
    let _ = handler2.join();
    println!("the two threads are finished");
    println!("main thread will exit");
}
```

接下来，再次执行 cargo run 命令运行上述代码，效果如图 10-3 所示。

```
↪ thread-demo git:(main) x cargo run
    Finished `dev` profile [unoptimized + debuginfo] target(s) in 0.03s
     Running `target/debug/thread-demo`
a 1 b 2 3 c 4 d e 5 f 6 g 7 h 8 i 9
j k l m n o p q r s t u v w x y z
the two threads are finished
main thread will exit
```

● 图 10-3 使用 join 方法等待线程执行完毕

从图 10-3 中看出，在主线程退出之前，程序会交替输出 a~z 和 1~9，程序运行结果符合预期。

▶▶ 10.2.2 自定义线程和 move 关键字

在 10.2.1 小节中，通过 thread::spawn 函数创建的线程，默认最小堆栈在大部分情况下是 2MB（该默认值取决于平台且可能会发生变化）。在 64 位的操作系统中，可以使用 ulimit -s 命令查看堆栈大小，默认是 8MB。也就是说，在 64 位操作系统中编写 Rust 程序时，其主线程默认堆栈大小为 8MB。然而，用户程序创建的任一线程，默认最小堆栈值是 2MB。如果希望为特定的线程指定堆栈大小，可以通过以下两种方式：

1）使用 thread::Builder 构建线程，并将所需的堆栈大小传递给 stack_size 方法。
2）通过 RUST_MIN_STACK 环境变量设置堆栈大小（以字节为单位的整数）。

这里需要注意的一点：stack_size 方法设置的堆栈大小会覆盖 RUST_MIN_STACK 环境变量设置的堆栈大小。此外，堆栈大小并不是无限制的增长，操作系统会对线程的栈大小有所限制，超过限制会导致线程创建失败。

下面是一个使用 thread::Builder 函数创建线程并设置线程栈大小的简单示例：

```rust
use std::thread;

fn main() {
    // 设置线程栈大小为 1MB 并设置线程的名字
    let stack_size = 1×1024×1024; // 1MB
    let builder = thread::Builder::new().stack_size(stack_size)
        .name("my_thread".to_string());

    println!("在自定义的线程中打印 1~100 的数字");
    let handler = builder.spawn(||{
        for i in 1..101 {
            print!("{} ",i);
        }
    }).unwrap();

    // 等待线程执行完毕
    handler.join().unwrap();
}
```

在上述示例代码中，通过 thread::Builder::new 函数创建了一个 buidler 实例对象。然后，在 buidler 对象上调用 stack_size 方法及 name 方法设置自定义线程的大小和线程名字。接着，调用 builder 的 spawn 函数运行一个闭包函数。最后，通过闭包函数将 1~100 之间的数字输出到标准输出中。执行 cargo run 命令运行该示例，效果如图 10-4 所示。

```
↳ custom-thread git:(main) x cargo run
  Compiling custom-thread v0.1.0 (/Users/heige/web/rust/rust-in-action/part10/concurrency/custom-thread)
   Finished `dev` profile [unoptimized + debuginfo] target(s) in 2.31s
    Running `target/debug/custom-thread`
在自定义的线程中打印1~100的数字
1 2 3 4 5 6 7 8 9 10 11 12 13 14 15 16 17 18 19 20 21 22 23 24 25 26 27 28 29 30 31 32 33 34 35 36 37 38 39
40 41 42 43 44 45 46 47 48 49 50 51 52 53 54 55 56 57 58 59 60 61 62 63 64 65 66 67 68 69 70 71 72 73 74 75
76 77 78 79 80 81 82 83 84 85 86 87 88 89 90 91 92 93 94 95 96 97 98 99 100
```

● 图 10-4　通过自定义线程输出 1~100 之间的数字

如果在上述示例中没有指定堆栈的大小，那么堆栈的默认大小由操作系统来决定。这里需要注意一点：在设置堆栈大小时，需要格外小心，过大的堆栈可能会浪费内存，而过小的栈也有可能导致堆栈溢出，因此在实际项目开发中，需要根据实际情况自定义线程。

接下来，展示一个堆栈过小的示例，代码如下：

```rust
// 过小的堆栈大小
let builder = thread::Builder::new()
    .name("worker thread".to_string())
    .stack_size(4×1024); // 4KB 大小
```

```rust
let handler = builder.spawn(|| {
    panic!("oops!");
});
let child_status = handler.unwrap().join();
println!("child status:{:?}", child_status);
```

当执行 cargo run 命令运行上述示例代码时，程序就会抛出堆栈溢出的错误，效果如图 10-5 所示。

```
    Finished `dev` profile [unoptimized + debuginfo] target(s) in 1.47s
     Running `target/debug/thread-stack-overflow`
thread 'worker thread' panicked at src/main.rs:9:9:
oops!
note: run with `RUST_BACKTRACE=1` environment variable to display a backtrace

thread 'worker thread' has overflowed its stack
fatal runtime error: stack overflow
[1]    73620 abort      cargo run
```

- 图 10-5　过小的堆栈导致程序运行时堆栈溢出错误

在 Rust 中，每个变量值都有唯一的所有者，在同一时间只能有一个所有者。当变量超出作用域范围时，就会立即被销毁。然而，在多线程编程中，如果希望在线程创建时将一些数据传递到线程中，并且希望该线程拥有这些数据的所有权，就需要使用 move 关键字将数据从一个作用域安全地转移到另一个作用域中。下面是一个在线程中使用 move 关键字的简单示例。

```rust
use std::thread;

fn main() {
    // 声明一个整数类型的向量
    let data = vec![1, 2, 3, 4, 5];
    let handle = thread::spawn(move || {
        // 遍历 data 每个元素,将其输出
        for i in data {
            println!("{}", i);
        }
    });

    // 调用 join 方法等待线程执行完毕
    handle.join().unwrap();
}
```

在上述代码中，首先创建了一个 data 向量。然后，调用 thread::spawn 函数在主线程中创建了一个子线程，它接收一个闭包函数作为参数运行。在这个闭包函数前通过 move 关键字修饰，其主要作用是将 data 向量的所有权转移到线程中。这样，在子线程的闭包函数中就拥有了外部 data 向量的所有权，因此可以在闭包函数中使用它。当执行 cargo run 命令运行该示例时，效果如图 10-6 所示。

```
 Finished `dev` profile [unoptimized + debuginfo] target(s) in 1.86s
  Running `target/debug/move-ownship`
1
2
3
4
5
```

- 图 10-6 通过 move 将变量所有权转移到线程中运行效果

这里需要注意一点：在线程闭包函数中使用 move 关键字时，需要特别小心变量的所有权转移问题。如果变量的所有权已经被移动到线程闭包函数中，那么在线程外部继续使用该变量，可能会导致编译错误或运行错误（当然，使用 Arc 和 move 组合的场景可能会运行正常）。下面是一个通过 move 关键字将变量的所有权转移到线程闭包函数中的简单示例。

```
use std::thread;

fn main() {
    let data = vec![1, 2, 3, 4, 5];
    // 使用 move 关键字将 data 变量的所有权转移到线程闭包函数中
    let handle = thread::spawn(move || {
        for i in &data {
            println!("{}", i);
        }
    });

    // 在闭包外部继续使用 data 变量
    println!("data:{:?}", data);
    handle.join().unwrap();
}
```

当执行 cargo run 命令运行上述代码时，报错信息如图 10-7 所示。

```
error[E0382]: borrow of moved value: `data`
  --> src/main.rs:11:27
   |
3  |     let data = vec![1, 2, 3, 4, 5];
   |         ---- move occurs because `data` has type `Vec<i32>`, which does not implement the `Copy` trait
4  |     let handle = std::thread::spawn(move || {
   |                                     ------- value moved into closure here
5  |         for i in &data {
   |                   ---- variable moved due to use in closure
...
11 |     println!("data:{:?}", data);
   |                           ^^^^ value borrowed here after move
```

- 图 10-7 data 向量所有权被转移后再使用报错

从图 10-7 中可以看出，data 变量通过 move 关键字移动到子线程闭包函数后，在主线程中就不能被使用。也就是说，一旦变量的所有权被转移到线程中，就不能在其他地方再次使用它，除非传递的是该变量的安全原子引用计数（在 10.2.3 小节中，将介绍 Arc），或者重新创建一个新的变量。

10.2.3 Mutex 和 Arc

在 Rust 中，Mutex（互斥锁）是一种用于在多个线程之间保护共享数据的同步原语。它具有以下特性。

- 互斥访问：它提供了一种安全的方式，确保在同一时间内只有一个线程可以访问被它保护的资源，从而防止数据竞争并确保数据一致性。
- 易于理解和使用：相对来说，它使用方式非常直观，通过 lock 方法获取锁，在锁的作用域内可以安全访问受保护的资源。

然而，Mutex 也有一些缺点。

- 性能问题：在高并发场景下，如果频繁地使用互斥锁，可能会导致线程阻塞和唤醒，影响程序运行效率。
- 死锁风险：如果在程序中不恰当地使用互斥锁，可能会导致死锁或活锁，难以调试，从而影响程序的可靠性和稳定性。

下面是一个简单的 Mutex 示例：

```rust
use std::sync::Mutex;

fn main() {
    // 创建一个互斥锁来保护数据读写
    let mutex = Mutex::new(0);
    // 在一个闭包中获取互斥器的锁
    let f = || {
        let mut count = mutex.lock().unwrap();
        *count += 1; // 离开作用域时,锁就会自动释放
    };
    f();

    // 在另一个闭包中获取互斥器的锁
    let f2 = || {
        let mut count = mutex.lock().unwrap();
        *count += 2;
    };
    f2();

    // 在主线程中获取互斥锁,并打印共享数据
    let count = mutex.lock().unwrap();
    println!("Shared data count: {}", *count);
}
```

第 10 章
Rust 并发编程与异步编程实战

在该示例中，首先通过 Mutex::new(0) 创建了一个互斥锁，其中保护的读写数据是一个 i32 类型的数字。然后，在两个闭包函数中分别调用 lock 方法获取数字 count，并对数据进行写操作。最后，在主线程中调用 lock 方法获取互斥锁中保护的数字，并将其输出到标准输出中。当执行 cargo run 命令运行该示例时，效果如图 10-8 所示。

```
↳ mutex-demo git:(main) x cargo run
  Compiling mutex-demo v0.1.0 (/Users/heige/web/rust/rust-in-action/part10/concurrency/mutex-demo)
   Finished `dev` profile [unoptimized + debuginfo] target(s) in 1.35s
    Running `target/debug/mutex-demo`
Shared data count: 3
```

• 图 10-8 mutex-demo 运行效果

这里需要注意一点：通过 Mutex::new 函数创建的互斥锁对象在调用 lock 方法时，会阻塞当前线程运行，直到获取互斥锁为止。当锁定的对象离开作用域时，锁就会自动释放。因此，在实际项目开发过程中，需要根据实际场景，判断是否有必要使用互斥锁，或者是否考虑使用读写锁（适合读多写少的场景）替代互斥锁，又或者是否可以通过使用 Rust 第三方包适当地降低锁的粒度和开销，从而提升程序的运行效率。

在上述示例中，使用 Mutex 会以阻塞的方式保护数据读写，这种方式在单线程中可能不会发生数据竞争（Data Race）。但是，在多线程环境下它可能会导致不可预测的结果或发生不稳定的程序行为。因此，可以组合使用 Arc 和 Mutex，以解决多线程之间数据读写问题。

在 Rust 中，Arc 是一种线程安全的原子引用计数类型，用于在多个线程之间共享数据。它具有以下优点。

- 多线程共享：它通过原子引用计数来管理资源的生命周期，确保在没有任何线程引用资源时，自动释放资源。
- 避免数据竞争：它通过 clone 来创建新的引用，而不是直接访问内部数据，从而确保数据的一致性和避免数据竞争。

然而，Arc 也有一些缺点。

- 内存开销：原子引用计数会增加一定的内存开销，特别是在频繁创建和销毁 Arc 的场景下。
- 过度共享：在有些情况下，它可能会导致不必要的资源占用和性能问题。

下面是一个组合使用 Arc 和 Mutex 的简单示例，它展示了如何在多线程之间安全地读写数据。

```
// part10/concurrency/arc-mutex-demo/src/main.rs 文件
use rand::{thread_rng, Rng}; // 引入第三方库 rand 中的模块
use std::sync::{Arc, Mutex}; // 引入 Arc 和 Mutex
use std::thread;

fn main() {
    // 创建一个 Arc<Mutex<i32>>类型的对象,初始值为 0
    let counter = Arc::new(Mutex::new(0));
```

```rust
// 存放 spawn 函数的返回结果 JoinHandle<()>
let mut handlers = Vec::new();
// 创建多个线程,每个线程都会增加计数器的值
for i in 0..5 {
    let counter = counter.clone(); // 原子引用计数,这里是复制 counter
    let handler = thread::spawn(move || {
        // 获取相加之前的数据
        let mut num = counter.lock().unwrap();
        let counter = *num;
        println!(
            "current thread index:{} counter before adding is:{}",
            i, counter
        );

        // 对 Arc<Mutex<i32>>类型中的计数器,随机增加 1~10 的数字
        let rnd = thread_rng().gen_range(1..=10);
        println!("current thread index:{} gen random number:{}", i, rnd);
        *num += rnd;

        // 获取相加之后的数据
        let counter = *num;
        println!(
            "current thread index:{} counter after adding is:{}",
            i, counter
        );
    });

    // 将当前线程返回的结果 JoinHandle<()>追加到 handlers 向量中
    handlers.push(handler);
}

// 在主线程中等待所有线程完成
for handler in handlers {
    handler.join().unwrap();
}

// 打印最终的计数器值,由于在多个线程中随机增加计数器的值,
// 因此每次运行得到的 count 的值可能都不一样
let count = counter.lock().unwrap();
println!("final counter value is {}", *count);
}
```

在这个示例中,首先创建了一个 Arc<Mutex<i32>>类型的对象,初始值是 i32 类型的数字 0,它是整数计数器。然后,使用 thread::spawn 创建了 5 个线程,在每个线程中通过 lock 方法获取互斥

锁，以便安全地访问和修改计数器的值。每个线程中都会随机增加计数器的值。最后，在主线程中等待所有子线程执行完毕，并打印最终的计数器对应的值。请注意，在每个线程启动之前需要使用 counter.clone() 复制 Arc<Mutex<i32>>。这是因为 Arc 允许用户创建多个指向同一数据的原子引用，而 Mutex 则确保在任意时刻只有一个线程可以访问被保护的计数器数据。组合使用 Arc 和 Mutex 是 Rust 语言中处理并发数据安全读写的一种强大方式。

为了运行上述示例代码，需要在 Cargo.toml 中添加如下依赖：

```
[dependencies]
rand = "0.8.5"
```

当执行 cargo run 命令运行上述示例时，效果如图 10-9 所示。

```
Finished `dev` profile [unoptimized + debuginfo] target(s) in 4.98s
  Running `target/debug/arc-mutex-demo`
current thread index:0 counter before adding is:0
current thread index:0 gen random number:7
current thread index:0 counter after adding is:7
current thread index:4 counter before adding is:7
current thread index:4 gen random number:9
current thread index:4 counter after adding is:16
current thread index:2 counter before adding is:16
current thread index:2 gen random number:3
current thread index:2 counter after adding is:19
current thread index:3 counter before adding is:19
current thread index:3 gen random number:2
current thread index:3 counter after adding is:21
current thread index:1 counter before adding is:21
current thread index:1 gen random number:10
current thread index:1 counter after adding is:31
final counter value is 31
```

● 图 10-9　arc-mutex-demo 运行效果

从图 10-9 中可以看出，使用 Arc<Mutex<T>>组合数据类型，可以有效地解决多线程环境下的数据竞争和互斥问题，特别是在多个线程之间需要安全地共享和修改数据时，非常有用。

当然，在一些读多写少的场景下，可以使用 Arc<RwLock<T>>（这里的 RwLock 来自 std :: sync 包）来缩短锁阻塞的时间并降低数据竞争的粒度，从而进一步提升程序的性能和执行效率。

▶▶ 10.2.4　channel 消息传递

消息传递（CSP）是一种流行且能保证安全并发的技术，这种机制下，线程或进程可以通过彼此发送消息来通信。在 Go 语言中有一句名言："不要用共享内存来通信，而要用通信来共享内存。"也就是说，在并发编程时，尽量使用 channel（通道）以消息传递的方式来进行通信，而不是通过共享内存通信。Go 的这种机制使开发者能够轻松且快捷地编写高性能、高效率的应用程序。同样，在

Rust 语言中，也提供了消息传递的并发方式，即通过 Rust 标准库 std∷sync∷mpsc 模块中的 channel 来实现消息传递。这种方式同样也允许数据在线程之间安全地通信，从而有效地避免了共享内存的复杂性，进一步消除了程序潜在的数据竞争问题。

下面是一个使用 channel 在两个线程之间发送和接收消息的简单示例：

```rust
// part10/concurrency/channel-demo/src/main.rs 文件
use std::sync::mpsc;
use std::thread;

fn main() {
    // 创建一个 channel (通道)
    // 其中, sender 表示发送者, receiver 表示接收者
    let (sender, receiver) = mpsc::channel();

    // 创建一个新线程
    let handler = thread::spawn(move || {
        // 向通道发送消息, 消息内容是 String 类型, 格式是 hello,index:1
        for i in 1..5 {
            let msg = format!("hello,index:{}", i);
            println!("Sent message: {}", msg);
            sender.send(msg).unwrap(); // 发送消息到通道中
        }
    });

    handler.join().unwrap(); // 等待子线程执行完毕

    // 在主线程中接收消息, 由于 receiver 实现了 Iterator trait,
    // 因此可以使用迭代器的方式接收所有可用的消息, 直到 channel 被关闭
    // 这种方式简化了接收者的代码, 特别是当需要处理所有消息时,
    // 不必关心接收的具体时机
    for received in receiver {
        println!("Received message: {}", received);
    }
}
```

在该示例中，首先使用 mpsc∷channel 方法创建了一个 channel，返回值是一个结构体元组，包括 sender（发送者）和 receiver（接收者）。然后，在一个新线程中通过调用 sender 的 send 方法向通道发送了 4 条字符串消息。最后，在主线程中通过 for in 遍历 receiver（接收者）依次读取通道中的消息。当执行 cargo run 命令运行该示例时，效果如图 10-10 所示。

这里需要注意一点：sender 对象需要通过 move 关键字将所有权移动到新线程中，才能确保所有权在线程之间安全转移。上述示例中的 mpsc 模型是一种多发送者、单接收者的模式。也就是说，Rust 语言提供的 mpsc 允许多个发送者（sender）向同一个接收者（receiver）发送消息，这种模式提升了并发编程的性能和效率。

```
➜ channel-demo git:(main) ✗ cargo run
    Finished `dev` profile [unoptimized + debuginfo] target(s) in 0.08s
     Running `target/debug/channel-demo`
Sent message: hello,index:1
Sent message: hello,index:2
Sent message: hello,index:3
Sent message: hello,index:4
Received message: hello,index:1
Received message: hello,index:2
Received message: hello,index:3
Received message: hello,index:4
```

• 图 10-10 channel 消息传递

下面是一个多发送者和单接收者的简单示例：

```rust
// part10/concurrency/mpsc-demo/src/main.rs 文件
use std::sync::mpsc;
use std::thread;

fn main() {
    // 创建一个通道，返回值是 sender(发送者)和 receiver(接收者)
    let (sender, receiver) = mpsc::channel();

    // 发送消息
    // Sender<T>实现了 Copy 特征，这意味着它可以复制发送者多次，
    // 将消息发送到同一通道，但只支持一个接收者
    // 通过 clone 方法显式复制一个发送者
    let sender1 = sender.clone();
    thread::spawn(move || {
        let s = vec!["hello".to_string(), "rust".to_string()];
        for val in s {
            println!("sender1 sent msg:{}", val);
            sender1.send(val).unwrap();
        }
    });

    thread::spawn(move || {
        let s = String::from("hello,world");
        println!("sender sent msg:{}", s);
        sender.send(s).unwrap();
    });
```

```rust
// 接收消息,这里把接收者当作迭代器来使用,
// 这样就不需要显式调用 recv 方法接收消息
for msg in receiver {
    println!("Received msg: {}", msg);
}
}
```

在上述代码中，首先通过 mpsc::channel 方法创建了一个消息通道，返回 sender 和 receiver 对象。然后，调用 sender 的 clone 方法创建了另一个发送者。接着，在两个子线程中发送消息到通道中。最后，在主线程中使用接收者迭代器模式接收数据。当执行 cargo run 命令运行该示例时，效果如图 10-11 所示。

```
➜ mpsc-demo git:(main) ✗ cargo run
    Compiling mpsc-demo v0.1.0 (/Users/heige/web/rust/rust-in-action/part10/concurrency/mpsc-demo)
     Finished `dev` profile [unoptimized + debuginfo] target(s) in 0.75s
      Running `target/debug/mpsc-demo`
sender1 sent msg:hello
sender1 sent msg:rust
sender sent msg:hello,world
Received msg: hello
Received msg: rust
Received msg: hello,world
```

● 图 10-11　mpsc-demo 运行效果

从图 10-11 中看出，在上述子线程中两个发送者同时向同一通道中发送消息后，接收者会立即消费通道中的消息。

10.3　Rust 异步编程

在现代软件开发中，异步编程是一种重要的编程范式或工具，目前主流的编程语言基本上都对其提供了支持，只是支持的方式有所不同。现代化的异步编程允许开发人员并发运行大量的任务，却只需要少数甚至一个 OS 线程或 CPU 处理器。在编写代码体验上与同步编程区别不大，例如，Go 语言的 go 关键字允许开发人员快速启动一个并发编程程序。也就是说，异步编程允许开发人员编写高效、响应快的应用程序。

Rust 语言以性能和安全著称，也提供了丰富的异步编程工具和库允许开发者构建高性能、高效率的应用程序。在本节中，将介绍 Rust 异步编程模型 Future trait 运行原理、async/await 基础用法、async 中的 move 关键字，以及 tokio 运行时。

10.3.1　为什么需要异步编程

在传统的同步编程中，应用程序是按照顺序执行的。也就是说，一个任务需要等待另一个任务

完成之后，才能开始运行。这种运行方式，在处理 I/O 密集型任务，如网络请求、文件读写等同步操作，会导致长时间等待，降低了程序运行的效率。为了解决这个问题，异步编程应运而生。异步编程允许程序在等待 I/O 操作期间可以处理其他任务，从而提升了程序的性能和运行效率。

  Rust 异步编程主要是通过 Future trait 类型来抽象设计的，它是一种表示异步计算的结果类型。Future 不是一个立即运行的值，而是一个在将来的某个时刻运行后的值。Rust 标准库只提供了编写异步代码的基本要素，尚未提供 Future task executor（任务执行器）具体实现，没有内置异步编程所必需的运行时。幸运的是，Rust 社区中已经提供了非常优秀的运行时实现，例如，futures、tokio、async-std、smol 等第三方库都实现了 Future trait。这些库相对简单易用，在一定程度上降低了 Rust 异步编程的复杂性，允许开发人员在短时间内写出高质量、高性能的应用程序，而无须关心异步编程的底层技术细节。

  下面是一个使用 Rust 第三方 futures 库实现异步编程的简单示例：

```rust
// 引入 futures 库的 block_on
use futures::executor::block_on;

async fn hello_world() {
    println!("hello,world!");
}

async fn greet(name: &str) {
    println!("hello,{}!", name);
}

fn main() {
    println!("exec async task…");
    let future = hello_world(); // 返回结果是一个 Future 对象
    // block_on 阻塞当前线程,直到提供的 Future 运行完成
    block_on(future);

    let f = greet("rustasync programming");
    block_on(f);
}
```

  在上述代码中，定义了 hello_world、greet 异步函数（函数前面使用了 async 关键字修饰）。在 main 函数中，使用 futures::executor::block_on 执行 Future，它会阻塞当前线程，直到给定的 Future 执行完成。futures 库中的 block_on 底层实现如下：

```rust
pub fn block_on<F: Future>(f: F) -> F::Output {
    pin_mut!(f);
    run_executor(|cx| f.as_mut().poll(cx))
}
```

  在 block_on 函数中，首先使用 pin_mut! 宏将 f Future 固定在堆栈上。然后，调用 run_executor 函数将该 Future 在闭包中通过 poll 方法向前推进，直到 Future 执行完毕。

在运行该示例之前,需要在 Cargo.toml 文件中添加如下依赖:

```
[dependencies]
futures = "0.3.31"
```

接着,执行 cargo run 命令运行该示例,效果如图 10-12 所示。

```
   Compiling futures v0.3.31
   Compiling futures-demo v0.1.0 (/Users/heige/web/rust/rust-in-action/part10/
async-programming/futures-demo)
    Finished `dev` profile [unoptimized + debuginfo] target(s) in 5.92s
     Running `target/debug/futures-demo`
exec async task…
hello,world!
hello,rust async programming!
```

- 图 10-12　通过 futures 库执行异步任务

这里需要注意一点:Rust 语言中的 Future 是惰性的,只有在被 poll 轮询时才会真正执行。可以将 Future 理解为一个在未来某个时间点被调度执行的任务。Rust 底层的 Future 特征抽象定义如下:

```
// Future 特征
pub trait Future {
    type Output;

    fn poll(self: Pin<&mut Self>,cx: &mut Context<'_>) -> Poll<Self::Output>;
}

// Poll 枚举
pub enum Poll<T> {
    Ready(T),
    Pending,
}
```

从上述代码片段可以看出,这个 Future trait 看起来本身并不复杂,Output 是一个通用的关联类型,其具体类型会在实现具体的 Future trait 时确定。Future trait 中定义的 poll 方法是异步运行的关键,用于推动 Future 任务执行,返回值是 Poll 泛型枚举,分别代表 Ready(T)(已完成)和 Pending(等待状态)。poll 方法的第 1 个参数 self 是一个实现了 Future trait 具体类型的可变引用,第 2 个参数 cx 是一个 Context 结构体的可变引用。Context 定义如下:

```
pub struct Context<'a> {
    waker: &'a Waker,
    _marker:PhantomData<fn(&'a ()) -> &'a ()>,
    _marker2:PhantomData<*mut ()>,
}
```

Context 结构体内部包含了一个 Waker 唤醒器句柄，该唤醒器是 Future 执行的关键，它可以连接 Future 任务和 executor（执行器）。Waker 唤醒器定义如下：

```
pub structWaker {
    waker: RawWaker,
}

pub structRawWaker {
    data: *const (),
    vtable: &'static RawWakerVTable,
}
```

在这个 Waker 结构体内部的 waker 字段是一个句柄，对应数据类型 RawWaker 的结构体。RawWaker 中的 data 是一种数据指针，可用于存储执行任务所需的任意数据。例如，它可以是指向与任务相关的 Arc 类型的擦除指针。data 字段的值作为第一个参数传递给 vtable（虚函数表）的所有函数。vtable 是一个自定义此 Waker（唤醒器）行为的虚函数指针表。这个 Waker 唤醒器的执行方式如下：

- 当任务资源没有准备时，会返回一个 Poll::Pending 表示 Future 尚未完成，等待下一次被唤醒继续执行。
- 当任务资源准备好时，Waker（唤醒器）就会发出通知，此时 executor（执行器）会接收到通知，然后调度该任务继续运行，直到任务执行完毕。

Rust 与其他支持异步编程的语言的区别在于：Rust 中的 Future 并不代表一个发生在后台的计算，而代表了计算本身，它是一个状态机模式。因此 Future 所有者有责任去推进该计算过程的执行。每次调用 Future poll 方法时，Future 可能存在以下两种状态之一：

- 当任务已经完成，poll 方法会返回 Poll::Ready(T)，其中 T 是 Future 完成的结果。
- 当任务尚未完成，poll 方法会返回 Poll::Pending 等待状态，它会在未来某个时间点被唤醒继续执行。

总之，Rust Future 需要被执行器通过 poll 方法轮询后才能运行，并不能保证在一次 poll 中就被执行完毕。也就是说，当轮到 Future 执行时，执行器才会去调用 poll 方法推进，直到 Future 执行完成。

10.3.2 async/await 基础

为了简化 Rust 异步编程的复杂性，Rust 1.39 版本开始引入了 async/await 语法，使开发人员可以使用同步的方式去编写更加直观、易读、易维护的异步代码。在接下来的内容中，将通过一个简单的示例来演示 async/await 基本用法。

首先，使用 cargo new async-demo 创建一个应用程序，并在 src/main.rs 中添加如下代码：

```rust
async fn hello_cat() {
    println!("hello, kitty!");
}

async fn say() {
    hello_cat();
}

fn main() {
    say();
}
```

当执行 cargo run 命令运行该示例时，发现"hello,kitty!"并没有打印出来，同时编译器给出了提示："warning: unused implementer of 'Future' that must be used"，如图 10-13 所示。

```
warning: unused implementer of `Future` that must be used
 --> src/main.rs:6:5
  |
6 |     hello_cat();
  |     ^^^^^^^^^^^
  |
  = note: futures do nothing unless you `.await` or poll them
  = note: `#[warn(unused_must_use)]` on by default

warning: unused implementer of `Future` that must be used
 --> src/main.rs:10:5
   |
10 |     say();
   |     ^^^^^
   |
   = note: futures do nothing unless you `.await` or poll them
```

- 图 10-13　async 函数中未使用 await 关键字运行效果

从图 10-13 中的错误信息可以看出，hello_cat 函数调用后返回值是一个 Future，该 Future 没有执行，因此不会输出任何内容。那么该怎么才可以让 Future 执行呢？答案是需要一个执行器才可以推进 Future 执行。

接下来，在 Cargo.toml 文件中添加如下依赖：

```toml
[dependencies]
futures = "0.3.31"
```

然后，修改 src/main.rs 文件中的代码，如下所示：

```rust
use futures::executor::block_on;

async fn hello_cat() {
```

```rust
    println!("hello, kitty!");
}

async fn say() {
    println!("call hello_cat with .await keywords");
    hello_cat().await; // 使用 .await 关键字推进 Future 任务执行
    println!("hello,world");
}

fn main() {
    let f = say();
    block_on(f); // 使用执行器推动 Future 执行
}
```

在上述代码中,在 hello_cat( ) 后添加了 .await 关键字,它将推进异步函数执行,运行结果如图 10-14 所示。

```
 Finished `dev` profile [unoptimized + debuginfo] target(s) in 0.94s
  Running `target/debug/async-await-demo`
call hello_cat with .await keywords
hello, kitty!
hello,world
```

● 图 10-14　async-await-demo 运行效果

很明显,该示例和 10.3.1 小节中使用 block_on 函数以阻塞的方式运行 async 异步函数的示例有所不同。在该示例中,async fn 异步函数中是通过 .await 关键字驱动执行的。也就是说,.await 关键字并不会阻塞当前线程,而是异步推进当前 Future 执行,直到程序执行完毕。在异步函数执行期间,当前线程还可以继续执行其他代码,从而提升了并发程序的性能和执行效率。

实际上,使用 async 标记的异步函数块会被 Rust 编译器转换为 Future 特征的状态机。同时,await 表达式也会获取 Future 的所有权,并对其执行 poll 轮询操作,驱动 Future 执行,直到 Future 的状态变成 Poll::Ready(T)(已完成)为止。如果 Future 执行完毕,其最终值就是 await 表达式的值,否则就会返回 Poll::Pending 给调用者。如果在执行过程中发生了阻塞,它就会让出控制权,允许线程执行其他代码。

▶▶ 10.3.3　async 中的 move 关键字

Rust 语言中使用 async 有两种方式,分别是 async fn 和 async 块。这两种方式都返回了实现 Future trait 的值。在 async 块和闭包允许使用 move 关键字,这与普通的闭包一样。下面是一个 async 块中 move 关键字使用的简单示例:

```rust
//part10/async-programming/async-move/src/main.rs 文件
use futures::Future;
use futures::executor::block_on;
```

```rust
// async fn 中使用 async 块
async fn blocks() {
    let greet = "hello,world".to_string();

    let future_one = async {
        println!("{greet}");
    };

    let future_two = async {
        println!("{greet}");
    };

    // 运行这两个 Future 并等待它们执行完成,
    // 程序将输出两次"hello,world"字符串
    futures::join!(future_one, future_two);
}

fn move_block() -> impl Future<Output = ()> {
    let lang = "rust".to_string();
    // 在 async 块中使用 move,它会将 lang 的所有权转移到 async 块中
    async move {
        println!("{}", lang);
    }
}

fn main() {
    block_on(blocks()); // 通过 block_on 执行器运行 async 异步函数

    // move_block 函数会返回一个 Future,
    // 它需要使用 block_on 执行 future 直到完成
    let future = move_block();
    block_on(future);
}
```

从上述代码看出, blocks 函数中声明的两个不同的 async 块可以同时访问同一个局部变量 name, async 块返回结果是 Future 类型。这两个 Future 使用 futures::join! 执行, 会同时输出"hello,world"。也就是说, 在同一变量的作用域内, 多个不同的 async 块可以同时访问同一个局部变量, 而不会出现问题。然而, 在 move_block 函数中, 在 async 块中使用 move 关键字时, 它会将 lang 变量的所有权转移到 async 块中, async move 作为一个整体返回, 其类型是一个 Future, 这种方式允许 Future 超出变量的原始作用域。换句话说, 一个 async move 块会获取所指向变量的所有权, 允许它的生命周期超过当前作用域, 但放弃了与其他代码共享这些变量的能力。当执行 cargo run 命令运行该示例时, 效果如图 10-15 所示。

```
Finished `dev` profile [unoptimized + debuginfo] target(s) in 6.55s
   Running `target/debug/async-move`
hello,world
hello,world
rust
```

• 图 10-15　async-move 运行效果

10.3.4　tokio 运行时

Rust 语言标准库中并没有提供异步编程的运行时，不过它在语言层面对异步编程做了 Future 抽象设计并引入了 async/await 关键字，具体实现是由 Rust 第三方库来完成。tokio 是一个开源的异步运行库，它提供了一些基础的异步编程模块，如异步 io、net、fs、task、sync、signal 等，这些模块简化了异步编程的复杂性，使得开发人员可以快速构建可靠且高效的应用程序。由于 tokio 是基于 Rust 的 async/await 语言特性实现的，因此 tokio 运行时本身也是可以拓展的。tokio 不仅适用于网络编程，还可以用于其他类型的异步 I/O 操作，如文件异步读写、数据库操作等，同时它还提供了一种统一的编程模型，使得开发人员可以更加专注于业务逻辑的实现，而无需关心底层的异步实现细节。

下面是一个使用 tokio 的简单示例：

```rust
use tokio::task;

async fn say_hello(name: &str){
    println!("hello,{}",name);
}

#[tokio::main]
async fn main() {
    // 使用.await 关键字来等待 Future 执行完成
    say_hello("world").await;

    // 通过 task 模块提供的 spawn 执行异步任务
    // spawn 函数返回值是一个 JoinHandle<T>,它位于 tokio::runtime::task::join 模块中
    // JoinHandle<T>与标准库中 std::thread::spawn 返回值几乎相同
    let handler = task::spawn(async {
        for i in 1..5{
            println!("current index:{}",i);
        }
    });

    // 通过.await 等待异步任务执行完毕
    handler.await.unwrap();
}
```

在上述示例代码中，say_hello 是一个异步函数，它使用 async 关键字标明。在 main 函数的上方，使用#［tokio∷main］属性宏，该属性宏会将 async fn main 函数代码转换为类似如下形式的代码：

```
fn main(){
    let mut rt = tokio::runtime::Runtime::new().unwrap();
    rt.block_on(async{
        // 省略其他代码…
    });
}
```

也就是说，#[tokio∷main]标记的 main 函数代码会变成 fn main 格式的代码块。在转换后的 main 函数中，使用 tokio∷runtime∷Runtime∷new 创建一个运行时 rt 对象，然后调用 rt 对象的 block_on 方法，驱动异步代码执行（在 Rust 底层 async 返回结果是 Future 类型，因此需要一个异步执行器来推动 Future 执行）。

在上述示例 main 函数中，首先调用 say_hello 函数会返回一个 Future 类型。然后，使用.await 关键字等待 Future 执行完毕。tokio 库提供的 task 模块用于执行异步任务。这些任务类似于操作系统线程，但它们不是由操作系统调度器管理的，而是通过 tokio 运行时调度管理。这种模式的另一个名称是绿色线程。如果熟悉 Go 语言的线程（GMP 调度）或 Erlang 语言的进程调度，可以将 tokio 的 task 模块与它们类比。tokio∷task∷spawn 函数定义如下：

```
pub fn spawn<F>(future: F) -> JoinHandle<F::Output>
where
    F: Future + Send +' static,
    F::Output: Send +' static,
{
    // preventing stack overflows on debug mode, by quickly sending the task to the heap
    if cfg!(debug_assertions) && std::mem::size_of::<F>() > 2048 {
        spawn_inner(Box::pin(future), None)
    } else {
        spawn_inner(future, None)
    }
}
```

从 spawn 函数定义可以看出，task∷spawn 函数的参数是一个 Future，它与标准库 std∷thread∷spawn 函数签名相似，函数返回值是 JoinHandle<T>类型。因此在上述示例 main 函数中将一个 async 语句块作为 task∷spawn 的参数，函数返回值 handler 是 JoinHandle<( )>类型，在 handler 上使用.await 使这个异步任务开始执行。

为了运行上述示例，需要通过 cargo new tokio-demo 命令创建一个应用程序。然后，将上述示例代码放入 src/main.rs 文件中。接着，在 Cargo.toml 文件中添加如下依赖：

```
[dependencies]
tokio = { version = "1.42.0", features = ["full"] }
```

当执行 cargo run 命令运行该示例时，效果如图 10-16 所示。

```
   Finished `dev` profile [unoptimized + debuginfo] target(s) in 8.61s
    Running `target/debug/tokio-demo`
hello,world
current index:1
current index:2
current index:3
current index:4
```

• 图 10-16　tokio-demo 运行效果

假设有这样一种场景：需要在异步函数中执行多个操作，如读取文件、执行计算和写入文件等。如果使用 Rust 语言原生的 fs 和 thread 模块，可能会导致代码变得相对复杂和难以维护。此时，可以使用 tokio 库来简化这些操作，使代码结构更加清晰和易于维护。

以下是一个使用 tokio 库执行多个异步操作的示例：

```rust
use std::io;
use tokio::fs; // 引入 tokio::fs 模块

#[tokio::main]
async fn main() -> io::Result<()>{
    // 异步读取文件内容
    let content = fs::read_to_string("test.md").await?;
    println!("file content:\n{}",content);
    // 统计文件中出现 Rust 字符串的行数
    let mut sum = 0;
    for line in content.lines() {
        if line.contains("rust"){
            sum +=1;
        }
    }

    println!("The total number of lines contains Rust in the file content is {}", sum);
    Ok(())
}
```

在上述示例代码中，通过 tokio::fs 模块异步读取了 test.md 文件的内容，并判断每一行内容是否存在 Rust 字符串。如果存在，sum 计数就会加 1。当执行 cargo run 命令运行该示例时，效果如图 10-17 所示。

总之，tokio 作为一个强大且灵活的异步运行库（tokio 运行时调度机制见配套资源），其目标是通过提供一种简洁而强大的抽象层，使异步编程更加容易和直观。更多 tokio 用法，可以参考官方文档（https://tokio.rs/tokio/tutorial）。

在本书接下来的内容中，将继续使用 tokio 异步运行时创建一个高并发的 QA（问答）系统，进一步加深和巩固 Rust 并发编程和异步编程所带来的魅力和优势。

```
    Finished `dev` profile [unoptimized + debuginfo] target(s) in 12.60s
     Running `target/debug/tokio-readfile`
file content:
rust asynchronous programming
rust tokio runtime
rust std runtime
hello,rust
hello,rust tokio
hello,world!
The total number of lines contains Rust in the file content is 5
```

- 图 10-17　通过 tokio 库提供的 fs 模块异步读取文件内容

PART 3 第 3 部分

Rust综合应用实战

本部分由第 11 章的内容组成,以第 2 部分的内容作为前提,通过一个综合实战应用:构建一个高并发的 QA(问答)系统,重点介绍了在 Rust 综合应用实战项目过程中,如何根据具体的业务场景来做系统功能分析、架构设计、项目分层设计、技术落地、服务可观测性接入,以及如何根据实际情况选择合适的方式部署 Rust 应用程序等内容。帮助读者在 Rust 实际项目过程中快速提升架构设计、抽象设计、工程实践等能力。

本部分的内容需要读者对 Rust 基础知识、Rust 常用的第三方库、架构设计、工程实践等内容有一定的了解和熟练度。也就是说,只有真正掌握了这些内容之后,才能在 Rust 综合应用实战中,以最小的人力成本满足构建和维护系统的需求,从而提升整个系统的可维护性、可拓展性和稳定性。

第 11 章　构建一个高并发的QA（问答）系统实战

Rust 语言为并发编程提供了强大的支持，内置了轻量级的线程（第 10 章已介绍过如何使用 std::thread 模块）和异步 I/O 功能（如 tokio 异步运行时），使开发者可以轻松地编写高效、可拓展的并发程序。Rust 中构建高并发的项目主要依赖于强大的并发编程模型，它通过所有权系统、借用检查器、多线程并发和异步编程等技术来确保线程安全性和高性能。此外，Rust 还拥有一个非常活跃且不断壮大的社区和生态系统（Rust 社区中积极维护着各种开源库和工具），为开发者提供了广阔的学习和发展空间。

本章中，将介绍以下主题：
- QA 系统架构设计，包括系统功能分析、架构设计、pb 协议定义等内容。
- QA 系统 layout 分层，包括如何使用 Rust［workspace］工作空间目录的形式组织项目代码、如何编写和调整项目 Cargo.toml 文件等内容。
- QA 系统技术实现，包括如何使用 tonic 库编写 gRPC 微服务接口、使用 serde_yaml 读取配置文件、使用 Redis 计数器实现问题阅读数功能、使用 Pulsar 实现问答点赞功能、使用 log 和 env_logger 记录日志、gRPC HTTP 网关层等内容。
- QA 系统的服务可观测性建设，包括 metrics 接入、prometheus 和 grafana 的部署与接入等内容。
- QA 系统的部署方式选择，包括如何使用 supervisor 工具部署二进制文件，以及如何使用 Rust Docker 镜像构建与发布应用程序等内容。

11.1　QA 系统架构设计

本书前两个部分已经详细介绍了 Rust 工具链、网络编程、数据库使用、消息队列及并发编程和异步编程等实战内容，相信用户已对 Rust 实战项目有了一定的了解。为了进一步巩固前面学到的内容，本章将通过一个综合型的项目介绍在 Rust 语言中如何使用标准库和一些常见的第三方库构建一个高性能、高并发的 QA（问答）系统。

▶▶ 11.1.1　功能分析

从软件工程的角度来说，任何系统都不是脱离业务而开发的，都需要结合业务实际场景进行开发。所以，开发一个高并发的业务系统，首先应该分析业务需求和实际的场景，在完成这些工作之后再进入系统开发阶段。没有对业务进行功能分析就贸然开发系统是开发者的大忌,这是非常关键的一点,也是很多开发者最容易忽视的环节之一。

假设这个 QA 系统需要实现如下功能:

- 该系统需要提供简单的用户注册和登录功能。
- 每个用户需要登录才可以对问题和回答进行操作,主要包括发表、修改、删除操作。
- 每个用户可以查看最新问题列表、问题详情和回答列表。
- 每个用户查看问题详情时,需要统计当前问题的阅读数。
- 每个用户对回答进行点赞和取消点赞时,点赞数需要实时展示。

从上述功能分析来看,该 QA(问答)系统主要包含用户模块、问题模块、回答模块、点赞模块、阅读数模块等,如图 11-1 所示。

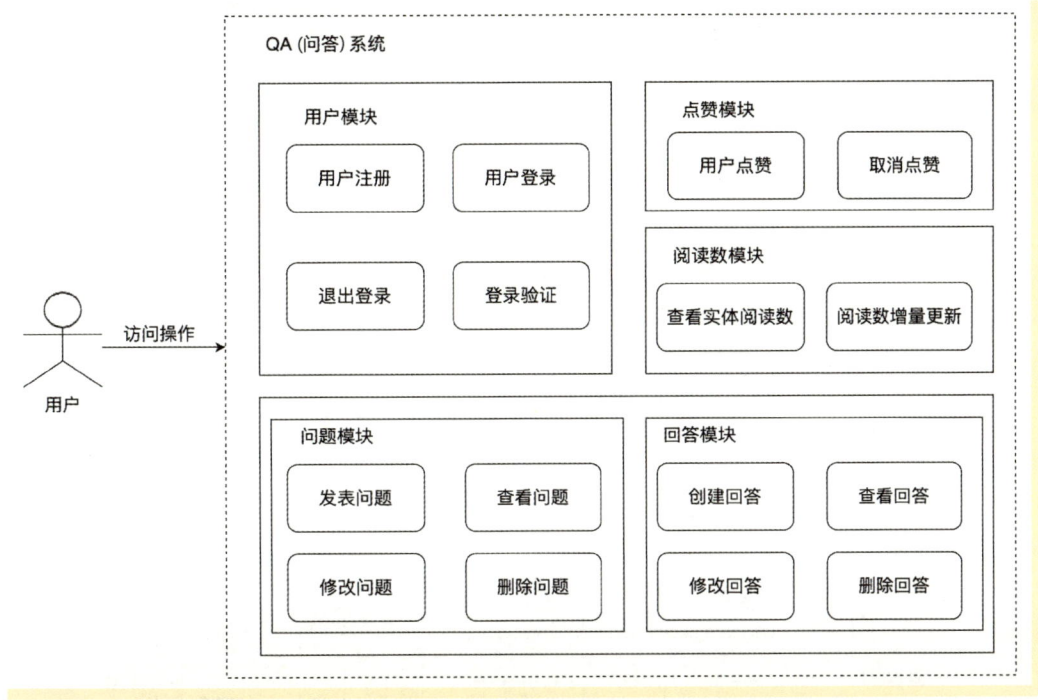

- 图 11-1 QA(问答)系统核心模块

接下来将通过 Rust 知识对该 QA 系统进行架构设计和技术实现,以满足高并发、高性能的业务场景。

▶▶ 11.1.2 架构设计

"架构"两个字常表示"高层级"的抽象,这种抽象一般将"底层"实现细节排除在外。而"设计"两个字常用来指代具体的系统底层组织结构和实现的细节。但是,从一个真正的系统架构师或高级开发人员的日常工作来看,这样的区分显然是不成立的。

假设需要设计一个新的房子，那么这个新房子的架构具体包含哪些内容呢？首先，它应该包含房子的形状、外观设计、房间高度、房间的布局等。但是，如果查看建筑师使用的图纸，就会发现其中充斥着大量的设计细节。例如，通过图纸可以看到每个房间的插座、开关及电灯具体安装位置，也可以看到整个房间的水管分布、热水器的大小和位置信息，甚至是地漏的位置。此外，还可以看到房屋的墙体结构、屋顶和地基非常详细的说明。也就是说，整个图纸里包括了房子所有的设计细节，这些细节信息能够更好地支撑顶层的架构设计。底层设计信息和顶层架构设计共同组成了整个房子的架构文档。

软件架构设计也是如此，底层设计细节和高层架构信息是不可分割的。软件架构设计的目标是以最小的人力成本满足构建和维护系统的需求，从而尽可能降低或消除软件架构的复杂性。一个软件架构的好坏，可以用它满足用户需求所需要的成本来衡量。如果该系统的成本很低，并且在整个系统设计过程中一直能维持较低的成本，那这个系统的设计是优良的，就是这么简单。

该 QA（问答）系统的整体架构设计，如图 11-2 所示。

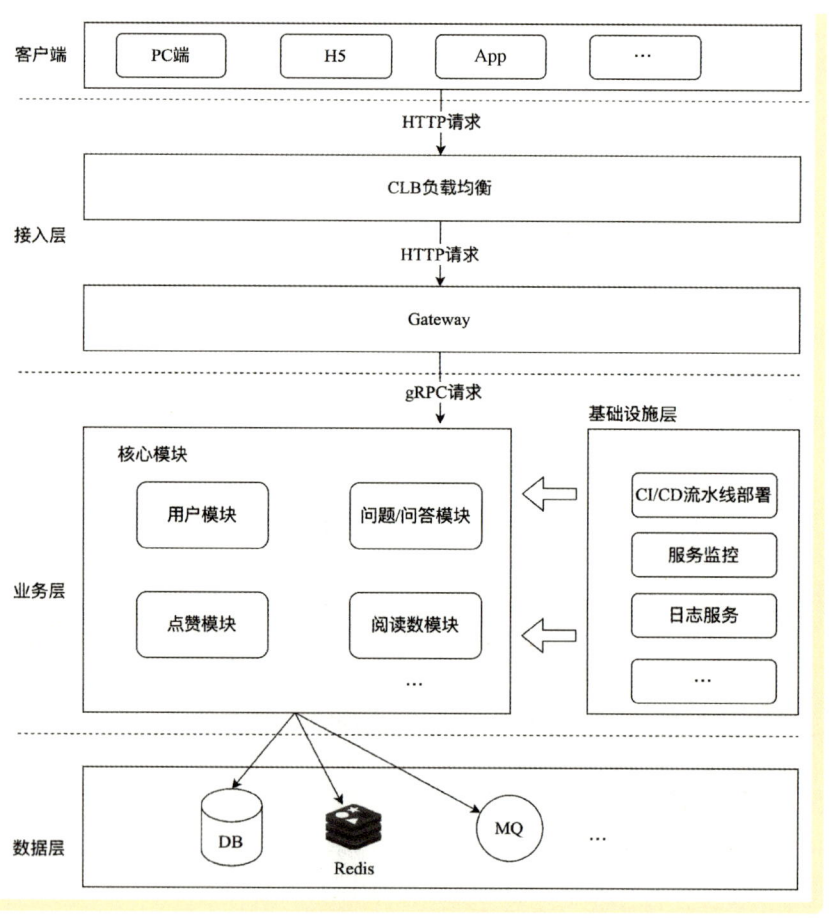

● 图 11-2 QA（问答）系统整体架构设计

第 11 章
构建一个高并发的 QA（问答）系统实战

从图 11-2 中可以看出，整个系统架构的分为客户端、接入层、业务层、数据层、基础设施层。其中每个部分所做的事情如下。

- **客户端**：用户请求的来源，主要分为 PC 端、H5、App 及其他类型的客户端。
- **接入层**：CLB 负责负载均衡（如腾讯云、阿里云的 CLB），gateway 用于接收外部 HTTP 请求和调用上游 gRPC 微服务所提供的接口。
- **业务层**：负责核心模块的业务逻辑编排，以微服务的形式对外提供服务。
- **数据层**：负责整个系统的数据持久化存储（MySQL）和业务数据缓存处理（Redis）。
- **基础设施层**：负责整个系统 CI/CD 流水线部署、服务监控、日志服务等。

这里需要注意一点：整个系统的每个层相互独立、各司其职，每个层将使用不同的技术解决方案来实现。在接下来的 11.1.3 小节中，将介绍整个系统的接口协议定义。

▶▶ 11.1.3 pb 协议定义

当一个系统的功能分析和架构设计确定后，开发人员首先需要定义整个系统有哪些接口，然后根据业务需求实现具体的接口 API，最后才是该系统服务测试、灰度测试和线上发布。

在该 QA 系统中，将使用 gRPC 微服务（gRPC 是一种基于 HTTP/2 的高性能 RPC 框架，由 Google 公司主导推出的）来实现核心模块。首先，在 qa-project 目录下新增 proto 目录。然后，新建 qa-project/proto/qa.proto 文件，并添加如下 pb（protobuf）协议内容。

```protobuf
// qa-project/proto/qa.proto 文件
syntax = "proto3";
// 默认的 package 为 qa
package qa;

// QA 微服务接口定义
serviceQAService {
    // 用户登录
    rpc UserLogin(UserLoginRequest) returns (UserLoginReply);
    // 用户退出
    rpc UserLogout(UserLogoutRequest) returns(UserLogoutReply);
    // 用户注册
    rpc UserRegister(UserRegisterRequest) returns(UserRegisterReply);
    // 验证登录的 token 是否有效
    rpc VerifyToken(VerifyTokenRequest) returns(VerifyTokenReply);
    // 发表问题
    rpc AddQuestion(AddQuestionRequest) returns (AddQuestionReply);
    // 删除问题
    rpc DeleteQuestion(DeleteQuestionRequest) returns(DeleteQuestionReply);

    // 修改问题
    rpc UpdateQuestion(UpdateQuestionRequest) returns (UpdateQuestionReply);
    // 查看问题详情
```

```
    rpc QuestionDetail(QuestionDetailRequest) returns(QuestionDetailReply);
    // 最新问题列表(采用下拉分页形式获取数据,按照 id 倒序)
    rpc LatestQuestions(LatestQuestionsRequest) returns (LatestQuestionsReply);
    // 回答列表
    rpc AnswerList(AnswerListRequest) returns(AnswerListReply);
    // 添加问题回答
    rpc AddAnswer(AddAnswerRequest) returns (AddAnswerReply);
    // 删除问题对应的回答
    rpc DeleteAnswer(DeleteAnswerRequest) returns(DeleteAnswerReply);
    // 修改回答
    rpc UpdateAnswer(UpdateAnswerRequest) returns (UpdateAnswerReply);
    // 查看答案详情
    rpc AnswerDetail(AnswerDetailRequest) returns(AnswerDetailReply);
    // 用户点赞回答和取消点赞
    rpc AnswerAgree(AnswerAgreeRequest) returns(AnswerAgreeReply);
}

// …省略其他 pb message 定义…
```

在上述 qa.proto 文件中，定义了该 QA 系统核心模块的 rpc 方法。由于篇幅问题，每个 rpc 方法的请求参数定义及入参和出参，这里就不再逐一列举了，具体 pb message 定义见 https://github.com/daheige/rust-in-action/blob/main/part11/qa-project/proto/qa.proto。

为了在 11.2 节中能正常使用 tonic-build 工具读取 proto 文件内容、自动生成 Rust 代码并实现 gRPC 编解码功能，需要安装 protoc 工具（它也可以生成对应的客户端 Go、Node.js 代码），具体安装步骤见配套资源。

11.2　QA 系统 layout 分层

在 1～10 章中，每个项目都是以相互独立的二进制应用程序或库的方式组织代码，并未使用 Rust workspace（工作空间目录）的方式创建 Rust 应用程序，而本章的 QA 系统既有 gRPC 微服务，也有 gRPC HTTP 服务及定时 Job 任务（主要用于处理问题阅读数和回答点赞数增量同步）。

首先，执行 cargo new qa-project 命令创建项目。然后，将 Cargo.toml 文件的内容修改为如下内容：

```
[workspace]
resolver = "2" # resolver 为 2 表示启用新的解析器管理和解析项目的依赖关系
# 定义项目的 crate
members = [
    "crates/qa-svc",
    "crates/infras",
    "crates/pb",
    "crates/gateway"
]
```

```toml
# 共享 package 配置项,子模块中的 Cargo.toml 将继承 qa-project/Cargo.toml 的配置
[workspace.package]
version = "0.1.0"
edition = "2021"
authors = ["daheige"]
description = "a highly concurrent question answering system"
[workspace.dependencies]
# gRPC 微服务相关依赖包
tonic = "0.12.3"
prost = "0.13.4"
tokio = {version = "1.42.0",features = ["full"]}

# tonic-reflection 主要用于 grpcurl 工具查看 gRPC 微服务接口协议定义
# note: Must be the same as the tonic version
tonic-reflection = "0.12.3"

# tonic-build 包用于构建 gRPC 代码
# note: Must be the same as the tonic version
tonic-build = "0.12.3"
# …省略其他依赖的 crate…
```

在上述 Cargo.toml 中,通过 Rust workspace(工作空间目录)的方式组织项目代码,将所有依赖包全部放在 [workspace.dependencies] 中定义。在每子应用程序中,只需要引入对应的包名,并设置 workspace = true 就能继承根目录中 Cargo.toml 文件的配置和依赖。Rust 工作空间的方式能够有效地管理多个相关的包,简化依赖管理和项目构建过程,使开发者可以更好地组织和管理大型项目中的多个 crate,从而提高开发效率和项目的可维护性、可拓展性。

接着,执行 mkdir crates 命令创建 crates 目录,然后依次执行如下命令创建相关 crate 子应用程序。

```
cargo new crates/qa-svc
cargo new crates/infras --lib
cargo new crates/pb --lib
cargo new crates/gateway
```

上述每个 crate 子应用所负责的事情如下。

- qa-svc 用于实现 QA 系统 gRPC 微服务、问题阅读数 Job 和点赞数 Job,在 qa-src/src 目录下分别对应三个不同的二进制应用程序。
- infras 负责整个项目的基础设施层,它是一个 library(库),其中包含 MySQL、Redis、Pulsar 及 config、logger、metrics、shutdown 等模块的封装。
- pb 存放 protoc 工具自动生成的 Rust 代码,它是一个 library,通过 tonic-build 工具读取 proto/qa.proto 文件并生成 Rust pb 代码。
- gateway 是 gRPC HTTP 网关层,接收外部 HTTP 请求,并将 JSON 数据格式转换为 pb Message,然后请求上游 qa-svc 中对应的 gRPC 服务。此外,gateway 还负责请求数据校验、接口数据的

裁剪和聚合等功能。

由于篇幅问题，该项目所需要的 Rust crate 依赖，这里就不逐一列举。可以通过 https://github.com/daheige/rust-in-action/blob/main/part11/qa-project 查看上述每个 crate 子应用的相关依赖。

接下来，在 qa-project 目录中新增 proto 目录，并将前面提到的 qa.proto 文件放入 qa-project/proto 目录中。随后，在 qa-project/qa-svc 目录中新建 build.rs 文件（Rust 项目构建或运行之前会先执行该 build.rs 脚本文件），用于 tonic-build 工具读取 qa-project/proto/qa.proto 文件实现 gRPC Rust 代码自动生成。build.rs 文件中具体代码见 https://github.com/daheige/rust-in-action/blob/main/part11/qa-project/crates/qa-svc/build.rs。

最后，切换到 crates/qa-svc 目录中执行 cargo build --bin qa-svc 命令，等待几十秒之后，就会在 qa-project/crates/pb 目录中创建 qa.rs 文件。这个 qa.rs 文件是通过 tonic-build 工具读取 proto 目录下的 proto 文件自动生成的 Rust 代码。此时，该项目的目录分层，如图 11-3 所示。

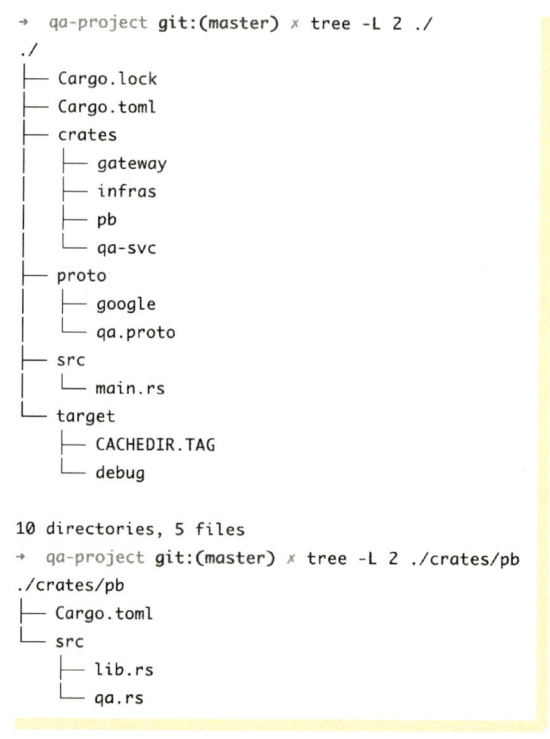

● 图 11-3　qa-project 项目目录分层

11.3　QA 系统技术实现

在 11.2 节中，已创建 qa-project 项目结构，并使用 tonic-build 工具实现了 pb 协议到 Rust 代码自动生成。在本节中，将使用 Rust 社区提供的 tonic、serde-yaml、redis-rs、pulsar、log、env_logger、 axum 等相关 crate 实现整个项目的 gRPC 微服务接口和 gRPC HTTP 网关接入等功能。

▶▶ 11.3.1 使用 tonic 库编写 gRPC 微服务接口

tonic 库是一个基于 Rust 语言编写的轻量级、高性能的 gRPC 服务框架。它基于 Rust 社区中的 futures 和 tokio 库实现的，提供了一系列简洁直观、易用的 API 及完善的 tonic-build 工具，让 Rust 代码在编译时就能做到类型检查，避免了运行时错误的可能性，使开发者能够利用 Rust 强大的安全性和高性能，快速构建高度可拓展、可维护、跨语言的微服务项目。

接下来，在 crates/qa-svc/src/main.rs 中添加如下代码：

```rust
mod application;
mod config;
mod domain;
mod infrastructure;
use pb::qa::qa_service_server::QaServiceServer; // pb 协议生成的包
use std::net::SocketAddr;
use std::time::Duration;
use tonic::transport::Server;
// …省略其他代码…

// 使用 include_bytes! 读取 proto 目录下的 rpc_descriptor 二进制文件，
// rpc_descriptor.bin 文件用于描述 proto 文件中的 rpc 方法和 message 定义。
pub(crate) const PROTO_FILE_DESCRIPTOR_SET: &[u8] =
    include_bytes!("../rpc_descriptor.bin");

// 使用 tokio 运行时来执行 gRPC server
#[tokio::main]
async fn main() -> anyhow::Result<()> {
    let address:SocketAddr = format!("0.0.0.0:{}",
        APP_CONFIG.app_port).parse().unwrap(); // gRPC 运行地址
    println!("app run on:{}", address.to_string());
    // …省略其他代码…
    // grpc reflection service
    let reflection_service = tonic_reflection::server::Builder::configure()
        .register_encoded_file_descriptor_set(PROTO_FILE_DESCRIPTOR_SET)
        .build()
        .unwrap();

    // creategrpc service
    let qa_service = application::new_qa_service(app_state);
    let grpc_server = Server::builder()
        .add_service(reflection_service)
        .add_service(QaServiceServer::new(qa_service))
        .serve_with_shutdown(
```

```rust
            address, //gRPC 运行地址
            graceful_shutdown(Duration::from_secs(APP_CONFIG.graceful_wait_time)),
        );

    // build http /metrics endpoint
    let metrics_server = prometheus_init(APP_CONFIG.metrics_port);

    // create handler for each server
    let grpc_handler = tokio::spawn(grpc_server);
    let http_handler = tokio::spawn(metrics_server);
    let _ = tokio::try_join!(grpc_handler, http_handler)
        .expect("failed to startgrpc service and metrics service");
    Ok(())
}
```

在上述 main.rs 代码中，首先定义了 application、config、domain、infrastructure 等模块。然后，引入了 pb::qa::qa_service_server::QaServiceServer、net::SocketAddr、tonic::transport::Server（用于启动 gRPC server）等相关模块。接着，将 tonic-build 工具生成的 rpc_descriptor.bin 文件通过 include_bytes! 宏引入到 main.rs 中（使用 gRPC reflection 功能），用于读取 proto 文件中的 rpc 方法和 message 定义。

随后，通过#[tokio::main] 注解，main 函数能够以异步的方式运行。main 函数主体中，首先调用 application::new_qa_service 函数创建了一个 qa_service 对象，该对象包含了 gRPC Service 具体实现。然后，通过 tonic::transport::Server 的 builder 方法创建了一个 grpc_server 对象，并将 reflection_service 和 QaServiceServer::new 函数创建的 QaService 对象作为参数依次传递给 add_service 方法。

接着，将 gRPC 服务运行地址（address）和平滑退出函数（graceful_shutdown）作为参数传递给 serve_with_shutdown 方法。

最后，通过 tokio::spawn 函数分别创建了 grpc_handler 对象（用于启动 gRPC 微服务）和 http_handler 对象（metrics 数据采集服务的具体实现，将在 11.4 节中详细解析），并将它们传递给 tokio::try_join! 宏等待执行，以这样的方式启动了 qa-svc 服务。

由于篇幅问题，该项目的 gRPC Service 所涉及的业务逻辑及 applicaton、config、domain、infrastructure 等模块，在这里就不再逐一列举，具体技术实现见 https://github.com/daheige/rust-in-action/tree/main/part11/qa-project/crates/qa-svc。

▶▶ 11.3.2 使用 serde_yaml 读取配置文件

serde_yaml 是一个基于 serde 框架实现的一个第三方库，专门用于处理 yaml 格式的数据。通过使用 serde_yaml 库，Rust 开发人员可以轻松地从 yaml 文件中的字符串解析到对应的 Rust 数据结构，同时也支持将 Rust 数据结构转换为 yaml 字符串格式。

在该项目中，将通过 serde_yaml 库封装一个 config 模块快速读取 yaml 文件，为项目启动提供必要的配置信息。config 模块放在 crates/infras/config.rs 文件中，核心代码如下：

```rust
// yaml 配置文件读取封装
use serde_yaml::{self, Value};
use std::fs::File;
use std::io::Read;
use std::path::Path;

// ConfigTrait 定义
pub trait ConfigTrait {
    fn load<P:AsRef<Path>>(path: P) -> Self;
    fn sections(&self) -> Value;
    fn content(&self) -> &str;
}

// Config 结构体用于实现 ConfigTrait
pub struct Config {
    sections: String,
}

impl ConfigTrait for Config {
    fn load<P:AsRef<Path>>(path: P) -> Self {
        let mut c = Self {
            sections: String::new(),
        };

        // 读取配置文件内容
        File::open(path)
            .expect("open config file")
            .read_to_string(&mut c.sections)
            .expect("failed to read config file");
        c
    }

    fn sections(&self) -> Value {
        let val = serde_yaml::from_str(&self.sections).unwrap();
        val
    }

    fn content(&self) -> &str {
        self.sections.as_str()
    }
}
```

在上述代码中，首先引入了 serde_yaml 和 serde_yaml::Value，以及 std 中的 fs、io、path 相关模块。然后，通过 trait 关键字定义了一个 ConfigTrait，这个 trait 包含 load、sections、content 共 3 个方

法。其中，load 方法的参数 path 是泛型类型，使用 AsRef<Path>约束。在 Rust 语言中，AsRef 是一个用于实现引用转换的特性，AsRef<T>相当于 &T。上述代码中的 AsRef<Path>本质上就是 std::path::Path 的引用，也就是 &Path。也就是说，load 函数的参数 path 可以是字符串类型，如"app.yaml"格式。

为了实现 ConfigTrait 特性，首先定义了 Config 结构体，它只有一个字段 sections，其数据类型是 String，用于保存从 yaml 文件读取到的字符串内容。然后，通过 impl 关键字为 Config 实现 ConfigTrait。

在上述 load 方法中，首先通过 Self 关键字创建了一个 Config 实例对象 c。然后，使用 File::open 函数创建了一个 File 对象，并调用 read_to_string 方法读取 path 路径对应的 yaml 文件内容。接着，在 sections 方法中通过 serde_yaml::from_str 函数将 c 实例上的 sections 字段序列化为 serde::Value 类型。最后，在 content 方法中返回了 c.sections 的不可变引用 &str。这样，在使用 config 模块的外部程序中，就可以将其反序列化为自定义数据结构的实例对象。

在启动 crates/qa-svc 程序之前，请确保已经安装 MySQL、Pulsar、Redis 服务（这几个服务的具体安装方式，可以参考第 7 章和第 8 章相关内容），并且这些服务都已经正常运行。在这里，使用的是本地 MySQL、Pulsar、Redis 服务。

为了能够正常启动 qa-svc 服务，首先需要导入如下链接中的 SQL 语句到对应的 MySQL 服务中。

https://github.com/daheige/rust-in-action/blob/main/part11/qa-project/qa.sql

然后，在 qa-project/qa-svc 目录中添加 app.yaml 配置文件，具体配置内容和配置数据结构定义见配套资源。接着，切换到 crates/qa-svc 目录中执行 cargo run --bin qa-svc 命令启动 qa-svc 服务，运行效果如图 11-4 所示。

```
    Finished `dev` profile [unoptimized + debuginfo] target(s) in 8.56s
     Running `target/debug/qa-svc`
Hello, qa-svc
filename:"./app.yaml"
conf:AppConfig { mysql_conf: MysqlConf { dsn: "mysql://root:root123456@127.0.0.1/qa_sys", max_connections: 100, min_connections: 10, max_lifetime: 1800, idle_timeout: 300, connect_timeout: 10 }, pulsar_conf: PulsarConf { addr: "pulsar://127.0.0.1:6650", token: "" }, redis_conf: RedisConf { dsn: "redis://:@127.0.0.1:6379/0", max_size: 300, min_idle: 3, max_lifetime: 1800, idle_timeout: 300, connection_timeout: 10, cluster_nodes: None }, app_port: 50051, metrics_port: 2338, graceful_wait_time: 3, app_debug: true, aes_key: "YiBX0z9WnJjsS5aNXmi0AeT1yTPZZJYa", aes_iv: "3ZQEpwP9DbK4h1Z0" }
app run on:0.0.0.0:50051
prometheus at:0.0.0.0:2338/metrics
```

● 图 11-4　qa-svc 服务启动效果

从图 11-4 中可以看出，qa-project 项目的配置文件 app.yaml 的内容已正常读取，qa-svc 服务也启动成功。如果在启动过程中，不想输出整个 app.yaml 的内容，只需要将 app.yaml 文件中的 app_debug 设置为 false 即可。可以使用 grpcurl 工具（grcurl 工具安装和基本使用，参考配套资源）请求 qa-svc 服务接口，验证通过配置文件启动的 gRPC 微服务接口是否正常运行。

11.3.3 使用 Redis 计数器实现问题阅读数功能

在前面的 7.4.3 小节中，已使用 Axum 框架、Redis 服务及 rcron 库实现了一个简单的文章阅读数功能。在本小节中，将继续通过 Redis Hash 计数器和 tokio::time::interval 模块实现问题阅读数增量同步功能，其整体架构设计如图 11-5 所示。

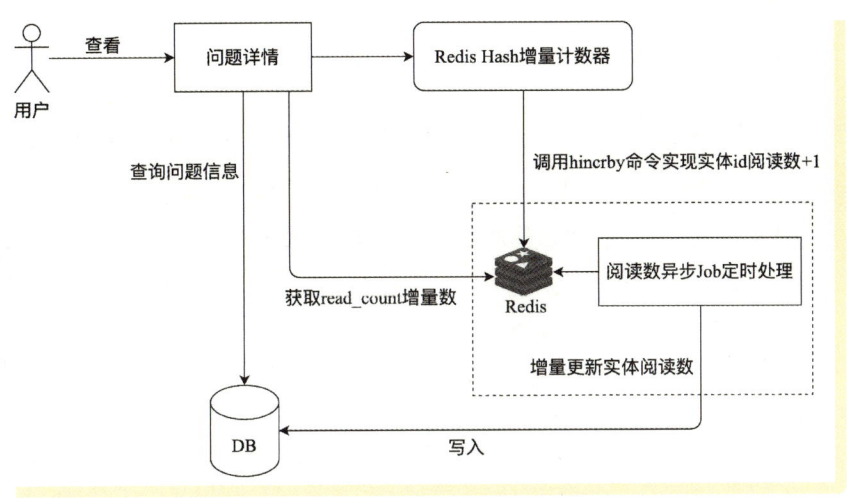

• 图 11-5 实体阅读数增量同步的架构设计

从图 11-5 中可以看出，当用户查看问题详情时，服务端首先从数据库表中查询问题基本信息，并通过 Redis Hash hincrby 命令将实体 id 的阅读数加 1，然后立即返回问题当前阅读数。与此同时，在服务端通过一个异步 Job 从 Redis 中获取问题实体的阅读数增量，并将其写入数据库表中。

为了实现这个功能，将问题实体阅读数和增量同步阅读数两个操作封装为一个 ReadCountRepo trait，其核心代码如下：

```rust
// qa-svc/src/domain/repository/entity_read_count.rs 文件
use crate::domain::entity::EntityReadCountData;

// 通过 async_trait 宏标记定义异步方法
#[async_trait::async_trait]
pub trait ReadCountRepo: Send + Sync + 'static {
    // 增加实体阅读数
    async fn incr(&self, data: &EntityReadCountData) -> anyhow::Result<u64>;

    // 处理每个实体的阅读数
    async fn handler(&self, target_type: &str) -> anyhow::Result<()>;
}
```

从上述代码可以看出，ReadCountRepo 定义了两个方法，分别是 incr 和 handler 方法。incr 方法第一个参数是 &self，表示具体实现 ReadCountRepo trait 的数据类型所对应的实例对象。第二个参数 data

是 &EntityReadCountData 类型，表示点赞所需的基本信息，它是一个结构体类型，其定义如下：

```
// qa-svc/src/domain/entity/entity_read_count.rs 文件
// 实体阅读数对应的基本数据信息
#[derive(Debug, Default)]
pub struct EntityReadCountData {
    pub target_id: u64,            // 实体 id
    pub target_type: String,       //实体类型
    pub count: u64,                // 增量阅读数
}
```

incr 方法的返回值是 anyhow::Result<u64>类型，来自第三方库 anyhow，其底层源码定义如下：

```
pub type Result<T, E = Error> = core::result::Result<T, E>;
```

从 Result 类型别名可以看出，如果操作成功就返回 T，否则返回对应的 E。这个 Error 是一个动态错误类型的包装器，就如同 Box<dyn std::error::Error>，几乎可以容纳任何错误类型。也就是说，incr 方法所对应的具体数据类型在实现过程中，如果发生错误，都可以将错误放入 E 中。这里需要强调一点，Error 要求具体的 error 数据类型必须满足 Send、Sync trait 并满足 'static 生命周期。也就是说，这个 Error 可以在线程之间转移所有权，同时它也可以在线程之间安全共享（在使用的上下文作用范围内一直有效）。除此之外，这个 Error 可以回溯到最底层的错误是什么样的数据类型，并且它是一个 narrow 指针类型。换句话说，Error 是一个窄指针，使用一个字长表示错误，而不是两个字长。

ReadCountRepo 中的 handler 方法第一个参数同样也是 &self，第二个参数 target_type 是 &str 类型，表示具体的实体类型。该方法返回值是 anyhow::Result<()>类型，如果在处理增量阅读数的过程，操作成功就返回空元组类型，否则失败返回具体的 anyhow::Error 类型。

由于篇幅问题，上述 ReadCountRepo trait 的具体实现及问题阅读数增量更新的定时 Job 处理，这里就不再逐一列举，具体技术实现见 qa-svc/entity_read_count.md 文件。

接下来，打开一个命令终端切换到 crates/qa-svc 目录，执行 cargo run --bin qa-svc 命令启动 qa-svc 服务（如果 qa-svc 服务已启动，可以忽略这一步）。然后，新开启一个命令终端切换到 crates/qa-svc 目录，执行 cargo run --bin qa-read_count-job 命令启动 Job（用于实时处理问题阅读数增量更新）。随后，新开启一个终端并依次执行如下 grpcurl 命令（grpcurl 工具安装和基本使用，见配套资源）创建用户、添加问题及查看问题详情等接口，效果如图 11-6 所示。

```
grpcurl -d '{"username":"daheige","password":"123456"}' -plaintext 127.0.0.1:50051
qa.QAService.UserRegister
grpcurl -d '{"title":"Rust 实战","created_by":"daheige","content":"qa 微服务"}' -plaintext
127.0.0.1:50051 qa.QAService.AddQuestion
grpcurl -d '{"id":1,"username":"daheige"}' -plaintext 127.0.0.1:50051
qa.QAService.QuestionDetail
```

从图 11-6 中可以看出，当通过 grpcurl 请求问题详情时，就会返回当前问题的阅读数。此时，阅读数 Job 就会实时从 Redis Hash 计数器中读取问题阅读数增量，并将其同步到数据库表 questions 中，

效果如图 11-7 所示。

```
~ grpcurl -d '{"username":"daheige","password":"123456"}' -plaintext 127.0.0.1:50051 qa.QAService.UserRegister
{
  "state": "1"
}
~ grpcurl -d '{"title":"Rust实战","created_by":"daheige","content":"qa微服务"}' -plaintext 127.0.0.1:50051 qa.QAService.AddQuestion
{
  "id": "1"
}
~ grpcurl -d '{"id":1,"username":"daheige"}' -plaintext 127.0.0.1:50051 qa.QAService.QuestionDetail
{
  "question": {
    "id": "1",
    "title": "Rust实战",
    "content": "qa微服务",
    "createdBy": "daheige",
    "readCount": "1"
  }
}
```

- 图 11-6　通过 grpcurl 工具创建用户、添加问题并查看问题详情

```
   Finished `dev` profile [unoptimized + debuginfo] target(s) in 6.34s
    Running `/Users/heige/web/rust/rust-in-action/part11/qa-project/target/debug/qa-read-count-job`
hello,qa-read-count-job
current process pid:51121
filename:"./app.yaml"
run read_count job...
handler target_id:1 target_type:question read_count increment:1 success
```

- 图 11-7　问题阅读数 Job 运行效果

11.3.4　使用 Pulsar 实现回答点赞功能

在前面的 8.3~8.4 节中，已通过实例演示了如何在 Rust 语言中使用 Pulsar 消息队列。在本小节中，将继续使用 Pulsar 消息队列实现回答点赞功能。

首先，回答用户点赞模块的整体架构设计，如图 11-8 所示。

从图 11-8 中看出，当用户对某个回答点赞和取消点赞时，服务端就会发送（push）一条消息到 Pulsar 消息队列中，然后立即返回。此时，点赞 Job 定时任务就会从 Pulsar 消息队列中读取（pull）消息，并将点赞数增量更新到数据表中，同时记录点赞明细。当用户查看回答详情接口时，就可以看到问题的实时点赞数。通过这种异步解耦的方式实现回答点赞功能，不仅降低了数据库的负载压

力，还提升了整个系统的吞吐量和性能。

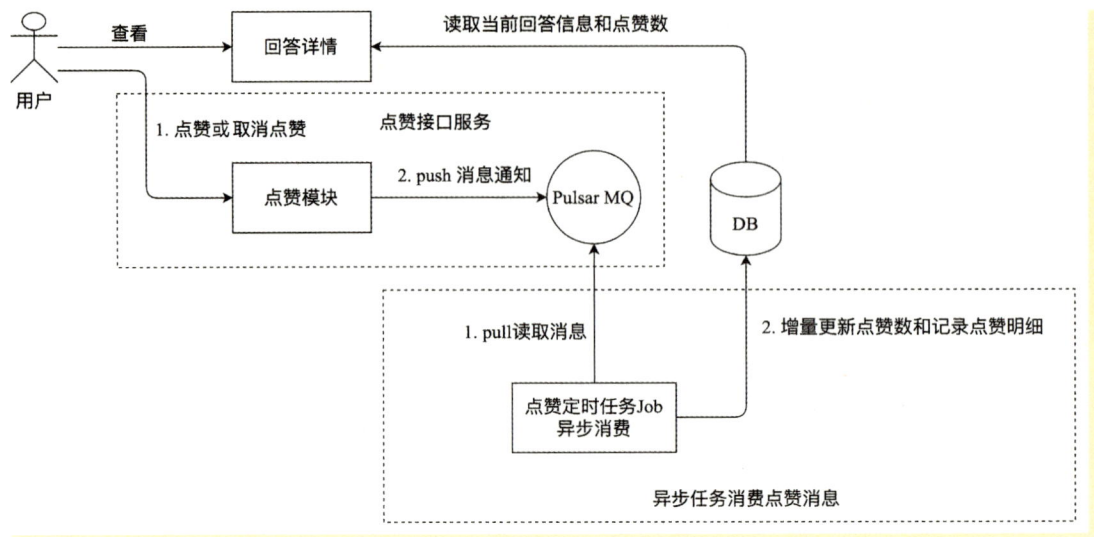

- 图 11-8　用户点赞模块的整体架构设计

为了实现点赞功能，将上述操作抽象为一个 UserVoteRepo trait，核心代码如下：

```rust
// qa-svc/src/domain/repository/vote.rs 文件
// …省略其他代码…
// 通过 async_trait 宏标记定义异步方法
#[async_trait::async_trait]
pub trait UserVoteRepo: Send + Sync + 'static {
    // 判断用户是否对某个实体对象点赞
    async fn is_voted(
        &self,
        target_id: u64,
        target_type: &str,
        username: &str,
    ) -> anyhow::Result<bool>;

    // 判断用户是否对一批实体对象点赞
    async fn is_batch_voted(
        &self,
        target_id: &Vec<u64>,
        target_type: &str,
        username: &str,
    ) -> anyhow::Result<HashMap<u64, bool>>;

    // 发送用户点赞和取消点赞消息
    async fn publish(&self, msg: VoteMessage) -> anyhow::Result<bool>;
```

```rust
// 根据实体类型异步消费用户点赞消息,实现点赞数增量更新和记录点赞明细
async fn consumer(&self, target_type: &str, exit: Arc<RwLock<bool>>)
    ->anyhow::Result<()>;
}
```

从上述代码可以看出，UserVoteRepo trait 主要有 is_voted（当前用户是否点赞单个回答）、is_batch_voted（当前用户是否点赞回答列表）、publish（发送点赞和取消点赞消息通知）、consumer（消费消息）等方法。这些方法中的 target_id 和 target_type 参数分别表示实体 id 和实体类型。publish 方法的第二个参数是 VoteMessage 结构体类型，其定义和解析见 qa-svc/vote_message.md 文件。上述 UserVoteRepo trait 的具体技术实现见 qa-svc/user_vote.md 文件。

实现了 UserVoteRepo trait 后，就可以在 QaService 服务 answer_agree 方法中调用 UserVoteRepo trait 提供的 publish 和 consumer 方法实现回答点赞和取消点赞操作，核心代码片段和解析见 qa-svc/src/application/qa.rs 文件。

从图 11-8 中可以看出，当用户对回答点赞和取消点赞操作时，服务端将立即返回结果。此时，在服务端可以通过异步 Job 的方式消费 Pulsar 中的消息。因此，在 qa-svc/Cargo.toml 文件中添加如下配置：

```toml
# 点赞 Job 定时任务脚本
[[bin]]
name = "qa-vote-job"
path = "src/vote_job.rs"
```

问题点赞 Job 消费逻辑的具体代码见 qa-svc/src/vote_job.rs 文件。

为了验证回答点赞功能，首先执行 grpcurl 命令创建一个回答。

```
grpcurl -d '{"answer":{"question_id":1,"created_by":"daheige","content":"hello,Rust 实战"}}' -plaintext 127.0.0.1:50051 qa.QAService.AddAnswer
```

执行上述命令运行效果，如图 11-9 所示。

```
→ qa-svc git:(main) × grpcurl -d '{"answer":{"question_id":1,"created_by":"daheige","content":"hello, Rust实战"}}'
▶ -plaintext 127.0.0.1:50051 qa.QAService.AddAnswer
{
  "id": "1"
}
```

● 图 11-9 通过 grpcurl 工具创建回答

然后，切换到 crates/qa-svc 目录中执行 cargo run --bin qa-vote-job 命令启动点赞定时任务 Job（在启动该 Job 之前，请确保 qa-svc 服务已正常启动），效果如图 11-10 所示。

接着，新开启一个命令终端并执行如下 grpcurl 命令请求回答点赞和取消点赞接口，效果如图 11-11 所示。

```
Finished `dev` profile [unoptimized + debuginfo] target(s) in 1.06s
 Running `/Users/heige/web/rust/rust-in-action/part11/qa-project/target/debug/qa-vote-job`
hello,qa-vote-job
current process pid:58231
filename:"./app.yaml"
run answer vote job...
```

• 图 11-10　点赞定时任务 Job 运行效果

> grpcurl -d '{"id":1,"created_by":"daheige","action":"up"}' -plaintext 127.0.0.1:50051 qa.QAService.AnswerAgree
>
> grpcurl -d '{"id":1,"created_by":"daheige","action":"cancel"}' -plaintext 127.0.0.1:50051 qa.QAService.AnswerAgree

```
↳ ~ grpcurl -d '{"id":1,"created_by":"daheige","action":"up"}' -plaintext 127.0.0.1:50051 qa.QAS
ervice.AnswerAgree
{
  "state": "1",
  "reason": "success",
  "agreeCount": "1"
}
↳ ~ grpcurl -d '{"id":1,"created_by":"alex","action":"up"}' -plaintext 127.0.0.1:50051 qa.QAServ
ice.AnswerAgree
{
  "state": "1",
  "reason": "success",
  "agreeCount": "2"
}
↳ ~ grpcurl -d '{"id":1,"created_by":"daheige","action":"cancel"}' -plaintext 127.0.0.1:50051 qa
.QAService.AnswerAgree
{
  "state": "1",
  "reason": "success",
  "agreeCount": "1"
}
```

• 图 11-11　通过 grpcurl 工具请求回答点赞和取消点赞接口运行效果

从图 11-11 中可以看出，当用户请求点赞和取消点赞操作时，qa-vote-job 就会实时地将当前回答的点赞增量数更新到 anwers 数据表中。

▶▶ 11.3.5 使用 log 和 env_logger 记录日志

Rust 社区中提供了多种日志库，log 和 env_logger 是两个广泛使用的库。其中，log 库是 Rust 的日志门面库，由 Rust 官方积极维护。它支持灵活的日志记录和不同的日志级别配置，目前基本成为事实上的标准，被其他日志框架所使用。env_logger 基于 log 库进行实际的日志输出，提供了灵活的配置选项，使日志的设置和管理更加便捷。在本小节中，将使用 log 和 env_logger 库实现整个 QA 项目的日志记录功能。

首先，在 qa-project/crates/infras/src 目录中新建 logger.rs 文件（infras 中的 Logger 模块，具体代码实现见配套资源）。然后，在 qa-project/crates/qa-svc/main.rs 文件中使用 infras 模块中的 Logger 初始化日志配置，核心代码如下：

```rust
// qa-project/crates/qa-svc/src/main.rs 文件
use infras::Logger;
use log::info;
// …省略其他代码…
#[tokio::main]
async fn main() -> anyhow::Result<()> {
    // 启动方式:RUST_LOG=debug cargo run --bin qa-svc
    Logger::new().init();
    // 还可以自定义初始化日志配置
    // Logger::new().with_custom().init();

    // 通过 log 库中的 info!、warn!、error! 等宏可以记录日志
    info!("app_debug:{:?}", APP_CONFIG.app_debug);
    info!("current process pid:{}", process::id());
    // …省略其他代码…
}
```

在上述代码片段中，首先使用 Logger::new 方法创建了一个 Logger 实例。然后，调用 init 方法通过 env_logger 默认方式初始化日志配置（如果想使用日志染色功能，可以调用 with_custom 方法实现）。在初始化日志配置后，在整个项目中都可以使用 log 库提供的 error!、warn!、info!、debug!、trace! 等宏实现不同日志级别的日志记录功能。

当执行 RUST_LOG=debug cargo run --bin qa-svc 命令时，终端会根据日志级别输出不同的日志内容，运行效果如图 11-12 所示。很明显，图 11-12 中 info 和 debug 级别的日志内容 level 染色不一样。

```
    Finished `dev` profile [unoptimized + debuginfo] target(s) in 9.23s
     Running `/Users/heige/web/rust/rust-in-action/part11/qa-project/target/debug/qa-svc`
Hello, qa-svc
filename:"./app.yaml"
[2024-12-15T06:57:52Z INFO  qa_svc] app_debug:false
[2024-12-15T06:57:52Z INFO  qa_svc] current process pid:61090
app run on:0.0.0.0:50051
[2024-12-15T06:57:52Z DEBUG sqlx::query] summary="SET sql_mode=(SELECT CONCAT(@@sql_mode, ',PI
PES_AS_CONCAT,NO_ENGINE_SUBSTITUTION')),time_zone='+00:00', NAMES …" db.statement="\n\nSET\n  s
ql_mode =(\n    SELECT\n        CONCAT(\n        @ @sql_mode,\n        ',PIPES_AS_CONCAT,NO_ENGI
NE_SUBSTITUTION'\n    )\n  ),\n  time_zone = '+00:00',\n  NAMES utf8mb4 COLLATE utf8mb4_unic
ode_ci;\n" rows_affected=0 rows_returned=0 elapsed=17.73665ms elapsed_secs=0.01773665
```

● 图 11-12　qa-svc 在 debug 日志级别下启动

这里需要强调一点：通过 RUST_LOG 环境变量的方式启动应用程序，仅在本次启动时有效，如果想改变日志级别，只需要调整 RUST_LOG 的值即可。

从图 11-12 中可以看出，在程序运行时配置 RUST_LOG 为不同的日志级别，可以轻松地调整日志的详细粒度、输出目标等相关设置，这对应用程序开发、调试、故障排查和优化、问题诊断等非常有用。

▶▶ 11.3.6　gRPC HTTP 网关层

gRPC 网关插件（gRPC-Gateway）是一个协议插件，通过 protoc 工具读取 gRPC 服务定义的 proto 文件，并生成一个反向代理服务器（Reverse Proxy），该服务器将 Restful JSON API 转换为 gRPC。gRPC-Gateway 具体运行原理见配套资源，这里就不再逐一介绍了。

本小节提到的 gRPC HTTP 网关层，实际上是一个将 HTTP 请求的 JSON 数据格式转换为 pb Message 数据类型，并调用 gRPC 服务的 Web Server（具体运行机制见配套资源）。接下来，将通过 Axum 框架和 gRPC Client Proxy 演示如何在该 QA 系统中接入 gRPC HTTP 网关层。

首先，在 qa-project/crates/gateway/src/main.rs 文件中添加如下代码：

```rust
mod config;
mod handlers;
mod middleware;
mod routers;
mod utils;

// …省略其他代码…
#[tokio::main]
async fn main() {
    Logger::new().init(); // 使用默认方式初始化日志配置
    info!("qa gateway start...");

    // build http /metrics endpoint
    let metrics_server = prometheus_init(APP_CONFIG.metrics_port);
    let metrics_handler = tokio::spawn(metrics_server);

    // http gateway handler
    let gateway_handler = tokio::spawn(async move {
        // Create grpc client
        let grpc_client = QaServiceClient::connect(APP_CONFIG.grpc_address.as_str())
            .await
            .expect("failed to connect grpc service");

        // 通过 Arc 原子引用的方式传递 AppState
        let app_state = Arc::new(AppState { grpc_client });
        let address: SocketAddr = format!("0.0.0.0:{}",
            APP_CONFIG.app_port).parse().unwrap();
```

```
        println!("current process pid:{}", process::id());
        println!("http gateway run on:{}", address.to_string());

        // Createaxum router
        let router = routers::router::api_router(app_state);

        // Create a `TcpListener` using tokio.
        let listener =TcpListener::bind(address).await.unwrap();
        // Run the server with graceful shutdown
        axum::serve(listener, router)
            .with_graceful_shutdown(graceful_shutdown(Duration::from_secs(
                APP_CONFIG.graceful_wait_time,
            ))).await.expect("failed to start gateway service");
    });

    // Start http gateway and metrics service
    let _ = tokio::try_join!(gateway_handler, metrics_handler)
        .expect("failed to start http gateway and metrics service");
}
```

在上述 main.rs 文件中，首先定义了 config、handlers、middleware 等子模块。然后，使用 prometheus_init 函数创建了一个 metrics_server 对象（在 11.4 节中，将详细介绍如何在 Rust 中接入 metrics）。该对象通过 tokio::spawn 包裹，生成一个异步任务，返回结果是 JoinHandle 类型。接着，通过 QaServiceClient::connect 函数创建了一个 gRPC 客户端。gRPC HTTP 网关本质上是一个 Web Server，它用于请求对应的 gRPC 微服务方法，具体解析见配套资源。因此，这里通过 routers::router::api_router 函数创建了一个 Axum HTTP Router 对象（每个路由所对应的 API 接口都对应一个 gRPC 服务方法），然后调用 tokio::net::TcpListener::bind 函数创建了一个 TCP listener 对象，并使用 axum::serve 方法启动了该 gRPC HTTP 服务。整个 gRPC HTTP 服务同样通过 tokio::spawn 包裹生成一个新的异步任务，返回结果是 JoinHandle 类型。最后，通过 tokio::try_join! 宏等待上述两个异步任务完成。

为了启动该 gRPC HTTP 服务，需要在 qa-project/crates/gateway 目录下新增 app-gw.yaml 文件，并添加如下配置：

```
app_debug: false # 是否开启调试模式
app_port: 8090 # HTTP gateway port
metrics_port: 1338 # prometheus metrics port
grpc_address: http://127.0.0.1:50051 # gRPC service 运行端口
graceful_wait_time: 3 # http service 平滑退出等待时间,单位为 s
```

接着，切换到 qa-project/crates/gateway 目录中执行 cargo run --bin gateway 命令启动 gateway 服务，效果如图 11-13 所示。这里需要强调一点：如果 qa-svc 服务未启动，可以先切换到 crates/qa-svc 目录中执行 cargo run --bin qa-svc 命令启动 qa-svc 服务，再启动 gateway 服务。

```
    Finished `dev` profile [unoptimized + debuginfo] target(s) in 28.38s
     Running `/Users/heige/web/rust/rust-in-action/part11/qa-project/target/debug
/gateway`
filename:"./app-gw.yaml"
prometheus at:0.0.0.0:1338/metrics
current process pid:62489
http gateway run on:0.0.0.0:8090
```

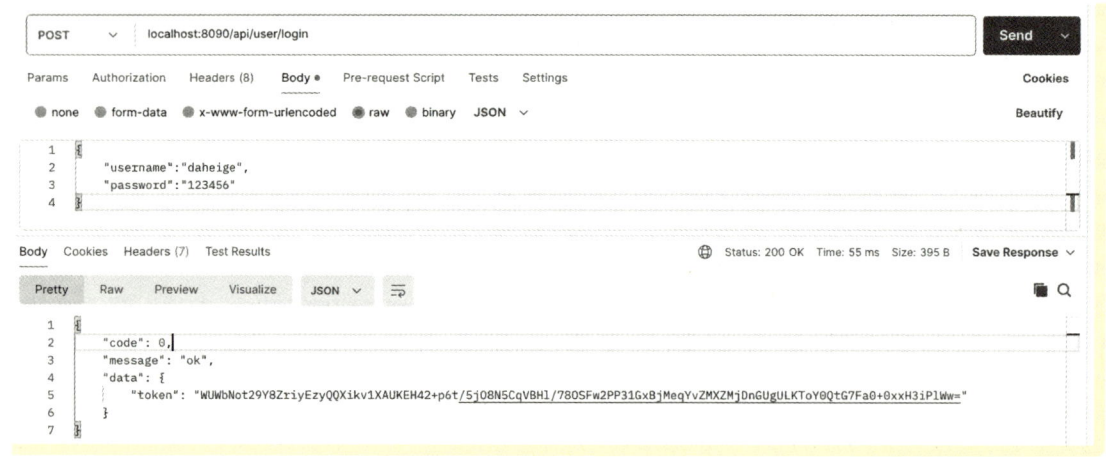

图 11-13　gRPC gateway 启动效果

从图 11-13 中可以看出，gRPC gateway 服务已成功运行在 8090 端口上。接下来，使用 postman 软件通过 POST 请求 localhost:8090/api/user/login 接口（该接口对应 proto/qa.proto 文件中的 qa.QAService.UserLogin 方法），运行效果如图 11-14 所示。

图 11-14　通过 postman 请求用户登录接口

11.4 QA 系统的服务可观测性建设

服务可观测性，这一术语源自控制理论，它是用来描述一个系统从其外部输出的知识中推断系统内部状态的一种能力。换句话说，如果可以通过观察系统的外部表现来确定其内部发生了什么，那该系统就具有服务可观测性。在云原生环境中，一切以业务应用为核心，服务可观测性将传统监控的范围扩大，把研发纳入“可观测性”能力体系之中，改变传统被动监控的方式，通过主动观测与关联应用的各项指标，可以让系统恰当地展现出自身状态。通常，开发人员或运维人员将通过 prometheus 工具收集、存储和查询应用程序的各项数据指标，并使用 grafana 可视化工具将 prometheus 收集的数据以多样化的图表形式展示出来。这样，就能通过 grafana 实时监控应用程序的运行状态，及时发现线上问题并快速修复。

第 11 章
构建一个高并发的 QA（问答）系统实战

在 Rust 社区中，存在多个第三方库可以帮助开发者实时监控 Rust 应用的运行情况，如 jemalloc_pprof、pprof-rs、autometrics 等 crate。在本节中，将演示如何在 Rust 中使用 metrics、prometheus 和 grafana 快速搭建一个简单易用的监控系统。

▶▶ 11.4.1　metrics 接入

metrics 服务监控是一种用于监控和管理计算机系统、应用程序和网络性能的工具，它能够收集、存储、分析和展示系统和应用程序的各项性能指标，如 CPU 利用率、内存占用、请求总数、错误率、磁盘 I/O、响应时间等，从而更好地帮助开发人员或运维人员及时发现和解决性能瓶颈和系统故障。

autometrics 作为一个常用的 Rust 第三方监控库，提供了一系列的指标和收集器，能够帮助开发者实时监控 Rust 应用程序的运行情况。在本小节中，将演示在 Rust 应用程序中如何使用 autometrics 实现 metrics 数据采集。

首先，在 crates/infras/Cargo.toml 文件中添加如下依赖：

```
# autometrics 继承了 qa-project/Cargo.toml 的 autometrics 依赖配置
autometrics = { workspace = true }
```

然后，在 crates/infras/src 目录下新建 metrics.rs 文件，并添加如下代码：

```
use super::graceful_shutdown;
use autometrics::prometheus_exporter;
use axum::routing::get;
use axum::Router;
use std::net::SocketAddr;
use std::time::Duration;
use tokio::net::TcpListener;

// prometheus metrics 初始化配置
pub async fn prometheus_init(port: u16) {
    // Set up prometheus metrics exporter
    prometheus_exporter::init();

    // Build http /metrics endpoint
    let router = Router::new().route(
        "/metrics",
        get(||async { prometheus_exporter::encode_http_response() }),
    );

    let address:SocketAddr = format!("0.0.0.0:{}", port).parse().unwrap();
    let listener =TcpListener::bind(address).await.unwrap();
    println!("prometheus at:{}/metrics", address);
    // Start http service
    axum::serve(listener, router)
        .with_graceful_shutdown(graceful_shutdown(Duration::from_secs(5)))
```

```
        .await
        .expect("prometheus metrics init failed");
}
```

在上述代码中，首先引入了 autometrics::prometheus_exporter 模块。该模块是 prometheus 数据收集的一个关键组件，它的主要作用是将监控数据暴露给 prometheus 服务器，以便 prometheus 能够理解和收集这些数据，用于服务监控和告警。然后，引入了 axum 框架的 routing::get、Router 模块、标准库 std::net::SocketAddr、std::time::Duration 模块，以及 tokio::net::TcpListener 等模块（这几个模块主要用于创建一个 HTTP 服务实例）。随后，定义了一个异步函数 prometheus_init，其参数 port 是一个 u16 类型的端口。在 prometheus_init 函数主体中先调用 prometheus_exporter::init 函数设置 prometheus metrics exporter，然后调用 Router::new 函数创建了一个路由实例对象 router。接着，通过 route 方法绑定 /metrics 路由地址和 HTTP 处理器函数。该处理器函数是一个 async 异步函数，它使用 prometheus_exporter::encode_http_response 函数将数据指标导出为 prometheus 格式，并将其封装在 HTTP 响应中，以便 prometheus 服务器更好地采集 metrics 数据。最后，通过 axum 框架提供的 serve 方法启动该 HTTP 服务。

接下来，在 crates/qa-svc/Cargo.toml 文件中添加如下依赖：

```
# autometrics 继承了 qa-project/Cargo.toml 的 autometrics 依赖配置
autometrics = { workspace = true }
```

随后，在 crates/qa-svc/src/main.rs 文件添加如下代码片段：

```
// …省略其他代码…
// 引入 prometheus_init 函数
use infras::prometheus_init;

#[tokio::main]
async fn main()->anyhow::Result<()> {
    // …省略其他代码…
    // build http /metrics endpoint
    let metrics_server = prometheus_init(APP_CONFIG.metrics_port);
    // create handler for each server
    let grpc_handler = tokio::spawn(grpc_server);
    let http_handler = tokio::spawn(metrics_server);
    let _ = tokio::try_join!(grpc_handler, http_handler)
        .expect("failed to startgrpc service and metrics service");
    Ok(())
}
```

在上述代码片段中，通过 prometheus_init 函数创建了一个 metrics_server 服务实例，然后通过 tokio::spawn 方法运行该 HTTP metrics 服务。当完成 qa-svc 服务的 metrics 配置后，就可以在 crates/qa-svc/src/application/qa.rs 文件中添加如下代码。

```rust
// …省略其他代码…
// 引入 autometrics 相关的模块
use autometrics::autometrics;
use autometrics::objectives::{Objective, ObjectiveLatency, ObjectivePercentile};

// 初始化 API SLO 数据指标,如 gRPC 请求成功率、请求耗时等
// Add autometrics Service-Level Objectives (SLOs)
// https://docs.autometrics.dev/rust/adding-alerts-and-slos
// Define SLO service level targets forgrpc requests, such as success rate, request time.
const API_SLO: Objective = Objective::new("grpc")
    // We expect 99.9% of all requests to succeed.
    .success_rate(ObjectivePercentile::P99_9)
    // We expect 99% of all latencies to be below 750ms
    .latency(ObjectiveLatency::Ms750, ObjectivePercentile::P99);
```

接着,就可以在 application/qa.rs 文件中 QAServiceImpl 实现 QaService trait 中使用 #[autometrics] 宏收集应用程序运行状态。qa.rs 的核心代码片段如下:

```rust
// …省略其他代码…
/// 实现 QA 微服务对应的接口
#[async_trait::async_trait]
impl QaService for QAServiceImpl {
    #[autometrics]
    // 当然,你也可以使用下面的方式采集服务的成功率、耗时等多个指标
    // #[autometrics(objective = API_SLO)]
    async fn user_login(
        &self,
        request: Request<UserLoginRequest>,
    ) -> Result<Response<UserLoginReply>, Status> {
        // …省略其他代码…
    }
    // …省略其他代码…
}
```

从上述代码片段中看出,使用 #[autometrics] 或 #[autometrics(objective = API_SLO)] 属性宏在函数或方法上方标记,就可以快速接入 metrics 功能。

由于篇幅问题,如何在 gRPC HTTP 服务中接入 metrics,这里就不再逐一列举了,具体实现见 qa-project/crates/gateway/src/main.rs 文件。

为了验证 metrics 接入是否正常,首先执行 cargo run --bin qa-svc 命令启动服务后。然后,使用 grpcurl 工具执行如下命令请求 user_login 接口服务。

```
grpcurl -d '{"username":"daheige","password":"123456"}' -plaintext 127.0.0.1:50051 qa.QAService.UserLogin
```

此时,在浏览器中访问 localhost:2338/metrics 接口,会返回 qa-svc 服务运行过程中收集到的

prometheus 数据指标，效果如图 11-15 所示。

```
# HELP function_calls Autometrics counter for tracking function calls.
# TYPE function_calls counter
function_calls_total{function="add_question",module="qa_svc::application::qa",service_name="autometrics",caller_function="",caller_module="",result="ok",ok="",error="",objective_name="grpc",objective_percentile="99.9"} 0
function_calls_total{function="user_login",module="qa_svc::application::qa",service_name="autometrics",caller_function="",caller_module="",ok="",error="",objective_name="grpc",objective_percentile="99.9"} 4
function_calls_total{function="user_login",module="qa_svc::application::qa",service_name="autometrics",caller_function="",caller_module="",result="ok",ok="",error="",objective_name="grpc",objective_percentile="99.9"} 0
function_calls_total{function="user_register",module="qa_svc::application::qa",service_name="autometrics",caller_function="",caller_module="",result="ok",ok="",error="",objective_name="grpc",objective_percentile="99.9"} 0
```

● 图 11-15　metrics 数据指标

从图 11-15 中可以看出，qa-svc 服务运行过程中的每个方法的请求数、成功率及耗时分布等数据指标都可以正常收集。至此，已经成功在 Rust 应用程序中接入 metrics 功能。更多 autometrics 配置和用法，可以参考 autometrics 官方示例（https://github.com/autometrics-dev/autometrics-rs/tree/main/examples）。

在接下来的 11.4.2 和 11.4.3 节中，将详细介绍如何使用 prometheus 和 grafana 图形化工具将上述 metrics 采集的数据指标实时展示出来。

▶▶ 11.4.2　prometheus 部署与接入

在本小节中，将演示如何使用 prometheus 工具（具体安装步骤见配套资源）收集 metrics 上报的数据指标。

首先，在 prometheus 服务的配置文件 prometheus.yml 的 scrape_configs 参数下添加如下配置：

```yaml
scrape_configs:
  - job_name: "prometheus"
    static_configs:
    - targets: ["localhost:9090"]
  # QA gateway 服务的 metrics 数据采集
  - job_name: "qa_gateway"
    static_configs:
    - targets: ["localhost:1338"]
  # qa-svc 服务的 metrics 数据采集
  - job_name: "qa_svc"
    static_configs:
    - targets: ["localhost:2338"]
```

然后，开启两个终端依次执行如下命令启动 qa-svc 和 gateway 服务（如果这两个服务已经启动，可以忽略这一步）。

```
cargo run --bin qa-svc # 该命令需要切换到 crates/qa-svc 目录中执行
cargo run --bin qa-read_count-job # 该命令需要切换到 crates/qa-svc 目录中执行
cargo run --bin gateway # 该命令需要切换到 crates/gateway 目录中执行
```

接着，执行如下命令重启 Prometheus 服务。

```
sudo systemctl restart prometheus
```

这里强调一点：该命令在不同的操作系统下运行方式不一样，这里使用的是 Linux Ubuntu 操作系统。在实际项目中，可以根据实际情况 prometheus 服务。

随后，执行如下 curl 命令请求问题详情接口，效果如图 11-16 所示。

```
curl --location 'localhost:8090/api/question/detail' \
--header 'Content-Type: application/json' \
--data '{"id":1,"username":"daheige"}'
```

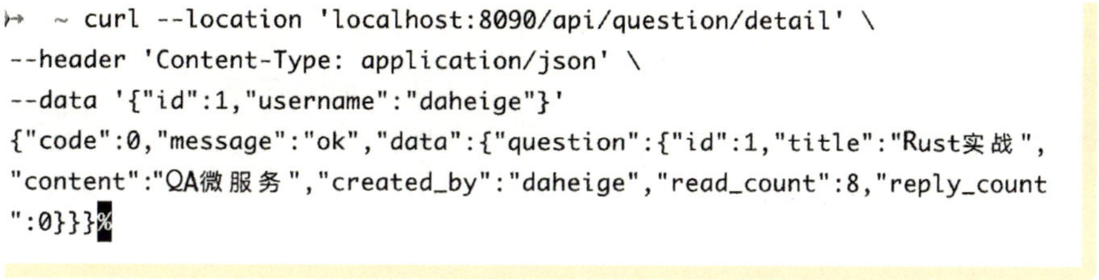

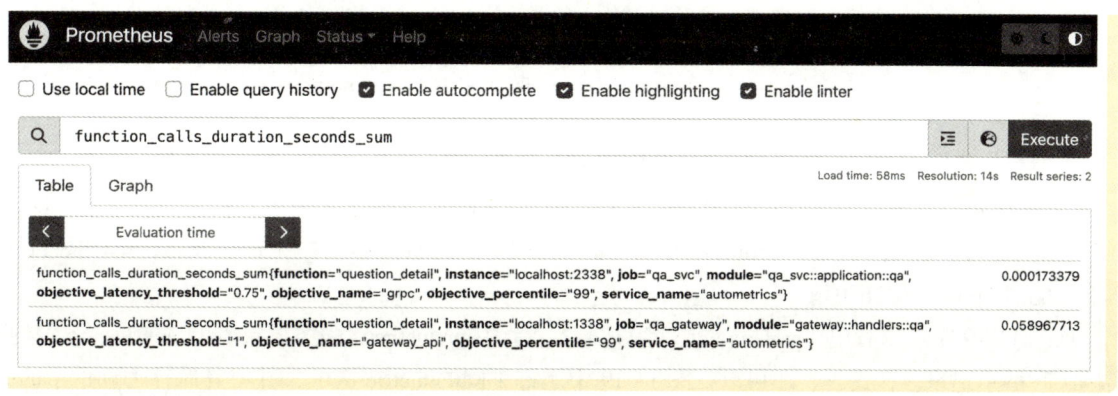

• 图 11-16　通过 curl 请求问题详情接口

此时，在浏览器中访问 http://localhost:9090，并在查询文本框中输入数据指标：function_calls_duration_seconds_sum（当然，也可以搜索其他 metrics 数据指标），单击 Execute 按钮后，效果如图 11-17 所示。

• 图 11-17　通过 prometheus 工具查询 metrics 数据指标

从图 11-17 中可以看出，qa-svc 和 gateway 服务的 metrics 数据指标已正常被 prometheus 工具采集和存储。

总之，prometheus 可以帮助运维人员更好地了解系统的运行状态，及时发现潜在问题，提高系统的稳定性和可靠性。更多 prometheus 用法，可以参考官方文档（https://prometheus.io/docs/prometheus/latest/getting_started/）。

11.4.3　grafana 部署与接入

在本小节中，将演示如何通过 grafana 工具（具体安装步骤见配套资源）将 prometheus 服务器采集的 metrics 数据指标实时展示出来。

当安装好 grafana 软件后，首先在浏览器中访问 http://localhost:3000，输入用户名和密码（用户名和密码默认都是 admin，可以根据实际情况更改密码）进入 grafana UI 界面。然后，单击图 11-18 左侧菜单栏中的 "Data sources" 按钮，并在右侧界面中选择 prometheus 数据源，输入 prometheus 服务地址（默认值是 localhost:9090，在实际项目中可以根据实际情况更改）。

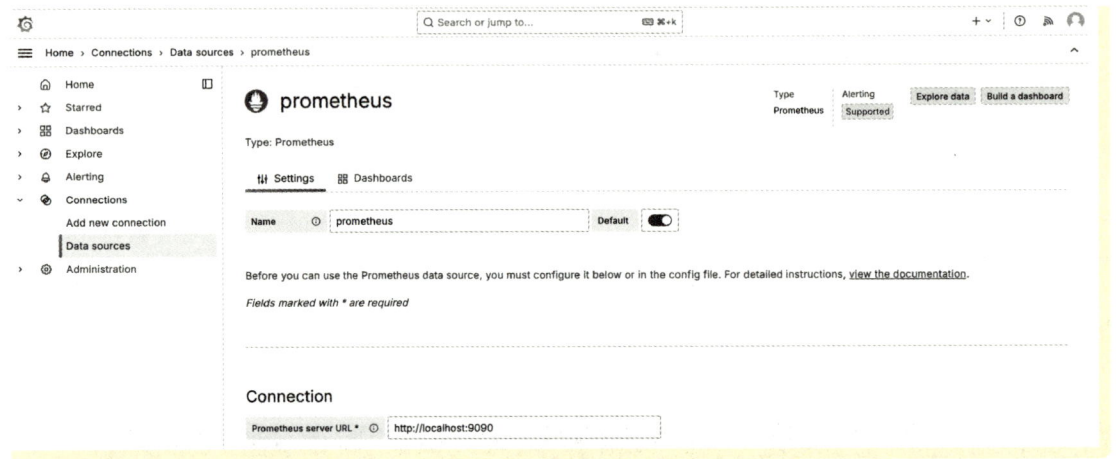

● 图 11-18　在 grafana 的数据源中添加 prometheus

接着，单击图 11-18 中右上方的 "Build a dashboard" 按钮创建一个 dashboard 面板。随后，单击 "Add visualization" 按钮并选择 prometheus 数据源进入图 11-19 所示的界面中。此时，可以选择 metric 相对应的指标，并单击右侧的 "Run queries" 按钮获取对应的 metrics 数据指标。最后，单击图 11-19 右上方的 "Apply" 按钮生效。

从图 11-19 中可以看出，grafana 能够将 11.4.2 小节中 prometheus 服务采集到的 metrics 各项数据指标实时展示出来。在这里，还可以在图 11-19 中选择不同的 metric 选项，并将其保存为新的 panel，以展示该项目其他的 metrics 数据指标。

总之，grafana 提供了友好的用户界面、多样化的可视化选项及跨平台支持等特性，为开发人员和运维人员提供了一个强大且灵活的监控和数据可视化解决方案，能够更好地辅助他们管理和优化系统性能。

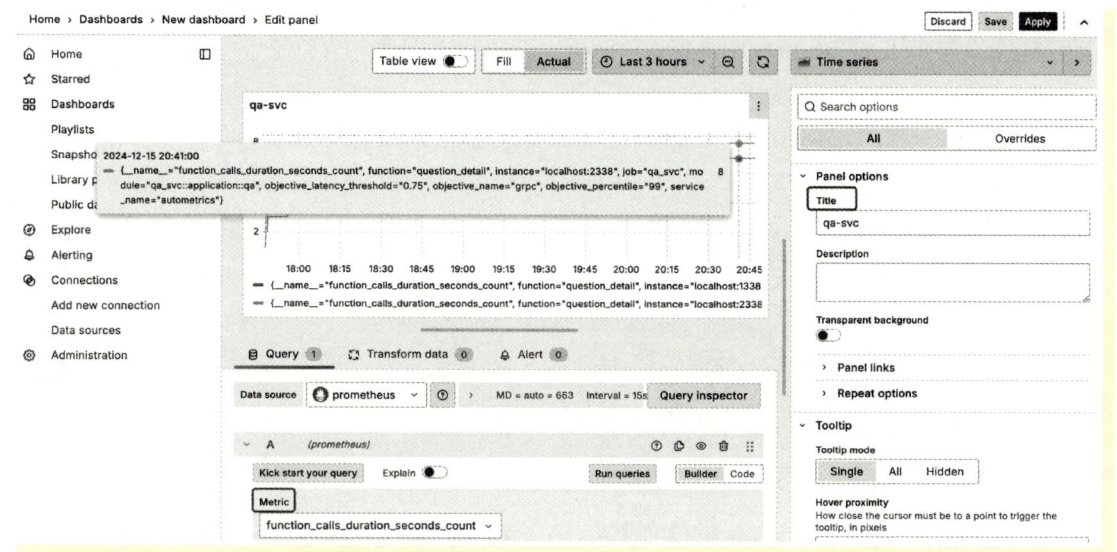

● 图 11-19 通过 grafana 图形化界面展示 metrics 数据指标

11.5 QA 系统的部署方式选择

服务部署是构建和分发软件应用程序的重要步骤，不同的部署方式会对性能、可靠性和拓展性产生不同的影响。常见的部署方式主要有单机部署、集群部署、分布式部署、云计算部署等。这些部署方式适用于不同的应用场景和需求，需要根据实际情况进行选择。在实际部署过程中，还需要注意数据的安全性、服务的可靠性和可拓展性等多个维度的综合考虑，确保整个系统服务的稳定性。

对于这个 QA 项目，建议根据实际情况来部署服务。无论采用哪种方式部署，自身都需要对部署流程和工具有一定的熟悉度，保证整个系统的可拓展性、可维护性和稳定性。就如同架构师的工作，一切都在做权衡取舍，做决策，它是一个需要多个维度综合考虑的过程。因此，在某些场景和背景下，选择恰如其分的部署方式，也许就是相对最优的、合理的方案，没有银弹之说。

在本小节中，将通过 supervisor 工具和 docker 镜像两种不同的方式来部署该 QA 项目，希望对部署 Rust 应用程序有一定的启发和帮助。

11.5.1 使用 supervisor 工具部署二进制文件

在云原生技术（如 Docker 和 Kubernetes）未大规模普及之前，开发人员和运维人员大多数会在虚拟机或物理机上使用 supervisor 工具部署应用程序。因为 supervisor 具有水平扩缩容、自动重启、平滑退出、进程恢复、服务监控等特性，可以非常方便地管理和监控进程，从而保证应用程序的可靠性和稳定性。这里需要强调一点：supervisor 工具默认是在 UNIX 类系统上运行的，如果想在 Windows 系统使用它，则需要使用 supervisor-win 软件，这里就不再逐一列举了。

在本小节中，将以 Linux CentOS 系统为例演示如何在服务器上部署该 QA 项目。假设已经提前购买了两台云服务商的 Linux CentOS 服务器，这两台主机的 IP 地址如下：
- 服务器 A：10.20.10.123。

用来部署 QA 项目的 qa-svc 服务、阅读数和点赞数更新的 Job 定时任务。
- 服务器 B：10.20.10.235。

用来部署 QA 项目的 HTTP gateway 服务。

首先，在这两台主机上安装好 supervisor 服务（安装步骤见配套资源）。然后，在服务器 A 上执行如下命令创建 qa-svc 服务运行的相关目录并初始化日志目录权限。

```
sudo mkdir -p /data/www/
sudo mkdir -p /data/logs
sudo chmod -R /data/logs 755
```

随后，进入 /etc/supervisor.d/ 目录中执行 vim qa-svc.ini 命令并添加如下配置：

```
https://github.com/daheige/rust-in-action/blob/main/part11/qa-project/qa-svc.ini
```

使用:wq 保存退出。随后，在代码构建机器的 qa-project 目录中执行 cargo build --bin qa-svc --release 命令构建 qa-svc 二进制文件（该文件位于构建机器的 qa-project/target/release 目录中）。

接着，将构建好的 target/release/qa-svc 二进制文件通过 scp 命令或 ftp 工具上传到云服务器 A 的 /data/www 目录中。同时，在服务器 A 的 /etc/supervisor.d/ 目录下添加 app.yaml 配置文件，具体配置参考如下链接中的内容。

```
https://github.com/daheige/rust-in-action/blob/main/part11/qa-project/config/app.yaml
```

然后，执行如下命令将 qa-svc 服务添加到 supervisor 守护进程中运行，效果如图 11-20 所示。

```
supervisorctl start qa-svc # 启动 qa-svc 服务
supervisorctl status qa-svc # 查看 qa-svc 服务运行状态
```

```
→ supervisor.d supervisorctl start qa-svc
qa-svc: started
→ supervisor.d supervisorctl status qa-svc
qa-svc                          RUNNING   pid 84897, uptime 0:00:18
→ supervisor.d
```

- 图 11-20　使用 supervisor 启动 qa-svc 服务

从图 11-20 中可以看出，qa-svc 服务已经正常启动。如果想重启、停止、重新加载或更新 supervisord 服务，只需要执行以下命令：

```
supervisorctl restart qa-svc          # 重启
supervisorctl stop qa-svc             # 重启
supervisorctl reload                  # 重新加载所有 supervisord 服务
supervisorctl update                  # 更新配置的进程服务
```

由于篇幅问题，在服务器 A 上面部署 qa-vote-job 和 qa-read_count-job 服务，这里就不逐一列举，对应的 ini 配置参考上述 qa-svc.ini 文件。

接下来，在服务器 B 上使用 supervisor 部署 QA 项目的 HTTP gateway 服务。然后，执行如下命令创建 gateway 服务运行的相关目录和初始化日志目录权限。

```
sudo mkdir -p /data/www/
sudo mkdir -p /data/logs
sudo chmod -R /data/logs 755
```

然后，执行 vim qa-gateway.ini 添加如下配置：

```
https://github.com/daheige/rust-in-action/blob/main/part11/qa-project/qa-gateway.ini
```

使用 :wq 保存退出。

随后，在构建机器的 qa-project 目录中执行如下命令构建 gateway 二进制文件（该文件位于构建机器的 qa-project/target/release 目录中）。

```
cargo build --bin gateway --release
```

接着，将构建好的 qa-project/target/release/gateway 二进制文件通过 scp 命令或 ftp 工具上传到云服务器 B 的 /data/www 目录中。同时，在服务器 B 的 /data/www 目录下新建 app-gw.yaml 文件，配置内容如下：

```
app_debug: false # 是否开启调试模式
app_port: 8090 # http gateway port
metrics_port: 1338 # prometheus metrics port
grpc_address: http://10.20.10.123:50051 # qa-svc 服务运行地址
graceful_wait_time: 3 # 服务平滑退出等待时间,单位为 s
```

此时，可以执行如下命令启动服务，效果如图 11-21 所示。

```
supervisorctl start qa-gateway # 启动 gateway 服务
supervisorctl status qa-gateway # 查看 gateway 服务运行状态
```

```
→ supervisor.d supervisorctl start qa-gateway
qa-gateway: started
→ supervisor.d supervisorctl status qa-gateway
qa-gateway                       RUNNING   pid 86175, uptime 0:00:12
```

● 图 11-21 使用 supervisor 部署 gateway 服务

当 qa-gateway 服务启动后，在服务器 B 上执行如下 curl 命令请求用户注册接口，效果如图 11-22 所示。

```
curl --location 'localhost:8090/api/user/register' \
--header 'Content-Type: application/json' \
--data '{
```

```
    "username":"jack",
    "password":"123456"
}'
```

```
↪ supervisor.d curl --location 'localhost:8090/api/user/register' \
--header 'Content-Type: application/json' \
--data '{
    "username":"jack",
    "password":"123456"
}'

{"code":0,"message":"ok","data":{"state":1}}%
```

● 图 11-22　在 gateway 服务器上请求用户注册接口

到这里，已使用 supervisor 工具成功部署了 qa-svc 和 gateway 服务。

如果希望整个 QA 项目服务满足高可用性和稳定性，那就需要在多个云服务器主机部署 qa-svc 和 gateway 服务节点或使用不同的端口多进程模式，也就是使用分布式的架构部署整个项目。

由于篇幅问题，在云服务器上安装和部署 prometheus 和 grafana 软件采集 metrics 数据指标的步骤，这里就不再逐一列举，具体部署方式参考 11.4 节的内容。

▶▶ 11.5.2　使用 Rust Docker 镜像构建与发布

Docker 作为一个容器技术的开源软件，它提出的"环境一次创建，多端一致性运行"设计理念，解决了曾经困扰众多开发人员和运维人员的服务器环境不一致问题。通过 Docker 容器部署服务，不仅极大地节约了服务部署的人力成本，而且还提升了软件开发和部署的效率。在本小节中，将演示如何使用 Docker 容器（具体安装方式参考 https://docs.docker.com/get-docker/ 官方文档）构建和发布该 QA 项目。

首先，在 qa-project 目录下新建 Dockerfile-dev 文件用于安装 Rust 相应的版本和该项目所需要的工具链，具体内容见如下链接：

https://github.com/daheige/rust-in-action/blob/main/part11/qa-project/Dockerfile-dev

在 Dockerfile-dev 文件中使用的 Rust 镜像版本是 FROM rust:1.82.0-bullseye 镜像。当然，也可以根据实际情况选择更高的 Rust 版本或其他 Rust Docker 镜像部署该项目。

然后，执行如下命令构建 qa-project-dev:v1.0 镜像，效果如图 11-23 所示。

```
docker build . -f Dockerfile-dev -t qa-project-dev:v1.0
```

当 qa-project-dev:v1.0 镜像构建好后，在 qa-project 目录下新建一个 Dockerfile 文件，并添加如下内容：

第 11 章 构建一个高并发的 QA（问答）系统实战

```
↳ qa-project git:(main) docker build . -f Dockerfile-dev -t qa-project-dev:v1.0
[+] Building 183.9s (6/6) FINISHED                                                docker:desktop-linux
 => [internal] load build definition from Dockerfile-dev                                          0.1s
 => => transferring dockerfile: 2.20kB                                                            0.0s
 => [internal] load .dockerignore                                                                 0.1s
 => => transferring context: 282B                                                                 0.0s
 => [internal] load metadata for docker.io/library/rust:1.82.0-bullseye                           0.0s
 => [1/2] FROM docker.io/library/rust:1.82.0-bullseye                                             0.1s
 => [2/2] RUN echo "deb http://mirrors.aliyun.com/debian bullseye main" > /etc/apt/sources.list &&  176.9s
 => exporting to image                                                                            6.5s
 => => exporting layers                                                                           6.5s
 => => writing image sha256:eaff5f56d5b3e11c37bf3f5b85efbf98b0f384e9411c48b2e2472e9149d32429       0.0s
 => => naming to docker.io/library/qa-project-dev:v1.0                                            0.0s

View build details: docker-desktop://dashboard/build/desktop-linux/desktop-linux/lhz2hn7lj8v2ti8lkdueb7xhm

What's Next?
  View a summary of image vulnerabilities and recommendations → docker scout quickview
↳ qa-project git:(main) docker images | grep qa-project-dev
qa-project-dev                                  v1.0
                    eaff5f56d5b3    5 minutes ago    2.07GB
```

- 图 11-23　通过 Docker 安装 Rust 应用程序编译构建的环境

```
# 该文件用于构建编译 qa-svc 二进制文件
FROM qa-project-dev:v1.0 as builder
LABEL authors="heige"
ENV LANG C.UTF-8

WORKDIR /app # 工作目录
COPY . .
# 编译构建 Rust 应用程序
RUN cd /app && cargo build --release

# 将上面构建好的二进制文件复制到容器中运行
FROM debian:bullseye-slim
WORKDIR /app # 设置工作目录
# 配置文件目录
ENV QA_CONFIG_DIR=/app/config
VOLUME ${QA_CONFIG_DIR}

# 设置 gRPC 微服务和 metrics 服务运行端口
EXPOSE 50051
EXPOSE 2338

# 设置 deb 镜像源并安装必要的依赖
RUN echo "deb http://mirrors.aliyun.com/debian bullseye main" > /etc/apt/sources.list && \
    echo "deb http://mirrors.aliyun.com/debian-security bullseye-security main" >>
```

```
    /etc/apt/sources.list && \
        echo "deb http://mirrors.aliyun.com/debian bullseye-updates main" >> 
    /etc/apt/sources.list && \
        apt-get update && apt-get install -y ca-certificates vim bash curl net-tools \
        apt-transport-https && update-ca-certificates && apt-get clean && \
        rm -rf /var/lib/apt/lists/* && mkdir /app/config

# 将构建阶段的二进制文件复制到工作目录中
COPY --from=builder /app/target/release/qa-svc /app/qa-svc
CMD ["/app/qa-svc"]
```

在上述 Dockerfile 文件中的第一阶段先通过 qa-project-dev:v1.0 镜像编译构建 Rust 应用程序（这里使用的是 cargo build --release 命令）。然后，执行 apt-get 安装相关的依赖并清理不需要的文件。

接着，通过 COPY 命令将第一阶段构建好的/app/target/release/qa-svc 二进制文件复制到/工作目录/app 中。最后，执行 CMD ["/app/qa-svc"] 命令启动整个应用程序。

接下来，执行如下命令构建 qa-project-qa-rpc:v1.0 镜像（对应 qa-svc 服务），效果如图 11-24 所示。

```
docker build . -fDockerfile -t qa-project-qa-rpc:v1.0
```

```
→ qa-project git:(main) x docker build . -f Dockerfile -t qa-project-qa-rpc:v1.0
[+] Building 59.1s (11/13)                                                        docker:desktop-linux
 => [internal] load .dockerignore                                                                 0.0s
 => => transferring context: 282B                                                                 0.0s
 => [internal] load build definition from Dockerfile                                              0.0s
 => => transferring dockerfile: 1.24kB                                                            0.0s
 => [internal] load metadata for docker.io/library/debian:bullseye-slim                           0.0s
 => [internal] load metadata for docker.io/library/qa-project-dev:v1.0                            0.0s
 => [builder 1/4] FROM docker.io/library/qa-project-dev:v1.0                                      0.1s
 => [stage-1 1/4] FROM docker.io/library/debian:bullseye-slim                                     0.0s
 => [internal] load build context                                                                 0.1s
 => => transferring context: 787.06kB                                                             0.1s
 => [stage-1 2/4] WORKDIR /app                                                                    0.1s
 => [builder 2/4] WORKDIR /app                                                                    0.1s
 => [stage-1 3/4] RUN echo "deb http://mirrors.aliyun.com/debian bullseye main" > /etc/apt/sources.list  43.9s
 => [builder 3/4] COPY . .                                                                        0.2s
 => [builder 4/4] RUN cd /app && cargo build --release                                           58.6s
```

● 图 11-24　通过 Docker 构建 qa-project-qa-rpc:v1.0 镜像

当 qa-project-qa-rpc:v1.0 镜像构建好后，先通过 docker push 将该镜像推送到指定的 registry 仓库中，格式如下：

```
docker push your-registry.com/qa-project-qa-rpc:v1.0
```

然后，在云服务器（Linux CentOS）上执行如下命令初始化配置文件目录。

```
mkdir -p /data/www/config
```

接着，在 /data/www/config 目录中添加配置文件 app.yaml（具体配置参考 11.3.2 小节），并执行如下命令运行 qa-svc 服务。

```
docker pull your-registry.com/qa-project-qa-rpc:v1.0
cd /data/www
docker run --name=qa-svc -p 50051:50051 -p 2338:2338 -v ./config:/app/config -itd
qa-project-qa-rpc:v1.0
```

在 qa-svc 服务启动后，可以执行 docker ps|grep qa-svc 命令查看 qa-svc 服务运行状态，如图 11-25 所示。

```
→ www docker run --name=qa-svc -p 50051:50051 -p 2338:2338 -v ./config:/app/config -itd qa-project-qa-rpc:v1.0
eeaef3944027c4861356ef4e3ac7fdb8de32eefc7032c5d0119e2ea6f9162a9f
→ www docker ps | grep qa-svc
eeaef3944027    qa-project-qa-rpc:v1.0    "/app/qa-svc"    24 seconds ago    Up 23 seconds    0.0.0.0:2338
->2338/tcp, 0.0.0.0:50051->50051/tcp    qa-svc
```

- 图 11-25　通过 docker ps|grep qa-svc 命令查看 qa-svc 服务运行状态

由于篇幅问题，该项目的问题阅读数和点赞数定时任务的容器部署（参考上述 qa-svc 服务容器部署），以及该项目 gRPC HTTP 服务的 Dockerfile 文件内容（参考 https://github.com/daheige/rust-in-action/blob/main/part11/qa-project/Dockerfile-gateway），这里不再逐一列举。

接下来，在构建机器上执行如下命令构建 gateway 服务镜像。

```
docker build . -fDockerfile-gateway -t qa-project-gateway:v1.0
```

当 gateway 镜像构建好后，可以通过 docker push 命令将其推送到指定的 registry 仓库中，格式如下：

```
docker push your-registry.com/qa-project-gateway:v1.0
```

接着，在另一台云服务器（Linux CentOS）上执行如下命令初始化配置文件目录。

```
mkdir -p /data/www/config
```

随后，在 /data/www/config 目录中添加 app-gw.yaml（具体配置参考 11.3.6 小节），并执行如下命令运行 gateway 服务。

```
docker run --name=qa-gateway  -p 8090:8090 -p 1338:1338 -v ./config:/app/config -itd
qa-project-gateway:v1.0
```

为了验证 gateway 服务是否正常运行，先执行如下命令进入 qa-gateway 容器。

```
docker exec -it qa-gateway /bin/bash
```

然后，在容器中执行如下 curl 命令请求用户注册接口，效果如图 11-26 所示。

```
curl --location 'localhost:8090/api/user/register' \
--header 'Content-Type: application/json' \
```

```
--data '{
    "username":"joho",
    "password":"123456"
}'
```

```
→ www docker run --name=qa-gateway  -p 8090:8090 -p 1338:1338 -v ./config:/app/config -itd
qa-project-gateway:v1.0
f979b089fd8d5207103e67e8a02bfc3a29579586ca9e15979f5bacb38066fb97
→ www docker exec -it qa-gateway /bin/bash
root@f979b089fd8d:/app# curl --location 'localhost:8090/api/user/register' \
--header 'Content-Type: application/json' \
--data '{
    "username":"joho",
    "password":"123456"
}'
{"code":0,"message":"ok","data":{"state":1}}root@f979b089fd8d:/app#
```

● 图 11-26　在 gateway 容器中通过 curl 命令请求用户注册接口

从图 11-26 中可以看出，gateway 服务已经正常运行，同时用户 joho 也注册成功了。

这里，为了简化 Docker 镜像构建及该项目的部署流程，在 qa-project 项目中编写了 Makefile 文件，具体内容查看 https://github.com/daheige/rust-in-action/blob/main/part11/qa-project/Makefile。

这样，就可以执行 make rpc-build 命令构建 qa-project-qa-rpc:v1.0 镜像，效果如图 11-27 所示。该 Makefile 文件中的相关命令，可以根据实际情况执行。

```
↦ qa-project git:(main) x make rpc-build
docker build . -f Dockerfile -t qa-project-qa-rpc:v1.0
[+] Building 7.4s (10/13)                                          docker:desktop-linux
 => [internal] load .dockerignore                                                    0.0s
 => => transferring context: 282B                                                    0.0s
 => [internal] load build definition from Dockerfile                                 0.0s
 => => transferring dockerfile: 1.24kB                                               0.0s
 => [internal] load metadata for docker.io/library/debian:bullseye-slim              0.0s
 => [internal] load metadata for docker.io/library/qa-project-dev:v1.0               0.0s
 => [stage-1 1/4] FROM docker.io/library/debian:bullseye-slim                        0.0s
 => CACHED [stage-1 2/4] WORKDIR /app                                                0.0s
 => [builder 1/4] FROM docker.io/library/qa-project-dev:v1.0                         0.0s
 => CACHED [builder 2/4] WORKDIR /app                                                0.0s
 => [internal] load build context                                                    0.1s
 => => transferring context: 939.29kB                                                0.1s
 => CACHED [builder 3/4] COPY . .                                                    0.0s
 => [builder 4/4] RUN cd /app && cargo build --release                               7.3s
```

● 图 11-27　通过 make rpc-build 命令构建 qa-project-qa-rpc:v1.0 镜像

本小节中的 Docker 部署方式和 11.5.1 小节中的 supervisor 部署方式，都未涉及服务注册和发现的相关内容。如果需要服务发现和注册功能，可以通过 consul、etcd、polaris（腾讯北极星）等软件实现。也就是说，在 qa-svc 服务和 gateway 服务启动时，可以将服务的 ip:port 上报到服务发现和注册的平台上。这样，调用方在调用 qa-svc 服务和请求 gateway 接口时，只需要先通过对应的服务发现平台获取 ip:port，再发起请求即可。通常来说，调用方获取的 ip:port 是一个 vip ip:port 模式，而无须关心下游服务的请求转发和负载均衡。

无论使用哪种方式构建和部署 Rust 应用程序，都需要确保系统服务满足高可用性和稳定性。在 Rust 实际项目开发和部署时，需要根据实际的业务场景识别出系统的软件复杂度之后，再选择合理的架构设计，从而以最小的人力成本满足构建和维护系统的需求。

以上就是本书的全部内容，希望这些内容对读者在实际项目开发过程中有所帮助和启发，从而走向更高、更远的职业生涯。

参 考 文 献

[1] BLANDY J,ORENDORFF J,LEONORA F S T.Rust 程序设计[M].汪志成,译.2版.北京:人民邮电出版社,2023.

[2] SHARMA R,KAIHLAVIRTA V.精通 Rust[M].邓世超,译.2版.北京:人民邮电出版社,2022.

[3] 范长春.深入浅出 Rust[M].北京:机械工业出版社,2018.

[4] MARTIN R C.架构整洁之道[M].孙宇聪,译.北京:电子工业出版社,2018.